国家出版基金项目
"十二五"国家重点出版物出版规划项目

现代兵器火力系统丛书

引信机构学

张 合 李豪杰 编著

U0234879

北京理工大学出版社
BEIJING INSTITUTE OF TECHNOLOGY PRESS

内 容 简 介

本书以引信机构为主线介绍了用于各类弹药引信的主要机构及其组成、作用特点。全书共分十二章，分别讲述引信在武器系统中的任务、引信基本功能及组成、现代战争及武器系统的发展对引信提出的要求，引信在各种环境下的受力环境，引信爆炸序列、发火机构、隔爆机构、保险机构、延期机构、自毁机构、辅助机构，引信电源，引信的电子发火控制装置，最后选择几种典型引信进行了全引信的构造与作用介绍。本书从引信典型机构的构造与作用出发，系统地分析了对各类机构的特殊要求和它们的机构特点与设计规律，还补充了国内近几年部分科技研究成果和国外的引信机构发展趋势。本书可作为高等学校引信及弹药、火工品等武器类专业的教科书，也可供从事引信和弹药系统设计、试验、研究和生产的技术人员参考。

图书在版编目（CIP）数据

引信机构学/张合，李豪杰编著. —北京：北京理工大学出版社，2014.2（2021.7重印）
（现代兵器火力系统丛书）

国家出版基金项目及"十二五"国家重点出版物出版规划项目

ISBN 978 - 7 - 5640 - 8708 - 1

Ⅰ. ①引…　Ⅱ. ①张…②李…　Ⅲ. ①引信 - 机构学　Ⅳ. ①TJ430.3

中国版本图书馆 CIP 数据核字（2014）第 020654 号

出版发行 /北京理工大学出版社有限责任公司
社　　址 /北京市海淀区中关村南大街 5 号
邮　　编 /100081
电　　话 /（010）68914775（总编室）
　　　　　82562903（教材售后服务热线）
　　　　　68944723（其他图书服务热线）
网　　址 /http：//www.bitpress.com.cn
经　　销 /全国各地新华书店
印　　刷 /北京虎彩文化传播有限公司
开　　本 /787 毫米×1092 毫米　1/16
印　　张 /17.5
字　　数 /325 千字
版　　次 /2014 年 2 月第 1 版　2021 年 7 月第 4 次印刷
定　　价 /69.00 元

责任编辑 /徐春英
　　　　　孟雯雯
文案编辑 /徐春英
责任校对 /周瑞红
责任印制 /王美丽

现代兵器火力系统丛书
编 委 会

总　序

国防科技工业是国家战略性产业，是先进制造业的重要组成部分，是国家创新体系的一支重要力量。为适应不同历史时期的国际形势对我国国防力量提出的要求，国防科技工业秉承自主创新、与时俱进的发展理念，建立了多学科交叉，多技术融合，科研、实验、生产等多部门协作的现代化国防科研生产体系。兵器科学与技术作为国防科学与技术的一个重要分支，直接关系到我国国防科技总体发展水平，并在很大程度上决定着国防科技诸多领域的成果向国防军事硬实力的转化。

进入 21 世纪以来，随着兵器发射技术、推进增程技术、精确制导技术、高效毁伤技术的不断发展，以及新概念、新原理兵器的出现，火力系统的射程、威力和命中精度均大幅提升。火力系统的技术进步将推动兵器系统的其他分支发生相应的革新，乃至促使军队的作战方式发生变化。然而，我国现有的国防科技类图书落后于相关领域的发展水平，难以适应信息时代科技人才的培养需求，更无法满足国防科技高层次人才的培养要求。因此，构建系统性、完整性和实用性兼备的国防科技类专业图书体系十分必要。

为了解决新形势下兵器科学所面临的理论、技术和工程应用等问题，王兴治院士、王泽山院士、朵英贤院士带领北京理工大学、南京理工大学、中北大学的学者编写了《现代兵器火力系统》丛书。本丛书以兵器火力系统相关学科为主线，运用系统工程的理论和方法，结合现代化战争对兵器科学技术的发展需求和科学技术进步对其发展的推动，在总结兵器火力系统相关学科专家学者取得主要成果的基础上，较全面地论述了现代兵器火力系统的学科内涵、技术领域、研制程序和运用工程，并按照兵器发射理论与技术的研究方法，分述了枪炮发射技术、火炮设计技术、弹药制造技术、引信技术、火炸药安全技术、火力控制技术等内容。

本丛书围绕"高初速、高射频、远程化、精确化和高效毁伤"的主题，梳理了近年来我国在兵器火力系统相关学科取得的重要学术理论、技术创新和工程转化等方面的成果。这些成果优化了弹药工程与爆炸技术、特种能源工程与烟火技术、武器系统与发射技术等专业体系，缩短了我国兵器火力系统与国外的差距，提升了我国在常规兵器装备研制领域的理论水平和技术水平，为我国兵器火力系统的研发提供了技术保障和智力支持。本丛书旨在总结该领域的先进成果和发展经验，适应现代化高层次国防科技人才的培养需求，助力国防科学技术研发，形成具有我国特色的"兵器火力系统"理论与实践相结合的知识体系。

本丛书入选"十二五"国家重点出版物出版规划项目，并得到国家出版基金资助，体现了国家对兵器科学与技术，以及对《现代兵器火力系统》出版项目的高度重视。本丛书凝结了兵器领域诸多专家、学者的智慧，承载了弘扬兵器科学技术领域技术成就、创新和发展兵工科技的历史使命，对于推进我国国防科技工业的发展具有举足轻重的作用。期望这套丛书能有益于兵器科学技术领域的人才培养，有益于国防科技工业的发展。同时，希望本丛书能吸引更多的读者关心兵器科学技术发展，并积极投身于中国国防建设。

丛书编委会

前　言

本书以引信的机构为立足点，在黄文良教授提出大纲的基础上系统地分析各机构的结构特点与设计规律。是在南京理工大学引信专业教师的共同努力下，经过三年多的努力完成。

本书编写的宗旨，首先是对引信的各机构做一较全面的介绍，使读者能学到有关组成引信各机构的构造与作用的一些基本知识，在此基础上，以发展的观点，帮助读者去认识构成引信的各组成部分中一些带规律性的东西，从而为学习引信设计理论打下比较好的基础，并有助于引信设计工作者进行设计构思与分析。

本书是从机构学的角度出发，对组成引信的各机构进行了系统的介绍，书中引用的一些新机构，对从事引信专业实际工作的同志将起到参考作用。希望本书能引起弹药及引信专业管理与使用人员的兴趣，使他们从中了解引信在武器系统中的重要地位及其与相关专业的关系，获得所需要的知识。

本书内容涉及面广，材料取自于国内外的相关期刊、报告及出版物，详见参考文献，如有遗漏，敬请谅解，在此一并向原作者表示感谢。

为本书提供材料并参加编写的有黄文良（第 5 章、第 8 章）、朱继南（第 10 章、第 6 章部分）、王炅（第 2 章、第 6 章部分）、马少杰（第 3 章、第 6 章部分）、程翔（第 4 章）、江小华（第 7 章）、丁立波（第 11 章）、李豪杰（第 9 章、第 6 章部分）和张合（第 1 章、第 12 章），由李豪杰和张合最后进行了全书的整理。本书原稿由北京理工大学石庚辰教授、南京理工大学潘庆生副教授进行了审阅并提出许多宝贵意见，在此深表感谢！

本书是集体劳动的产物，2004、2005 级博士生和硕士生付出了许多辛勤的劳动。书中机构图由 844 厂设计二所郭淑玲所长组织描绘并提供底图，在此表示衷心的感谢。书中的一些观点，只是一家之言，谬误之处在所难免，企望引信界同行不吝赐教。

南京理工大学　张合

2013 年 8 月（南京）

目　　录

第 1 章 绪 论

1.1 引信在武器系统中的地位和作用

从 20 世纪八九十年代开始，世界军事领域兴起了一场新军事变革，这场军事变革依赖于经济和意识形态的转变。当前，社会经济由工业经济形态向知识经济形态转变，产生了由机械化时代向信息化时代发展的突变。在军事领域方面表现的是军事装备由机械化向信息化时代转变的新军事变革。这种变革迫使我军从完成半机械化装备及系统的改造到全面提升我军装备的机械化程度，加快我军信息化的建设，从而实现我军装备从"半机械化"到"信息化"的跨越式发展。作为武器系统中弹药毁伤的关键子系统——引信，已经不再是一个独立的单元，它不仅需要获取目标信息、环境信息，还需要与武器系统平台、网络中心平台构成信息交联，完成对目标攻击的最佳时机选择和起爆控制以及相关信息的输出等。

武器系统的作用是对规定的目标造成最大程度的毁伤或破坏。现代战争采用的武器系统正随着新军事变革由机械化朝着信息化、智能化、一体化的方向发展，并能适应网络中心战的要求。如美国研制的 XM982 式"神箭"155 mm 精确制导炮弹，如图 1-1 所示。

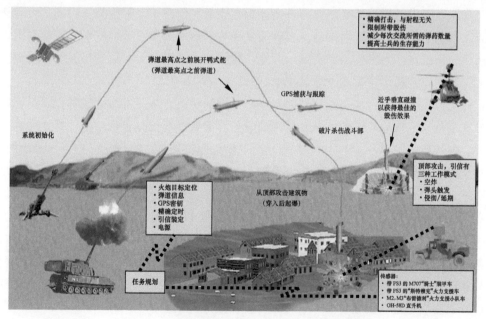

图 1-1　XM982 式"神箭"155 mm 精确制导炮弹

该武器系统由卫星或武装直升机先期锁定要攻击的目标，通过无线方式把目标的信息传递给网络中心指挥部，指挥部把信息初始化并传递给火炮武器系统进行发射，在弹道上完成弹道修正和信息装定。从发现目标到毁伤目标这一环路主要由网络中心的计算机适时控制武器系统中弹药的准备和由引信控制弹药的起爆。

为提高引信炸点的精度，武器系统采用各种不同的弹道修正方法。瑞士双 35 火炮及 AHEAD 弹药，如图 1-2 所示，由雷达完成对目标的探测和跟踪，目标信息下传给火控系统发射弹丸，炮载计算机完成炮口初速测量、炸点时间计算和对引信起爆时间的快速装定，引信通过精确计时实现对目标的毁伤。

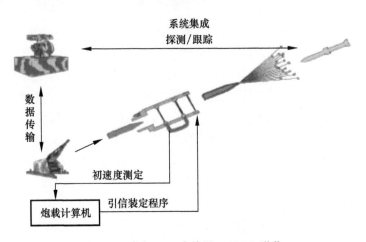

图 1-2 瑞士双 35 火炮及 AHEAD 弹药

武器系统中的战斗部或弹丸的毁伤效能直接与引信有关。引信的发展则直接受战争的需求和科学技术的发展而推动。战争的发展对引信提出各式各样越来越高的要求，引信在不断满足这些要求中得到发展。此外，科学技术的发展为引信满足战争要求提供了更加先进、完善和多样化的物质及技术基础。

在现代战争中，目标与战斗部处于直接对抗的状态。战斗部要摧毁目标，目标以各种方式抵抗或干扰战斗部的攻击。这种摧毁与反摧毁的对抗是目标与战斗部发展的一个动力。现代战争中有各式各样的目标，它们的存在条件（空中、地面/地下、水面/水下等）、物理特性（高速/低速、静止、热辐射、电磁波反射、磁性等）和防护性能（强装甲防护、钢筋水泥防护、土木结构防护、无防护等）千差万别。为了有效地摧毁目标，就必须发展各式各样的战斗部，例如，杀伤的、爆破的、燃烧的、破甲的、穿甲的、碎甲的、生物的、化学的、心理的、核裂变的以及它们的组合等。这些战斗部都有各自对相对目标起作用的最佳位置。这就要求引信首先要根据目标的特点来识别目标的存在，使战斗部在相对目标最有利的位置充分发挥作用。这个位置随战斗部的类型和威力的不同而异。为满足这一要求，研究设计出各种作用原理的引信。

最常见的地面有生目标的特点是防护能力弱、分散面积大。摧毁这种目标的有效手段是杀伤战斗部。100 多年前，欧洲步兵的进攻是排成方阵以军鼓为前导集体前进的。这时目标密集，全部暴露在地面上，用装有瞬发作用的引信使炮弹落入敌阵在地面上爆炸，就能够有效地杀伤敌人。战争使人变得聪明起来，人们很快学会利用土丘、沟壕等地物，以分散的方式迅速前进。对付分散开的、利用地物掩护的敌人，炮弹落到地面上才爆炸，杀伤效果就不够好，炮弹的威力不能充分发挥。特别是对于战壕里的敌人，着地炸的杀伤效果更差。如果能使炮弹距地面一定高度爆炸，杀伤效果就会显著提高。为了使炮弹配备触发引信也能实现空炸，人们采用跳弹射击的方法。炮弹第一次落地时引信开始起作用，但不立即引爆弹丸，等炮弹从地面重新跳起后才引爆弹丸。这就要求触发引信具有短延时作用。跳弹射击受地形和射程的限制，而且经常在弹头朝天跳起时爆炸，相当一部分破片飞向天空，杀伤效果仍不理想。于是，人们想到可以用时间引信实现空炸射击。根据火炮与目标的距离计算炮弹的飞行时间，然后对时间引信进行装定，使炮弹在落地之前在目标区上空爆炸。这比跳弹射击的效果更好。最初的时间引信是利用火药的燃烧来计时的。由于地形的影响以及火炮的弹道散布和时间引信本身的时间散布，炮弹的炸点散布很大，有的炮弹会落到地面上还没有炸，有的则炸点过高。为了使落到地面上的炮弹能够碰地就炸，就出现了时间触发双用引信。

战争中严酷的对抗，促使各国都将自己的智慧和最新的技术成就优先用于武器的发展与研制中。19 世纪末，欧洲的机器制造业已经得到蓬勃发展。飞机的出现更加激励人们去研制计时更准的引信。于是，20 世纪初就研制出钟表时间引信。它不仅广泛用于对空拦截射击，也用于对地空炸射击，杀伤效果要比火药时间引信效果好。但是引信是按预先的装定时间进行对空射击的，炮弹离飞机最近时，引信钟表机构很可能还没有走完预先装定的时间，而当引信起爆弹丸时，飞机早已飞远。人们很希望引信能够在没有碰击目标的情况下自动觉察到目标的存在，而且在相对目标最有利的位置引爆弹丸。研制这种"非触发引信"的理想，直到第二次世界大战后期才成为现实。当时，无线电电子学、电子器件和雷达技术的发展，为在引信中安装由超小型电子管等电子元件构成的微型米波雷达收发机提供了技术可能性，于是出现了无线电近炸引信。尽管这种引信已完全不是时间引信，但最初人们仍把它叫作可变时间（Variable Time，VT）引信。无线电近炸引信与原子弹、雷达一起被称为第二次世界大战期间三大军事发明。喷气式飞机发动机喷管喷出的高温气流为引信提供一个新的觉察目标的途径，于是在对空导弹上配用了红外线近炸引信。触发引信、时间引信与利用各种物理场作用的近炸引信，是现代引信的三种基本类型。如果一个引信同时具备这三种引信的功能，自然会使战斗部的作用更为完善，威力也能得到最大程度的发挥，20 世纪 60 年代就有人提出这种"多用途引信"的概念。70 年代固体组件与微电子学和计算机技术的发展，使得这种想法得以实现。80 年代微机电加工技术（MEMS）的出现及不断的成熟，使单兵武器配用的弹药能够具有空炸的能力，引信能够在直径为 20 mm 的有限空间内实现定时或定距空炸。枪榴弹对目标的几种杀伤方式，如图 1-3 所示。

面杀伤

杀伤掩体后目标

杀伤战壕内目标

巷战中的几种杀伤方式

图 1-3　枪榴弹对目标的几种杀伤方式

　　由此可见，引信是随着目标、战斗部以及作战的方式和科学技术的发展而不断发展进步的。引信的功能在不断完善，人们对它的认识在不断深化，有关引信的概念也在不断发展。而所有这些发展，都是为了实现一个目的：使战斗部在相对目标最有利的位置或时机起作用。

　　整个武器系统要靠战斗部来摧毁目标，而为了使战斗部发挥最大效力，需要有最现代化和性能优越的引信。所以，各国科学技术的最新成果应当尽先用于引信设计中，事实也正是如此。

1.2　引信的功能和作用过程

1.2.1　引信的功能

　　引信的功能是对战斗部进行安全与适时起爆控制。战斗部是武器系统中直接对目标起毁伤作用的部分。战斗部通常也包括引信，但本书中所讨论的战斗部大都不包括引信。这里所讲的战斗部，是指炮弹、炸弹、导弹、鱼雷、水雷、地雷、手榴弹等起爆炸作用的部分，也包括不起爆炸作用的各种特种弹，如宣传弹、燃烧弹，照明弹、烟幕弹等。

　　由于战斗部是毁伤目标的直接单元，作战中只有当战斗部相对目标最有利位置或时机起作用时，才能最大限度地发挥它的威力，它要靠引信按预定功能正常作用。然而，安全性能不好的引信会导致战斗部提前爆炸，这样不但没有杀伤敌人，反而造成我方人员的伤亡。实践使人们认识到，引信必须首先确保我方人员的安全。将"安全"与"可靠引爆战斗部"二者结合起来，就构成了现代引信的基本功能。

一般来说，现代引信应具有以下四个功能：

（1）在引信生产装配、运输、储存、装填、发射以及发射后的弹道起始段上，不能提前作用，以确保我方人员的安全。

（2）感受发射、飞行等使用环境信息，控制引信由不能直接对目标作用的保险状态转变为可作用的待发状态。

（3）判断目标的出现，感受目标的信息并加以处理、识别，选择战斗部相对目标最佳作用点、作用方式等，并进行相应的发火控制。

（4）向战斗部输出起爆信息并具有足够的能量，完全可靠地引爆、引燃战斗部主装药。

前两个功能主要由引信的安全系统完成，具体在引信中涉及隔爆机构、保险机构、电源控制系统、发火控制系统等；第三个功能主要由引信的目标探测与发火控制系统来完成，还涉及装定机构、自毁机构等；第四个功能由引信的爆炸序列来完成。引信的基本组成将在 1.3 节具体介绍。

1.2.2　引信的作用过程

引信的作用过程主要包括保障安全、解除保险、目标探测、发火控制与起爆战斗部等。

在介绍引信作用过程之前，首先介绍引信的两种状态，即保险状态和待发（爆）状态。保险状态是引信在勤务处理、使用中等情况下所处的一种安全状态，也是引信出厂时的装配状态。保险状态下发火控制系统处于不敏感或不工作的状态，隔爆机构处于切断爆炸序列传爆通道的状态。待发（爆）状态是战斗部发射或投放后，引信利用一定的环境能源或自带的能源完成发火前预定的一系列动作，发火控制系统处于敏感或工作的状态，爆炸序列的传爆通道被打开。此时引信一旦接收目标传给的起爆信息，或从外部得到起爆指令，或达到预先装定的时间就能发火，此时引信处于待发（爆）状态，也称为解除保险状态。

引信的作用过程如下：

（1）保障安全。它是引信使用前及使用中所起的主要作用，保障不受各种自然环境、人为环境等影响而意外失效，确保引信以及战斗部的安全。

（2）解除保险。引信从保险状态向待发（爆）状态的过渡过程称为解除保险过程。当引信判断到使用环境的出现后，便进入解除保险过程。一般引信具有延期解除保险结构，以确保引信随战斗部飞行一段距离后才能进入待发（爆）状态。解除保险的信息主要来源于对使用环境的识别判断，以及武器系统或弹药给出的相关信息。大多数引信的解除保险能量是靠伴随战斗部的运动所产生的环境能源（后坐力、离心力、摩擦产生的热、气流的推力等）来完成的，也有随战斗部所处环境或利用武器系统或引信自带的能源解除保险。

（3）目标探测。引信解除保险后通过对目标的探测实现发火时机、发火方式的选择。引信对目标的探测分直接探测和间接探测。

直接探测又有接触探测与感应探测：接触探测是靠引信（或战斗部）与目标直接接触来觉察目标的存在，有的还能分辨目标的真伪；感应探测是利用力、电、磁、光、声、热等探测目标自身辐射或反射的物理场特性或目标存在区的物理场特性。对目标的直接探测是由发火控制系统中的信息感受装置和信息处理装置完成的。

间接探测有预先装定与指令控制：预先装定在发射前进行，以选择引信的不同作用方式或不同的作用时间，例如时间引信多数是预先装定的；指令控制由发射基地（可能在地面，也可能在军舰或飞机上）向引信发出指令进行遥控起爆，也可实现遥控装定或遥控闭锁（即使引信瞎火）。

（4）发火控制。根据探测到的不同目标以及弹目交会情况，引信可选择触发、延期、近炸、定时等不同的发火方式。根据不同的发火方式，发火控制系统选择在不同时机控制引信爆炸序列的首级火工品作用，或对引信中相应的首级爆炸元件输出发火信息。例如，多层硬目标侵彻引信，可以通过传感器根据侵彻特征识别穿过目标层数，在预定层后起爆，实现对深埋重点打击目标的有效杀伤。

（5）起爆战斗部。引信发火后通过爆炸序列的作用，将发火能量进行放大，最后对战斗部输出足够的能量，实现可靠起爆战斗部主装药。

1.2.3 引信功能的扩展

除了引信的安全与起爆控制基本功能，随着战争的需求与引信技术的发展，引信的功能也在不断拓展，作用过程也在不断变化。

引信对目标的毁伤，除在预定弹道轨迹上的炸点控制，对于弹道末端的起爆与弹道修正结合，可以大大提高对目标的毁伤效果。近年来出现的弹道修正引信，具有弹道敏感与简易落点控制功能，可实现对目标的打击效果。弹道修正引信依作用方式可以分为一维弹道修正引信和二维弹道修正引信，分别可以实现单纯射程修正、射程与方向修正。弹道修正引信在原有引信的安全与起爆控制的基础上，增加的弹道简易控制功能，是引信功能与技术的一次拓展。美国 ATK 公司的 PGK 弹道修正引信，它具有二维弹道修正功能，如图 1-4 所示。

图 1-4 美国 ATK 公司的 PGK 弹道修正引信

引信与武器平台交联技术是引信信息化的一种主要途径。随着武器系统的信息化发展，武器平台的信息化能力越来越强，而引信与武器平台的信息交联是实现武器弹药信息化的最终一环，可以将信息化最终在弹药与目标交汇末端的炸点控制中得以实现，是精确打击的重要手段。引信装定系统在引信与武器需要信息化发展中起着重要作用。近年来，在原先接触式静态装定的基础上出现了感应装定、射频装定、光学装定等新的引信与武器平台信息交联手段，对引信的信息化发展起到重要促进作用。5 种具有与系统信息交联功能的引信，如图 1-5 所示。

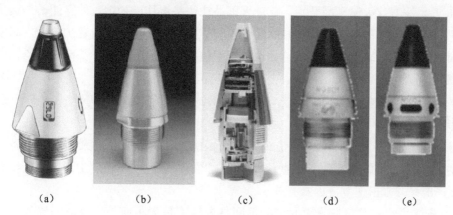

| (a) | (b) | (c) | (d) | (e) |

图 1-5　具有与系统信息交联功能的引信

(a) M762A1；(b) M782；(c) DM84；(d) M9804；(e) M9801

1.3　引信的基本组成

引信主要包括目标探测与发火控制系统、安全系统、爆炸序列、能源等。引信的基本组成部分、各部分间的联系以及引信与环境、目标、战斗部的关系，如图 1-6 所示。除图中的典型模块之外，在一些特殊的引信中还有特殊模块，随着引信技术的发展也会出现一些新的功能模块，以实现引信的相关功能。

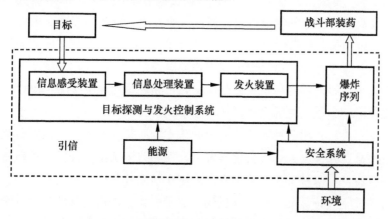

图 1-6　引信的基本组成

1.3.1 目标探测与发火控制系统

目标探测与发火控制系统包括信息感受装置、信息处理装置和发火装置。

引信是通过对目标的探测或指令接收来实现起爆的。战场目标信息有声、磁、红外、静电、射频等环境。目标内部信息有硬度、厚度、空穴、层数等。目标探测系统通过识别这些目标信息作为发火控制信息。引信中爆炸序列的起爆由位于发火装置中的第一个火工元件即首级火工品开始。首级火工品往往是爆炸序列中对外界能量最敏感的元件,其发火信息可由执行装置或时间控制、程序控制或指令接收装置的控制,而发火所需的能量由目标敏感装置直接供给,也可由引信内部能源装置或外部能量供给。

爆炸序列中首级火工品的发火方式主要有下列三种:

(1) 机械发火。用针刺、撞击、碰击等机械方法使火帽或雷管发火,称为机械发火。机械发火有如下四种类型:

① 针刺发火:用尖部锐利的击针戳入火帽或针刺雷管使其发火。发火所需的能量与火帽或雷管所装的起爆药(性质和密度)、加强帽(厚度)、击针尖形状(角度和尖锐程度)、击针的戳击速度等因素有关。

② 撞击发火:与针刺发火的主要不同是击针不是尖头而是半球形的钝头,故又称撞针。火帽底部有击砧,撞针不刺入火帽,而是使帽壳变形,帽壳与击砧间的起爆药因受冲击挤压而发火。撞击发火可不破坏火帽的帽壳。

③ 碰击发火:不需要击针,靠目标与碰炸火帽或碰炸雷管的直接碰击或通过传力元件传递碰击使火帽或雷管受冲击挤压而发火。这种发火方式常在小口径高射炮和航空机关炮榴弹引信中采用。

④ 绝热压缩发火:也不需要击针,在火帽上部有一个密闭的空气室,引信碰目标时,空气室的容积迅速变小,其内的空气被迅速压缩而发热,由于压缩时间极短,热来不及散逸,接近绝热压缩状态,火帽受热而发火。在苏联过去的迫击炮弹引信以及第二次世界大战日本、美国、英国的 20 mm 航空机关炮榴弹引信中都曾采用过这种发火方式。

(2) 电发火。利用电能使电点火头或电雷管发火,称为电发火。电发火用于各种电触发引信、压电引信、电容时间引信、电子时间引信和近炸引信。所需的电能可由引信自带电源供给。对于导弹引信,也可利用弹上电源。

电发火方式一般采用专用发火控制电路,可由不同体制的目标探测系统直接驱动,因此成为现代引信中最主要的发火方式。

(3) 化学发火。利用两种或两种以上的化学物质接触时发生的强烈氧化还原反应所产生的热量使火工元件发火,称为化学发火。例如,浓硫酸与氯酸钾和硫氰酸制成的酸点火药接触就会发生这种反应。化学发火多用于航空炸弹引信和地雷引信中。也可利用浓硫酸的流动性制成特殊的化学发火机构,用于引信中的反排除机构、反滚动机构(这两种机构常用于定时炸弹引信中)及地雷、水雷等静止弹药的诡计装置中。

1.3.2 引信的爆炸序列

爆炸序列是指各种火工、爆炸元件按它们的敏感度逐渐降低而输出能量递增的顺序排列而成的组合。它的作用是把首级火工元件的发火能量逐级放大，让最后一级火工元件输出的能量足以使战斗部可靠而完全地作用。对于带有爆炸装药的战斗部，引信输出的是爆轰能量。对于不带爆炸装药的战斗部，如宣传弹、燃烧弹、照明弹等特种弹，引信输出的是火焰能量。爆炸序列根据传递的能量不同又分为传爆序列和传火序列。引信爆炸序列的组成随战斗部的类型、作用方式和装药量的不同而异。要说明的是，引信中用作保险的火工元件不属于爆炸序列。榴弹触发引信常用的三种爆炸序列，如图 1-7 所示。图 1-7 (a) 多用于中大口径榴弹引信中，图 1-7 (b) (c) 多用于小口径榴弹引信中。

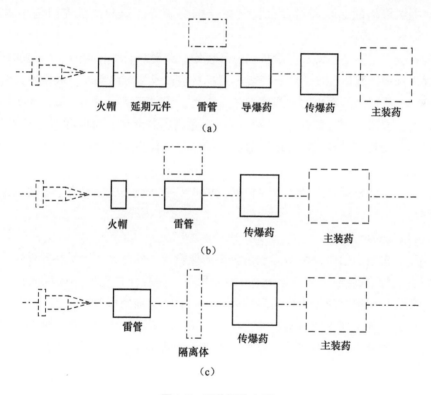

图 1-7 三种爆炸序列

从引信碰击目标到爆炸序列最后一级火工品完全作用所经历的时间，称为触发引信的瞬发度。这一时间值越小，引信的瞬发度越高，瞬发度是衡量触发引信作用适时性的重要指标，直接影响战斗部对目标的作用效果。

爆炸序列中比较敏感的火工元件是火帽和雷管。为了保证引信勤务处理和发射时的安全，在战斗部飞离发射器或炮口规定的距离之内，这些较敏感的火工元件应与爆炸序列中下一级传爆元件相隔离。隔离的方法是堵塞传火通道（对火帽而言），或者是用隔板衰减雷管爆炸产生的冲击波，同时也堵塞伴随雷管爆炸产生的气体及爆炸生成物（对雷管而言）。可以把雷管与下一级传爆元件错开（图 1-7（a）（b）），或在雷管下面设置可移动的隔离体（图 1-7（c））。仅将火帽与下一级传爆元件隔离开的引信，称隔离火帽型引信，又称半保险型引信。将雷管与下一级传爆元件隔离开的引信，称隔离雷管型引信，又称全保险型引信。没有上述隔离措施的引信，习惯上称为非保险型引信。非保险型引信没有隔爆机构，目前已经基本淘汰。全保险型引信已成为研制现代引信必须遵循的一条设计准则。

1.3.3 安全系统

引信安全系统是引信中为确保平时及使用中安全而设计的，主要包括对爆炸序列的隔爆、对隔爆机构的保险和对发火控制系统的保险等。安全系统在引信中占有重要地位。

安全系统涉及隔爆机构、保险机构、环境敏感装置、自炸机构等。引信的环境敏感包括对膛内环境、膛口环境、弹道环境、目标环境以及目标内部环境的敏感。常用的膛内环境有发射时产生的后坐力和线膛炮的离心力。膛口环境有磁场环境、弹头压力波环境、章动力。弹道环境有爬行力、章动力、地磁场、温度场、弯曲弹道的顶点信息等。有些引信还利用目标区或目标环境解除保险。随着现代信息技术、微电子技术的飞速发展，对环境的充分利用将变得更加容易。

引信安全系统根据其发展，主要包括机械式安全系统、机电式安全系统以及电子式安全系统。

1）机械式安全系统

在早期的机械引信中，引信安全系统中的保险元件同时又作为敏感元件，其作用利用的是发射过程中的惯性力。在惯性力的作用下，保险元件克服约束件的作用产生位移，释放隔爆件或解除对发火机构的约束，从而解除引信的保险。

典型的结构如引信中的后坐保险机构，如图 1-8 所示。其中，保险件为质量块，约束件为弹簧，惯性力为发射时的后坐力，隔爆件为防止爆炸序列对正的引信中可移动的零部件。

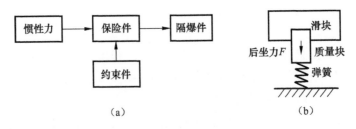

（a）　　　　　　　　　　　　（b）

图 1-8　后坐保险机构原理

机械式安全系统中，保险结构包括惯性保险机构、双行程直线保险机构、曲折槽机构、互锁卡板机构、双自由度后坐保险机构等。采用离心保险的机械安全系统与后坐保险机构具有相同的原理，利用弹丸高速旋转产生的离心力解除保险。

机械式安全系统中，国外大多采用钟表机构实现远解，早期苏联引信中也有用延期火药实现远解。由于机械式安全系统利用的惯性力环境自身具有能量，可直接作用于保险件并驱动其按预定规律动作，因此设计简单，技术成熟，在现代引信中特别是发射过载较大的弹药引信中一直得到较好的应用，也是安全系统设计中优先选用的环境信息。

2）机电式安全系统

机电式安全系统主要特征是环境传感器替代了机械环境敏感装置，实现对引信使用环境的探测，同时解除保险的驱动一般也采用电驱动的做功火工元件。机电式安全系统具有对环境更好的识别能力，也可具有更完善的解除保险控制逻辑与功能，通过对环境信息的识别判断后再传输给引信安全系统的执行机构。目前，采用机械隔离作为引信安全的主要手段的情况下，机电式安全系统是实现高安全性与可靠性的有效手段，也是传统的机械安全系统改进的最佳方式。机电式安全系统的"机"主要体现在机械隔离和利用环境能源，而"电"主要表现为传感器对环境敏感、识别并输出控制信号。机电式安全系统是目前引信安全系统的发展主流。

机电式安全系统国外研究始于 20 世纪 70 年代，80 年代已装备于制式引信中，如M934E5 引信。美国的 XM762A1、MK432MOD 0 多选择引信，如图 1-9 所示，也采用了机电式安全系统，目前该引信作为美国中大口径榴弹的通用引信已开始生产并装备部队。

图 1-9 XM762A1、MK432MOD 0 多选择引信

3）电子式安全系统

电子式安全系统是以直列式爆炸序列为基础的新型引信安全系统，采用以钝感起爆药为首级火工品的爆炸序列，通过控制发火能量的供给以保障引信的安全。由于安全系统的控制不需要机械隔离，因此称为电子式安全系统。电子式安全系统需要三个环境传感器识别引信使用环境，目前在高价值弹药引信中有应用，而在常规弹药引信中处于研究阶段。

1.3.4 引信能源

引信能源是引信工作的基本保障,包括引信环境能、引信内储能、引信物理或化学电源。

机械引信中用到的多是环境能,包括发射、飞行以及碰目标的机械能量,实现机械引信的解除保险与起爆等。引信内储能是指预先压缩的弹簧、各类做功火工品等储存的能量,是多数静置起爆式引信(如地雷)驱动内部零件动作或起爆的能量。引信物理或化学电源是电引信工作的主要能源,用于引信电路工作、引信电起爆等。在现代引信中,引信电源一般作为一个必备模块单独出现,常用的引信物理或化学电源有涡轮电动机、磁后坐电动机、储备式化学电源、锂电池、热电池等。

1.3.5 引信中其他功能模块

为引信实现相关功能,在引信中还有一些功能模块。如引信中的装定模块,可实现引信发火模式或发火控制参数的调整。

在引信中为实现新的功能,逐渐出现了一些新的功能模块,并在引信中相对独立实现相应的功能。如弹道修正引信的弹道敏感模块(基于卫星定位系统的定位模块、弹体姿态敏感模块等)、修正执行机构模块(阻尼环、舵机、推冲器等)以及具有信息交联功能的引信信息接收模块等。引信新模块的出现,是引信发展的需要,同时也为新引信的设计提供了更多选择。

围绕以上介绍的引信的组成,形成了各种典型的引信机构。本书主要以机械机构为主介绍引信机构,涉及:引信爆炸序列;发火机构;安全系统中的隔爆机构、保险机构;发火机构中的延期机构、自毁机构;引信电源、电发火控制机构;装定机构、防雨机构以及闭锁机构等辅助机构。

1.4 对引信的基本要求

根据武器系统战术使用的特点和引信在武器系统中的作用,对引信提出了一些必须满足的基本要求。由于对付目标的不同和引信所配用的战斗部性能不同,对各类引信还有具体的特殊要求,这些将在第12章中进行详细讨论,这里主要介绍对引信的基本要求。

1.4.1 安全性

引信安全性是指引信除非在预定条件下才作用,在任何其他场合下均不得作用的性能。这是对引信最基本也是最重要的要求。爆炸或点火的过程是不可逆的,所以引信是一次性作用的产品。引信不安全将导致勤务处理中爆炸或发射时膛炸或早炸,这不仅不能完成消灭敌人的任务,反而会对我方造成危害。

1）勤务处理安全性

勤务处理是指由引信出厂到发射前所受到的全部操作和处理，包括：运输；搬运；弹药箱的叠放和倒垛；运输中的吊装，飞机的空投；对引信电路的例行检查；发射前的装定和装填；停止射击时的退弹等。勤务处理中可能遇到的比较恶劣的环境条件是：运输中的震动、磕碰；搬运、装填时的偶然跌落；空投开伞和着地时的冲击；周围环境的静电与射频电干扰等。要求引信不能因受这些环境条件的作用或由于例行检查时的错误操作而提前解除保险，提前发火或起爆。

2）发射安全性

火炮弹丸在发射时的加速度很高，某些小口径航空炮弹发射时加速度峰值可达 110 000g，中大口径榴弹和加农炮榴弹发射时的加速度可达（1 000～30 000）g。火箭弹弹底引信靠近火箭发动机，发射时引信会因热传导的影响而被加热。坦克作战中可能有异物进入炮膛，发射时弹丸在膛内遇异物而突然受阻。在这些环境影响下，引信的火工品不能自行发火，各个机构不应出现紊乱或变形。

3）弹道起始段安全性

要求弹道起始段安全是为了保证我方阵地的安全。用磨损了的火炮射击时，引信零件在炮口附近有时受到高达（500～800）g 的章动过载。如果引信保险机构在膛内已解除保险，引信已成待发状态，在这样大的章动力作用下，就可能发生炮口早炸。如果隔离火帽的引信火帽在膛内提前发火，灼热气体可暂时储存在火帽所处的空间内，而弹丸一出炮口，隔爆机构中堵塞火帽传火的通道就被打开，气体下传，会引起引信的炮口早炸。对空射击时，炮口附近可能会遇到伪装物或高层建筑上的设施。坦克直接瞄准射击时，会在炮口附近遇到树枝、庄稼等障碍物。多管火箭炮在发射时，前面火箭弹喷出的火药气体会对后面火箭弹的引信有影响。在上述情况下都要求引信不能发火。

弹道起始段的安全性由延期解除保险机构和隔爆机构来保证。引信完成解除保险（或解除隔离）的距离，最小应大于战斗部的有效杀伤半径，最大应小于火炮的最小攻击距离。

4）弹道安全性

引信保险机构解除保险、隔爆机构解除隔离以后，引信在弹道上飞行时的安全性称为弹道安全性。在弹道上，引信顶部受有迎面空气阻力，弹丸在弹道上做减速飞行、减速炸弹在阻力伞张开时，引信内部的活动零件受到爬行力或前冲力作用；大雨中射击时，引信头部会受到雨点的冲击；在空气中高速运动，引信顶部产生热量而使温度升高；近炸引信会受到人工或自然环境的干扰等。在上述环境条件的作用下，引信都不得提前发火。这可由弹道保险、防雨保险、抗干扰装置等来保证。引信弹道安全性保障了引信对目标作用的可靠性。

GJB 373A—1998《引信安全性设计准则》对引信的安全性要求以及设计要求进行了相关规定，成为引信安全性设计必须满足的设计准则。

1.4.2 作用可靠性

引信的作用可靠性是指规定储存期内，在规定条件下（如环境条件、使用条件等）引信必须按预定方式作用的性能。

引信可靠性主要包括局部可靠性和系统可靠性。局部可靠性包括引信保险状态可靠性、解除保险可靠性、解除隔离可靠性；系统可靠性包括引信对目标作用的发火可靠性和对战斗部的起爆完全可靠性。

引信作用可靠性用抽样检验方法经模拟测试系统和必要的靶场射击试验所得的可靠工作概率来衡量。对靶场射击试验来说，引信作用可靠性以在规定的弹道条件、引信与目标交会条件和规定的目标特性下引信的发火概率来衡量。这一概率越大，引信的作用可靠性越高。

与引信发火可靠性直接有关的是引信的灵敏度。对触发引信来说，触发灵敏度（又称碰炸灵敏度）是指引信触发发火机构对目标的敏感程度，以发火机构可靠发火所需施加其上的最小能量来表示，此能量越小，灵敏度越高。对近炸引信来说，近炸引信检测灵敏度（又称动作灵敏度）表征引信敏感装置感受目标存在的能力，对于给定的检测和误警概率（或动作和误动作概率），通常以接收系统所需的最小可检信号电平表示，此值越低，灵敏度越高。

1.4.3 使用性能

引信的使用性能是指：对引信的检测；与战斗部配套和装配；接电；作用方式或作用时间的装定；对引信的识别等战术操作项目实施的简易、可靠、准确程度的综合。它是衡量引信设计合理性的一个重要方面。引信设计者应充分了解引信服务的整个武器系统，特别是与引信直接相关部分的特点，充分了解引信可能遇到的各种战斗条件下的使用环境，研究引信中的人因工程问题。确保在各种不利条件下（如在能见度很低的夜间或坦克内操作，在严寒下装定等）操作安全简便、快速、准确。应尽可能使引信通用化，使一种引信能配用于多种战斗部以及一种战斗部可以配用不同作用原理或作用方式的引信。这对于简化弹药的管理和使用，保证战时弹药的配套性能和简化引信生产都有重要的意义。

1.4.4 经济性

经济性的基本指标是引信的生产成本。在决定引信零件结构和结合方式时，应为简化引信生产过程、采用生产率高、原材料消耗少的工艺手段提供充分的可能。由板状零件组成的结构将为充分采用冲压工艺提供可能。形状复杂的零件应优先考虑用压铸、热塑成型等工艺。零件间用铆接比用螺纹连接装配效率要高，并更便于实现装配自动化。选用零件的原材料应充分考虑我国的资源状况。引信零件和机构应尽量做到标准化和系列化。

采取上述措施，不仅可降低引信的成本，而且由于引信生产过程的简化和生产率的提高可使引信的生产周期缩短。这就为战时提供更多的弹药创造了条件，它的意义已不仅限于经济性良好这一个方面。

1.4.5 长期储存稳定性

弹药在战时消耗量极大，因此在和平时期要有足够的储备。一般要求引信储存15～20年后各项性能仍应合乎要求。零件不能产生影响性能的锈蚀、发霉或残余变形，火工品不得变质，密封不得破坏。设计时，应考虑到引信储存中可能遇到的不利条件。可能产生锈蚀的引信零件均应进行表面处理，引信本身或其包装物应具有良好的密封性能，以便为引信的长期储存创造良好的条件，尽可能延长引信的使用年限。

1.5 引信分类与命名

1.5.1 引信分类

引信与所对付的目标、所配的战斗部、武器系统紧密相关，可依据其与目标的关系、与战斗部的关系、与所配的武器系统的关系等进行分类，见表 1-1。

表 1-1 引信分类

按与目标的关系	直接觉察	触发引信	按作用时间	瞬发触发引信（$t<1$ ms）、惯性触发引信（1 ms<$t<$5 ms）、延期引信（$t>5$ ms）
			按作用原理	机械引信、机电引信
		非触发引信	近炸引信	无线电引信、毫米波引信、激光引信、红外引信、电容引信、地震动引信、声引信、磁引信
			周炸引信	水压引信、静电引信、气压引信
	间接觉察	指令引信		射频指令引信、可编程引信
		时间引信		火药时间引信、机械时间引信、电子时间引信、化学时间引信
		定位引信		计转数定距引信、GPS引信
	多选择引信			可在多种作用方式间选择，对付不同目标
按与战斗部的关系	在战斗部上的装配位置			弹头引信、弹底引信、弹头—弹底引信、弹身引信
	对战斗部的输出特性	点火引信		输出火焰能量
		起爆引信		输出爆轰波能量
		非爆炸引信		演习引信、假引信
	战斗部用途	硬杀伤引信		杀伤爆破弹引信、爆破弹引信、破甲弹引信、穿甲弹引信、半穿甲爆破弹引信、碎甲弹引信、反混凝土目标引信、云爆弹引信
		软杀伤引信		抛撒器引信、碳纤维弹引信
		特种弹引信		子母弹母弹引信、化学弹引信、照明弹引信、发烟弹引信、宣传弹引信、信号弹引信

续表

按配用的 武器系统	小口径武器	航空机关炮引信、高射炮引信、小口径舰炮引信、枪榴弹引信
	中大口径武器	地炮引信、舰炮引信、迫击炮弹引信、鱼雷引信、深水炸弹引信
	非身管发射 武器	航空炸弹引信、火箭弹引信、导弹引信、地雷引信、水雷引信、云爆弹引信、手榴弹引信
按安全 程度	隔离雷管型引信（全保险型）、隔离火帽型引信（半保险型）、非隔离引信（非保险型）	

根据引信与目标的关系，主要有直接觉察和间接觉察两大类。其中直接觉察又分为触发引信和非触发引信。

触发引信又称碰炸引信，是利用碰击到目标的信息发火的引信。它又分为瞬发触发引信和惯性触发引信：瞬发触发引信是利用目标的反作用力发火的引信；惯性触发引信是利用碰目标时弹丸减速所产生的前冲惯性力发火的引信。

非触发引信通过间接感应目标的存在而作用，主要是近炸引信。近炸引信指当接近目标到一定距离（小于战斗部杀伤半径）时，引信依靠敏感目标的出现而发火的引信。

间接觉察引信是通过判断预先装定的起爆信息或接收起爆指令作用的引信。它包括时间引信、指令引信、定位引信等。

针对具体引信，可以通过其所属类别进行称呼，如中大口径杀伤爆破弹弹头机械触发起爆引信、无后坐力炮反坦克破甲弹激光近炸引信等。

1.5.2　引信命名

我国引信命名规则经历了不同时期，目前在役的引信名称来自于不同的时期。下面通过对我国引信命名的起因及不同时期的命名原则进行分析，以便对于引信名称与其自身原理进行认识。

1）引信曾经的命名方式

新中国成立初期，我国引信多是从苏联引进的，最早对引信的命名是根据俄文音译。苏联对引信的命名是俄文字母加弹药口径或序号的方式，因此译过来后也采用对应的方式，如百-37、伏目-45、特-5等。

从苏联引进过程中，我国开始仿制苏联的引信，有些引信结构基本上是没有变化的。这个阶段对引信开始自己命名。此阶段的命名采用"对象-序号""原理-序号"或"原理-对象-序号"的方式，也有采用"对象-口径"方式。采用对象的命名如榴-1、榴-2、迫-1、无-1（无后坐力炮引信）、碎-1、炮引-21、海双-25；采用原理的命名如时-1、电-1；采用原理和对象的命名如碎榴-1、无榴-3、滑榴-2等。

随着引信特别是同一系列引信的发展，为便于区分，在名称后面又加第二序号"甲、乙、丙、丁"等，如电-1丙、电-1辛、迫-1乙；还有的直接在引信前加"改"表示改进后的型号，如改电-1戊；一些特殊使用的引信，直接以其设计生产的"年代＋使用名称"进行命名，如79式火箭榴弹引信、72式防步兵地雷引信、机械1A型子弹引信等。

2）目前采用的命名方式

为了进行统一，新时期对引信采用统一命名方法，GJBz 20496—1998《引信命名细则》对引信命名进行了相关规定，之后出现的引信采用新的命名方法。该标准规定引信命名一般由"引信型号＋引信名称"构成，如 DRX10 型压发引信。如需要，可在引信型号与引信名称之间加配用的武器类型，如 DRP10 型迫击炮机械触发引信。引信型号规定由 3 位大写字母和 2 位阿拉伯数字构成：3 位大写字母依次分别表示弹药类别、引信、引信类别；2 位数字陆军引信是按引信命名先后顺序表示引信命名的序号，其他军种引信有相应定义，具体见 GJBz 20496—1998《引信命名细则》。当同一型号改进时，后加字母 A、B、C 等以示区别：对于海军，型号前加增 H/；对于空军，型号前增加 K/。我国引信命名见表 1-2。

表 1-2 我国引信命名

军兵种	方 式	分 类	举 例	解 释
陆军	"DR＊"＋"序号"	根据种类	DRP＃＃	迫弹引信
			DRA＃＃	火箭弹引信
			DRH＃＃	滑膛炮引信
			DRM＃＃	子弹、末敏子弹引信
			DRK＃＃	轻武器、榴弹发射器弹药引信
			DRX＃＃	地雷引信、布撒式、爆破器材用引信
		根据原理	DRL＃＃	榴弹机械触发引信
			DRD＃＃	机电触发类引信（早期代表电子引信，含无线电近炸引信，现另用"DRW＃＃"）
			DRS＃＃	时间引信（包括机械时间引信和电子时间引信）
			DRW＃＃	无线电近炸引信
			DRR＃＃	电容近炸引信
			DRT＃＃	多选择引信
海军	"H/DR＊"＋"序号"		H/DRW＃＃	海军无线电引信
空军	"K/YR＊"＋"序号"		K/DRH＃＃	航空火箭弹引信
注："＊"是引信原理或弹药种类的缩写；"＃＃"是序号或相应编号				

国外引信命名各自有不同的方法，以美国为例，美国陆军引信以 M＃＃＃命名（如 M739），在研型号则以 XM＃＃＃（号）命名（如 XM200）。正在使用的美国空军和海军航弹、火箭弹、子弹药及导弹配用的引信，使用引信弹药单元（FMU）后跟数字（如 FMU-100）。

第 2 章 引信环境分析

引信环境是指引信在全寿命周期内可能经受的特定物理条件的总和。引信从成品出厂到引燃或引爆弹药的整个生命周期中要经受许多环境条件的影响，如高/低温、潮湿、盐雾、淋雨、霉菌、磕碰、震动、冲击、旋转、迎面空气阻力、目标阻力以及电磁和地磁环境等。可以把引信工作的全过程的环境分为若干阶段，例如：对于炮弹引信来说，有勤务处理、装填、膛内、后效期、空中飞行和碰击目标 6 个阶段；对火箭弹和导弹引信来说，有勤务处理、装填、主动段、被动段和碰击目标 5 个阶段；对航弹引信来说，仅有勤务处理、装填、空中飞行和碰击目标 4 个阶段。其中，勤务处理、装填和碰击目标 3 个阶段，3 种弹的引信都会遇到。

引信的基本功能是保障战斗部的平时安全，并且利用环境信息和目标信息或按指令在相对目标最佳位置或时机引爆或引燃战斗部装药。引信安全及待发状态的转变是依靠其安全系统对作战环境的敏感与识别，并执行相应的控制动作完成的。作为弹药探测与控制系统的引信，与一般的机械装置和电子设备所经历的环境相比不仅复杂而且十分恶劣，尤其在弹道环境（包括膛内、炮口、空中飞行和碰击目标等）中更是如此。就环境的物理因素来说，除受各种环境力外，还有各种物理场（包括热、声、光、电、磁等）以及气象环境因素等。一方面，引信通过感知这些环境信息来判断和识别引信自身的状态，作为控制引信工作的信息来源，并且可以利用部分环境力作为引信机构工作的能源，完成相应的动作；另一方面，有些干扰环境将对引信产生有害的作用，破坏引信正常工作，造成引信瞎火、早炸，甚至膛炸等。

对引信作用的环境因素很多，传统的引信主要应用以惯性力为主的力学环境，随着传感器技术、逻辑程序控制芯片等器件及一些电/化学驱动器件等相关技术的迅速发展和在引信技术中越来越多地得到应用，可以被引信所敏感并利用的引信环境也逐渐增加，需要不断地对新形势下引信环境进行综合分析与研究。本章主要介绍引信的惯性力环境、热环境、引信静电环境、电磁环境等以及它们对引信的作用和影响。

2.1 引信环境力分析

2.1.1 引信受力分析的一般动力学方程

对引信机构和零件的工作状况影响最大的是作用于引信零件上的各种环境力。在勤务处理中，引信零件所受的各种环境力对于引信机构而言绝大多数属于干扰力。它们可能导致引信机构的提前作用或破坏机构的正常作用，使引信的安全性或作用可靠性得不

到保障。发射过程所产生的环境力可作为引信机构工作的能源，但对它们利用或控制不
适当也会使引信提前作用或瞎火。为了有效地克服干扰力的影响，恰当地利用发射时的
环境力来分析和研究各类引信的构造与作用，本节介绍作用于引信零件上的力。

从发射过程开始，引信一直固接在载体（弹丸或战斗部）上并和它一起运动。由于
载体本身相对于惯性参考坐标系（近似地认为是固接在地球上的参考坐标系）具有加速
运动和旋转运动，因此在载体上的参考坐标系是非惯性参考坐标系。相对于该参考坐标
系分析引信机构的运动最为方便。

设 $[A, e_1, e_2, e_3]$ 为惯性参考坐标系，$[O, i, j, k]$ 为固连于弹体的非惯性参考坐标系，如图 2-1
所示。前者称为定参考坐标系，后者称为动参考坐
标系。引信零件 M 可以看作是一个质点，其质量为
m，它的绝对加速度为 a_a，相对加速度为 a_r。设 F
是作用在引信零件上的力。在惯性坐标参考系中牛
顿定律成立，即有

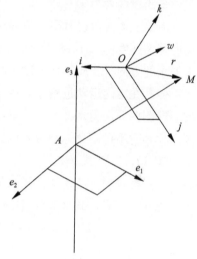

$$F = ma_a \tag{2.1}$$

由运动学得知

$$a_a = a_r + a_e + a_g \tag{2.2}$$

式中　a_e——牵连加速度；

a_g——哥氏加速度。

图 2-1 惯性参考坐标系与非惯
性参考坐标系

将式（2.2）代入式（2.1），得

$$F + (-ma_e) + (-ma_g) = ma_r \tag{2.3}$$

在非惯性参考坐标系中牛顿第二定律是不成立的，为了使它在形式上成立，就必须
引入两个假想的力，即

$$F_e = -ma_e \tag{2.4}$$

$$F_g = -ma_g \tag{2.5}$$

式中　F_e——牵连惯性力；

F_g——哥氏惯性力。

下面再进一步分析牵连惯性力和哥氏惯性力。设 $OM = r$ 是引信零件在非惯性参考
坐标系中的向径，则

$$a_e = a + \varepsilon \times r + \omega \times (\omega \times r) \tag{2.6}$$

式中　a——非惯性参考坐标系原点 O 的绝对加速度；

ε——非惯性参考坐标系相对于惯性参考坐标系的角加速度；

ω——非惯性参考坐标系相对于惯性参考坐标系的角速度。

所以牵连惯性力为

$$F_e = -ma - m\varepsilon \times r - m\omega \times (\omega \times r) \tag{2.7}$$

哥氏加速度为

$$a_g = 2\omega \times v_r \tag{2.8}$$

式中　v_r——质点在非惯性参考坐标系中的速度。

后坐力为　　　　　　　　　　　$F_s = -ma$

离心力为　　　　　　　　　　$F_c = -m\omega \times (\omega \times r)$　　　　　　　　(2.9)

切线惯性力为　　　　　　　　　$F_t = -m\varepsilon \times r$

哥氏惯性力为　　　　　　　　　$F_g = -2m\omega \times v_r$

由以上各式可以看出，只要求出相应的加速度就不难写出各惯性力表达式，这些加速度是加速度 a、向心加速度 $\omega \times (\omega \times r)$、切线加速度 $\varepsilon \times r$、哥氏加速度 a_g。各惯性力矢量的方向与相应的加速度方向相反。

弹丸在膛内运动过程中，除了上述四个惯性力以外，还有一个惯性力是不容忽视的，即侧向惯性力。弹丸在装填好以后不可能准确地与身管轴线同轴，因此，当弹丸在膛内运动时不可避免地与身管内壁产生碰撞。

式（2.3）～式（2.9）不仅可以应用于膛内过程而且可以应用于后效期、飞行过程、碰目标过程，不仅适用于火炮弹丸而且适用于火箭弹、导弹、航弹等。

把式（2.6）、式（2.8）代入式（2.3），得

$$F - ma - m\varepsilon \times r - m\omega \times (\omega \times r) - 2m\omega \times v_r = ma_r$$

即有

$$F + F_s + F_c + F_t + F_g = ma_r \tag{2.10}$$

式（2.10）称为引信受力分析一般动力学方程。各惯性力的方向可以根据式（2.6）很容易地确定。所以，以下各节求惯性力时只考虑大小不考虑方向。

2.1.2　勤务处理中作用于引信零件上的力

在勤务处理中，引信会受到震动、冲击和撞击。引信零件除受直接的撞击力外，还会受到因震动和冲击所产生的相对于引信体的冲击惯性力。当力的方向与引信零件解除保险运动方向一致时，这些力的危害最大。下面对勤务处理过程中可能遇到的几种情况加以讨论。

1）跌落和撞击产生的惯性力

勤务处理中引信零件所受的一个主要干扰力是落下冲击力。在装卸、搬动、运输和装填过程中，由于偶然跌落，弹丸或包装箱就会与地面或船舰的甲板发生碰撞。这时引信零件要受到直接的碰击力或冲击惯性力的作用。力的波形、大小和作用时间与包装方式、弹丸的质量、结构尺寸、材料、跌落高度、碰击姿态、地面性质以及引信的结构等因素有关。例如，81 mm 迫击炮弹在无包装情况下，尾部向下自 15.25 m 高度落向地面时，冲击加速度峰值约为 280g，持续时间约 10 ms；而从同样高度落向钢板时，冲击加速度峰值约为 12 000g，持续时间约 370 μs。在有包装的情况下，冲击加速度波形及峰

值大小与包装箱结构、引信在包装箱中的安放方式以及跌落方式关系很大。试验表明，木箱水平着地比倾斜着地的加速度值大；试验条件相同时，引信装于木箱筋条处比装于其他部位的加速度大，引信直接装在木箱内比装于塑料包装盒再装入木箱中的加速度大。

为检验引信在勤务处理落下时的安全性，要从每批引信成品中抽出若干发进行落下试验。一般规定，常规弹药用的引信装在规定的填砂弹或试验弹上以 3 m 或其他规定的高度头朝上（个别引信还规定头朝下）向铸铁板落下，要求引信不解除保险。在这种试验条件下，冲击加速度的峰值较大，但持续时间短。对某些低速弹用引信来说，这不一定是最严格的考验条件。相反，弹丸以较高的落下高度向软目标（如硬土地、沥青地等）落下可能是更严格的试验条件。

2）振动和颠簸产生的惯性力

勤务处理中另一个主要的干扰力是运输中的冲击与振动。弹药在运输过程中不可避免地要受到运载工具传来的振动与颠簸。在长途运输条件下，卡车运输所受的干扰力较大。引信零件在卡车的上下、前后、左右方向都受有振动与冲击惯性力。卡车在较差的路面上高速行驶时，上下颠簸的加速度可达 10g。刹车产生的向前加速度为 0.6～0.7g。若包装箱在卡车内不固定，由于包装箱间的碰撞所产生的惯性加速度可达 300g。

为考验引信在运输中的安全性，每批引信都要抽出一定的数量进行运输模拟试验。运输模拟试验有两类：一类着重模拟运输中的冲击，如振动试验和磕碰（颠簸）试验；另一类着重模拟运载工具自身的振动频率，如用高频振动试验台进行的高频振动试验。试验要求是，经规定次数的振动后引信零件不能产生相对移动和变形及破坏，并能正常使用，火工品不应发火或爆炸。

3）空投产生的惯性力

空投时的环境力主要是开伞惯性力和着陆时的冲击惯性力。开伞惯性力与飞机速度、空投高度、空投质量、伞的形状、直径及开伞时间等因素有关。在较典型的空投条件下测得的开伞惯性加速度为 9g。着地加速度与着地速度、地面性质及包装情况有关。一个较典型的试验测得的着地加速度为 72g。

4）装填时引信零件所受的力

一般分类为：①引信内部零件受前冲惯性力、侧向惯性力；②引信外部零件受炮膛碰击力、膛内火药气体压力。

引信在炮弹装填时会受到直接碰撞力和冲击惯性力。往炮膛输弹时的不正常操作或输弹机构故障，可能导致引信头部与炮尾直接相撞而使引信产生变形，或使其内部零件产生向前的冲击惯性力而使零件松动。为了提高射速（即单位时间射出的弹药数量），必然要提高装填时的输弹速度，这个速度可达十几米每秒。当弹带与膛线起始部相碰或药筒底部与炮尾相碰时，炮弹的运动突然停止，引信零件产生前冲加速度，其值可达

1 000g以上。例如，30 mm海军舰炮的输弹速度为9.6 m/s，输弹时的前冲加速度大于2 000g。装填时的冲击惯性力是每发引信都要经受的，它的方向总是向前的。

装填中引信零件必然要受到的另一个力是侧向惯性力。在弹丸刚进入炮膛时，弹丸轴线与炮膛轴线不会完全重合，弹丸在膛内运动过程中会与炮膛产生碰击并与膛线对正，这时引信零件相对弹丸受有侧向惯性力。发射时的侧向加速度可能大于10 000g。

2.1.3　发射时作用于引信零件上的力

炮弹、火箭弹等在发射时，引信内部零件可能受到的力有后坐力、离心力、切线惯性力、哥氏惯性力等，引信外部零件可能受到膛内火药气体压力、迎面空气阻力。在炮口处，还将受到章动力。

1）后坐力

后坐力是以载体为参考坐标系来研究引信零件相对于载体的运动而引入的一个惯性力。载体（弹丸、火箭弹等）加速运动时，引信零件受到与轴向加速度相反的惯性力称为后坐力，记为F_s，假设载体为刚体，其表达式为

$$F_s = -m \frac{\mathrm{d}v}{\mathrm{d}t} \tag{2.11}$$

式中　m——引信零件的质量；

$\dfrac{\mathrm{d}v}{\mathrm{d}t}$——载体轴向运动加速度。

对于火炮发射的弹丸，弹丸在膛内的直线运动是由火药气体压力推动弹丸而产生的，引信零件相对弹丸受到的后坐力为

$$F_s = \frac{p\pi D^2}{4\phi G} \cdot P \tag{2.12}$$

式中　p——引信零件的重力；

G——弹丸的重力；

D——火炮口径；

P——膛压；

ϕ——虚拟系数。

膛压是弹后膛内火药气体的平均压力，它的作用不仅是推动弹丸在膛内做直线运动，还通过膛线使弹丸旋转，同时克服膛线与弹带之间的摩擦力，使火炮产生后坐和其他损耗等，所以采用虚拟系数来计算弹丸的加速度。关于虚拟系数的计算方法可参考有关引信设计书籍。

对于火箭弹，引信零件相对火箭弹受到的后坐力为

$$F_s = m \frac{F}{M} \tag{2.13}$$

式中　m——引信零件的质量；

M——火箭弹瞬时质量；

F——火箭发动机的轴向推力，可近似表达为

$$F = 1.5\sigma_k \cdot P \tag{2.14}$$

其中　P——火箭发动机燃烧室压力；

σ_k——喷管临界（喷喉处）断面积（多喷管时，应为各喷管临界断面积之和），可表示成

$$\sigma_k = \frac{\pi d_k^2}{4} \tag{2.15}$$

这里 d_k——喷管临界断面直径，如图 2-2 所示。

火箭弹瞬时质量 G 可近似表达为

$$G = G_0 - \omega_z \cdot \frac{t}{t_k} \tag{2.16}$$

式中　G_0——火箭弹原始（起飞）质量；

ω_z——火箭发动机装药原始质量；

t_k——主动段，发动机工作时间；

t——主动段内给定的某一时间。

式（2.12）是认为火箭发动机装药均匀燃烧而导出的。

将式（2.14）、式（2.16）代入式（2.13），得

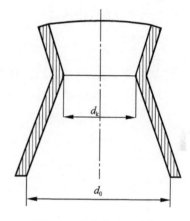

图 2-2　火箭发动机喷管

$$\frac{dv}{dt} = \frac{1.5\sigma_k Pg}{G_0 - \omega_z \dfrac{t}{t_k}}p \tag{2.17}$$

则引信零件相对火箭弹所受的后坐力为

$$F_s = m\frac{dv}{dt} = \frac{1.5\sigma_k P}{G_0 - \omega_z \dfrac{t}{t_k}}p \tag{2.18}$$

上式分母在主动段末 $t=t_k$ 时有最小值；如果在主动段内燃烧室压力 P 变化平稳，而在主动段末有最大值，则后坐力在主动段末有最大值。若 P-t 曲线在主动段初有最大值时，则在主动段初后坐力有最大值，大多数火箭弹属于此种情况。此时，近似认为 $t=0$，则最大后坐过载系数为

$$K_1 \approx \frac{1.5\sigma_k P_m}{G_0} \tag{2.19}$$

缺乏发动机详细数据时，可按下式估算 K_1：

$$K_1 = \frac{最大推力}{弹全重} \tag{2.20}$$

导弹和野战尾翼火箭弹，K_1 值一般为 20～300；反坦克火箭弹 K_1 值较大，可达 1 000 以上。

后坐力是引信解除保险的重要环境力之一，同时也是可能造成引信爆炸元件自炸及零件破坏的主要环境激励。

对于一定的火炮、弹丸和发射装药，零件受到的后坐力与膛压成正比。膛压达到最大值时，后坐力也达到最大值，以后逐渐减小。出炮口后，后坐力随膛压的迅速降低而很快减小直至为 0，如图 2-3 所示。图 2-3 中，P_g 表示弹丸运动至炮口处时的膛压。一般用最大后坐过载系数 K_1 表示零件所受后坐力的猛烈程度。K_1 为发射时引信零件受到的最大后坐力与该零件重力的比值，无量纲，其物理意义为：发射时引信零件受到的最大后坐力是零件重力的 K_1 倍，或所受最大轴向加速度为重力加速度的 K_1 倍。某些火炮的 K_1 值可达几万，某些火箭弹的 K_1 值仅为几十。其表达式为

$$K_1 = \frac{(F_s)_{max}}{p} = \frac{\pi D^2 P_{max}}{4\phi G} \tag{2.21}$$

式中　$(F_s)_{max}$——发射时引信零件受到的最大后坐力；

$\quad\quad p$——引信零件重力；

$\quad\quad P_{max}$——最大膛压；

$\quad\quad D$——弹径；

$\quad\quad \phi$——虚拟系数。

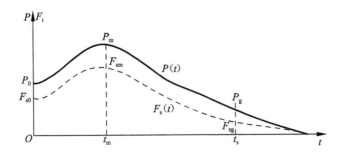

图 2-3　后坐力 F_s、膛压 P 与时间 t 的关系曲线

式（2.21）也可简化为

$$K_1 = \frac{(F_s)_{max}}{p} = \frac{m\left(\dfrac{\mathrm{d}v}{\mathrm{d}t}\right)_{max}}{mg} = \left(\frac{\mathrm{d}v}{\mathrm{d}t}\right)_{max}\Big/g \tag{2.22}$$

式中　$\left(\dfrac{\mathrm{d}v}{\mathrm{d}t}\right)_{max}$——弹丸轴向运动的最大加速度；

$\quad\quad g$——重力加速度。

2）离心力

载体做旋转运动时，质心偏离载体转轴的引信零件受到与向心加速度方向相反的惯性力，其表达式为

$$F_c = \left(\frac{2\pi}{\eta D}\right)^2 v^2 \frac{p}{g} r \tag{2.23}$$

式中 η——火炮膛线缠度；

g——重力加速度；

p——引信零件重力；

v——弹丸在膛内的速度。

涡轮火箭弹引信零件在主动段内所受的离心力，可由转速函数式求得，即

$$F_c = 2\pi \frac{n^2}{60} \frac{p}{g} r \tag{2.24}$$

式中 n——火箭弹转速。

在弹道上，空气阻力使火箭弹的转速逐渐降低，离心力变小。转速渐减规律可用柔格里公式和斯列金公式等来描述。

最大离心过载系数是指质心偏离载体转轴单位长度的引信零件受到的最大离心力与该零件重力的比值，其表达式为

$$K_2 = \frac{(F_c)_{max}}{p \cdot r} \tag{2.25}$$

对于火炮发射的弹丸，K_2 值为

$$K_2 = \frac{1}{g} \cdot \left(\frac{2\pi}{\eta}\right)^2 \cdot v_g^2 (1/cm)$$

或

$$K_2 = \frac{\pi^2 n_{max}^2}{900g} (1/cm) \tag{2.26}$$

式中 g——重力加速度；

η——火炮膛线缠度；

v_g——弹丸的炮口速度；

n_{max}——弹丸的最大转速。

K_2 的单位为 1/cm。对于渐速膛线的火炮，式（2.26）中膛线缠度取炮口值。小口径高速旋转弹的 K_2 值可达几万 cm^{-1}。大口径旋转弹的 K_2 值一般为几千 cm^{-1}，微旋弹仅有几十或十几 cm^{-1}。

离心力可以作为引信解除保险的动力。在非旋转的炮弹中要利用离心力，可以加上旋转装置如涡轮、风翼等。

3）切线惯性力

切线惯性力是指质心偏离载体转轴的引信零件受到的与切线加速度方向相反的惯性力，其表达式为

$$F_t = mr \frac{d\omega}{dt} \tag{2.27}$$

式中 m——引信零件的质量；

r——引信零件质心与载体转轴的距离；

$\dfrac{\mathrm{d}\omega}{\mathrm{d}t}$——载体旋转角加速度。

切线惯性力的作用点不在零件的质心，而是作用于打击中心。用 r_{dj} 表示零件打击中心到载体转轴的距离，则

$$r_{\mathrm{dj}} = \frac{K_0{}^2}{r} + r \qquad (2.28)$$

式中　K_0——引信零件的中心回转半径，可表示为

$$K_0 = \sqrt{\frac{J_0}{m}} \qquad (2.29)$$

其中　J_0——引信零件对惯性主轴的转动惯量（惯性主轴与载体主轴平行）。

对于线膛炮发射的弹丸，引信零件在膛内受到的切线惯性力与后坐力之间的关系为

$$F_{\mathrm{t}} = \frac{2\pi}{\eta} r \cdot F_{\mathrm{s}} \qquad (2.30)$$

式中　F_{s}——引信零件受到的后坐力；

　　　η——火炮膛线缠度。

一般，$\eta = (20 \sim 30)D$（$r < D$，D 为弹径），所以膛内的切线惯性力在量值上不到后坐力的 $1/10 \sim 1/6$。在后效期，可视弹丸旋转角速度不变而忽略切线惯性力。在外弹道上，空气阻力使弹丸转速渐减，引信零件仍经受切线惯性力，方向与弹丸在膛内运动时相反，但量值很小，也可以不予考虑。在弹丸侵彻目标时，转速骤减，切线惯性力方向与在外弹道飞行时相同，但量值显著增加。对某些引信，需防止切线惯性力使引信又由待发状态恢复到保险状态。

4）哥氏惯性力

哥氏惯性力是指引信零件在旋转系统中做径向运动而引起的惯性力，其表达式为

$$F_{\mathrm{co}} = 2m\omega \frac{\mathrm{d}x}{\mathrm{d}t}\sin\alpha \qquad (2.31)$$

式中　$v_{\mathrm{r}} = \dfrac{\mathrm{d}x}{\mathrm{d}t}$ 为零件相对引信体移动的直线速度；α 为 $\boldsymbol{v}_{\mathrm{r}}$ 与 $\boldsymbol{\omega}$ 间的夹角，如图 2-4（a）所示，哥氏惯性力的方向与哥氏加速度方向相同。

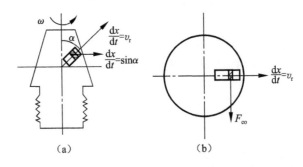

图 2-4　引信零件受到的哥氏惯性力及其方向

哥氏加速度的方向垂直于 v_r 与 ω 所在的平面，按右手螺旋法则决定其方向。

哥氏惯性力 F_∞，如图 2-4（b）所示，将移动零件压在其导槽上产生阻碍运动的摩擦力 fF_∞（f 为摩擦系数）。

发射时，引信零件所经受的三个力 F_s、F_c、F_t 的方向，如图 2-5（a）所示。

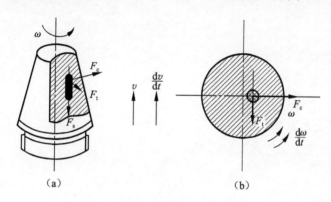

图 2-5　发射时引信零件受到的力

5）章动力

在阻力平面内，弹轴相对于速度方向线的运动称章动力，如图 2-6 所示。是由弹丸绕质心前后摆动形成的，载体做章动（或摆动）运动时，引信零件受到的惯性力，记为 F_{zh}。其方向与载体质心至引信零件质心的射线方向相同。其表达式为

$$F_{zh} = mL\Omega^2 \tag{2.32}$$

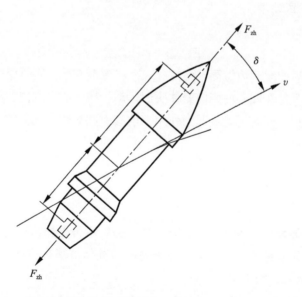

图 2-6　弹丸章动（与引信零件受到的章动力）图

式中　m——引信零件质量；

L——引信零件质心与弹丸质心间的距离；

Ω——章动角速度。

可以根据章动角速度的变化规律求得章动力的变化规律，作为引信设计的环境参数。当章动角 $\delta < 15°$ 时，旋转稳定弹丸的最大章动角速度为

$$\Omega_{\max} = \frac{J_x \omega_g}{2J_y} \delta_{\max} \tag{2.33}$$

式中　J_x——弹丸极转动惯量；

　　　J_y——弹丸赤道转动惯量；

　　　ω_g——弹丸出炮口时的转速；

　　　$\delta_{\max}$——最大章动角。

迫击炮弹的最大摆动角速度为

$$\Omega_{\max} = v_g D \sqrt{\frac{\rho \pi L}{8J_y} C'_m} \cdot \delta_{\max} \tag{2.34}$$

式中　v_g——炮口速度；

　　　D——弹径；

　　　ρ——空气密度，在标准状态下 $\rho = 1.206 \text{kg/cm}^3$；

　　　L——弹丸全长；

　　　J_y——弹丸赤道转动惯量；

　　　C'_m——稳定力矩系数，由试验确定；

　　　$\delta_{\max}$——最大章动角。

最大章动力为

$$F_{z h \max} = m L \Omega_{\max}^2 \tag{2.35}$$

弹丸离开炮口后，章动力做周期性变化，振幅逐渐衰减。零件距弹丸质心越远，则受此力越大。引信零件在质心前则向载体头部运动，在质心后则向弹丸底部运动。因此弹头引信中的惯性火帽座有可能在此力作用下前移引起早炸。此力的值一般为零件质量的几倍至十几倍。

2.1.4　外弹道上作用于引信零件上的力

1）爬行力

载体飞行过后效期后，不再承受火药气体压力，不再做加速运动。相反，载体在空气等非目标介质中做减速运动，引信零件受到的与载体减速度方向相反的轴向惯性力，记为 F_p。其表达式为

$$F_p = m J \tag{2.36}$$

式中　m——引信零件的质量；

　　　J——载体的负加速度。

旋转稳定弹在空气中运动时，J 表示弹的空气阻力加速度，一般表达式为

$$J = C_d \pi(y) F(v_\tau) \tag{2.37}$$

式中　C_d——弹道系数；

　　　$\pi(y)$ ——气压函数，可查表；

　　　$F(v_\tau)$ ——空气阻力函数，或称速度函数，可查表。

C_d 和 $F(v_\tau)$ 均与所采用的阻力定律有关，对弹丸通常采用 1943 年阻力定律，有

$$C_d = \frac{i_{43}}{M} \times 10^3 \tag{2.38}$$

式中　i_{43}——1943 年阻力定律的弹性系数；

　　　M——弹丸质量。

尾翼稳定弹（迫击炮弹、火箭弹等）在空气中运动时，J 表示尾翼稳定弹空气阻力加速度，一般表达式为

$$J = \frac{\pi D^2}{4M} \cdot \frac{\rho v^2}{2} \cdot C_x \tag{2.39}$$

式中　M——尾翼稳定弹的质量；

　　　D——尾翼稳定弹的弹径；

　　　ρ——空气密度；

　　　v——尾翼稳定弹的速度；

　　　C_x——尾翼稳定弹在空气中的阻力系数。

爬行力可作为引信解除保险的环境力，也可作为反恢复机构的原动力。爬行力有可能引起已解除保险的惯性机构误动作，应采用中间保险零件予以克服。

爬行系数是引信零件受到的最大爬行力与零件重力的比值，记为 K_3。其表达式为

$$K_3 = \frac{(F_p)_{max}}{p} \tag{2.40}$$

式中　$(F_p)_{max}$——引信零件受到的最大爬行力；

　　　p——引信零件重力。

K_3 值随目标介质、弹种、弹径、弹形、弹质量及弹速的不同而变化，一般在零点几到几十之间。

2）空气阻力

载体在空气中飞行时，外露引信零件顶端直接受到的空气压力，记为 F_y。其表达式为

$$F_y = C_x \frac{\pi d^2}{4}(P_v - P_0) \tag{2.41}$$

式中　d——外露引信零件顶端受压部直径；

　　　P_v——外露引信零件单位面积上受到的空气压力；

　　　P_0——大气压力；

C_x——与外露引信零件有关的空气阻力系数；

$(P_v - P_0)$ 为作用在单位面积上的剩余压力（或称超压差），当载体速度小于声速 $(Ma<1)$，并取空气比热比 $\gamma=1.4$ 时，有

$$P_v - P_0 = \frac{\rho v^2}{2}\Big[1 + \frac{1}{4} \cdot \Big(\frac{v}{c}\Big)^2\Big] \tag{2.42}$$

式中 ρ——空气密度；

　　v——载体速度；

　　c——空气中的音速。

当载体速度大于声速 $(Ma>1)$，并取空气比热比 $\gamma=1.4$ 时，有

$$P_v = P_0 \cdot \frac{166.9 \frac{v^7}{a}}{\Big[7\Big(\frac{v}{c}\Big)^2 - 1\Big]^{2.5}} \tag{2.43}$$

当载体速度等于声速 $(Ma=1)$，并取空气比热比 $\gamma=1.4$ 时，有

$$P_v = P_0 \cdot \Big(\frac{\gamma+1}{2}\Big)^{\frac{\gamma}{\gamma-1}} = 1.893 P_0 \tag{2.44}$$

迎面空气压力有时用作解除保险的动力，此力也可能造成引信误动作。

引信在空气中还受到随高度变化的空气压力，空气静压力 P_s 与距海平面高度 H_h 的关系为

$$P_s = [1 - \alpha(h) \cdot H_h] \times 0.101\,325 \times 10^6 (\text{Pa}) \tag{2.45}$$

式中 $\alpha(h)$——随高度变化的系数。

在实用中可以采用波纹管、膜盒等对压力敏感的弹性元件作为高度传感器，使引信在一定高度爆炸。由于空气压力是一种与目标特性无关的量，用于控制引信爆炸时，具有良好的抗干扰性能。

2.1.5　弹丸碰击目标时作用于引信零件上的力

弹丸在碰击目标时，外露零件直接受到目标反作用力，即碰击力，又称目标反力。在终点弹道碰击目标时，目标给予引信侵彻部位的反作用力。碰击力为冲击载荷，是引信触发机构、碰击开关、碰击电源、碰撞击发电机等工作的重要环境力。碰击力的大小取决于载体着速、引信的碰击姿态、目标的介质特性及侵彻部位的物理力学性能等。

对于钢甲、混凝土、土壤、木材等不同目标介质，一般采用半经验公式来求解引信受到的碰击力，在设计中关注的是碰击力随时间变化的规律。对引信受到的碰击力的研究，可以有助于人们解决引信强度问题及引信作用可靠性（灵敏度）问题，了解引信的头部结构在受力情况下的变形，以设计合理的头部结构。近来采用有限元方法来计算分析引信所受的碰击力及引信头部结构的变形情况。

在研究引信高速碰撞时，也应考虑到应力波的影响。应力波是高速碰撞过程中应力

传递的一种形式。当冲击载荷的作用时间短于碰撞物体的固有周期时，碰撞物体所受的冲击应力将以波的形式传过碰撞物体的多个截面。应力波主要分纵波（正应力波）和横波（剪应力波）。应力波能穿过构件自由界面，而传入另一相接触构件，并使其运动。引信中利用应力波这一作用特性作为碰击目标后退运动机构的原动力。入射应力波在引信构件中传播至自由表面时，会产生反射波，两者相遇将出现复杂的干涉现象。当应力波干涉截面上的应力超过材料强度极限时，构件将产生冲击破坏。

对于不外露零件，弹丸与目标碰撞而急剧减速时，所受到与弹丸减速方向相反的惯性力称为前冲力，记为 F_R。前冲力的大小与弹丸负加速度及惯性零部件质量有关。其一般表达式为

$$F_R = mJ_\rho \tag{2.46}$$

式中　m——惯性零部件质量；

　　　J_ρ——弹丸负加速度。

弹丸受目标（或障碍物）阻力产生的减速度为

$$J_\rho = \frac{R_\rho}{M} \tag{2.47}$$

式中　R_ρ——目标介质的阻力；

　　　M——弹丸质量。

由于受力规律不同，土壤、混凝土、薄/厚钢甲等不同目标的介质阻力 R_ρ 也不同，通常由试验确定。

2.2　引信环境热

引信环境热是指除气温以外的环境热，主要存在于两个阶段：一是炮弹发射时产生的膛内热；二是战斗部和外挂弹药在空中高速飞行时产生的空气动力热。另外，对于有源引信，电源发热也是一个影响因素。

2.2.1　膛内热

炮弹在发射过程中，发射药气体的温度很高，可以高达数千摄氏度。由于发射药气体与炮管的对流放热作用，发射药气体的部分热量会传给炮管，使炮管的温度不断升高。例如，82 mm 迫击炮在连续快速射击 30 发炮弹后，炮管的温度可达 300 ℃以上。可想而知，膛内的温度就更高了。

一般而言，膛内热对引信的影响不是很大。因为弹丸装填后就立即发射，引信在膛内停留的时间很短，膛内的热量还来不及传递到引信的内部，因而引信的温度不会明显升高。但在实战中也会遇到异常情况：弹丸装填后没有立即得到发射的命令，这时若膛内温度很高且弹丸在膛内停留时间较长，引信中的起爆元件就会受到膛内热的作用而发

火，使弹丸早炸。这种情况是必须考虑的。因此，一般规定弹丸在膛内停留时间不超过几分钟或十几分钟。

2.2.2 空气动力热

1）附面层

空气是有黏性的。由于黏性系数很小，在平时很难看出它的黏性作用。弹以高速（主要是超声速）在空中飞行时，就会充分表现出空气的黏性作用。

为了说明问题方便，假设弹是静止的，而空气以弹的速度 v_0 流过弹体，如图 2-7 所示。在空气黏性力的作用下，空气就会减速，使得紧贴弹体表面的空气被滞止而黏附在弹体上，速度降为 0。弹体表面这层不流动的空气层，再通过空气层之间的黏性力，使上面一层空气减速。于是，一层牵扯一层，逐渐向外，空气速度很快增长到自由速度 v_0 值，如图 2-8 所示。空气速度由 0 很快变化到 v_0 的这一薄空气层称为附面层。所以，附面层的形成是由于空气具有黏性作用的结果。

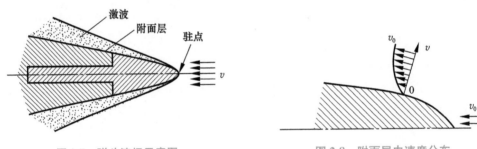

图 2-7　弹头流场示意图　　　　　　　　图 2-8　附面层内速度分布

在附面层内，由于空气黏性的影响，外层空气对内层空气以及空气与弹体表面做摩擦功，将动能不可逆地转变为热能，附面层的空气被加热，温度升高。附面层内空气温度升高时，同时向温度不高的弹体表面进行对流放热，使弹体表面的温度升高。经过一段时间后，弹体表面的温度就升高到与紧贴物面的空气温度相等，就达到了热平衡。这种现象称为空气动力加热（或气动加热），由此产生的热称为空气动力热。

弹体表面空气动力热的分布是从弹头顶端开始沿弹体表面的轴向逐渐减小的，即弹头顶端为驻点，温度最高。由此可见，空气动力热对弹头引信的影响更大。弹丸受气动加热的作用，其表面温度升高很快。例如，20 mm 航空炮弹在出炮口不到 1 s，弹体表面的温度可以达到最大值。

2）温升公式

（1）弹顶温度。在热平衡条件下，弹顶温度 T_0 可以用空气动力学中驻点温度的计算公式来确定，即

$$T_0 = T_\infty \left(1 + \frac{K-1}{2} Ma^2\right) \tag{2.48}$$

式中　K——气体的比热比（定压比热/定容比热），称为绝热指数；

　　　T_∞——附面层外边缘处空气的热力学温度，即弹丸飞行高度处的气温。

空气的绝热指数 $K=1.4$，这时式（2.48）可表示为

$$T_0 = T_\infty(1 + 0.2Ma^2) \tag{2.49}$$

（2）弹体表面温度。弹体表面不会出现空气速度下降为 0 的情况，同时还向外传递热量。因此，弹体表面的温度要低于弹顶温度。可以根据空气动力学中绝热壁面的恢复温度的计算公式来确定弹体表面温度，即

$$T_R = T_\infty\left(1 + \frac{K-1}{2}RMa^2\right) \tag{2.50}$$

式中　R——温度恢复系数。

对于弹头引信的层流型附面层，$R=0.85$，代入式（2.50），得

$$T_R = T_\infty(1 + 0.17Ma^2) \tag{2.51}$$

对于弹身引信的紊流型附面层，$R=0.88$，代入式（2.50），得

$$T_R = T_\infty(1 + 0.176Ma^2) \tag{2.52}$$

例　设某空空导弹在高度为 10 km 的高空飞行。求 Ma 为 1、3、5 时弹头引信的顶端温度和表面温度。

解　根据大气条件可得高度为 10 km 处的空气温度 $T_\infty=223.15$ K。

分别由式（2.49）、式（2.50）求得弹顶温度 T_0 和弹体表面温度 T_R。

$Ma=1$ 时：$T_0=267.8$ K，$T_R=261.1$ K。

$Ma=3$ 时：$T_0=624.8$ K，$T_R=564.6$ K。

$Ma=5$ 时：$T_0=1338.9$ K，$T_R=1171.5$ K。

该例计算表明，弹丸飞行速度越高，弹丸表面温升越显著。

应当注意，用上述公式计算时，假设弹道高度和飞行速度是不变的，其结果是热平衡时的温度。但实际情况 Ma 和 T_∞ 都是变量。

空气动力热可以作为引信的能源，例如：可利用空气动力热熔化易熔金属而解除保险；利用空气动力热研制温差电池作为引信电源；等等。

但是空气动力热也是十分有害的，例如：

① 使引信结构材料的强度和刚度降低。引信中常用一些热塑性塑料和高频塑料、铝合金等材料，当温度过高时，将降低其强度等性能；尤其在超声速飞行时，弹头引信的顶端不但受到高温影响，而且还受到冲击波的高压作用，这时对引信头部零件结构更为不利，容易变形或破坏。

② 使某些电子元器件性能参数发生变化或失效，这将影响引信工作的可靠性。

③ 压电引信中应用的晶体如钛铁酸钡，具有热释电性。当受到空气动力热的作用后，晶体会出现电极化现象（即热释电效应）而在弹道上带电，这可能引起弹道炸。

④ 使某些起爆元件发火。对于飞机上发射器，由于外形设计不合理，空气动力热

将传导至发射器内引信中，从而可能使引信发火。

2.3 引信静电环境

2.3.1 静电的产生

静电是指物体上携带的相对静止的电荷，是由于两个物体接触摩擦时在物质间发生了电子转移而形成的带电现象。

2.3.2 静电放电

当产生的静电荷或带电物质分离时，电场强度若超过介质的击穿强度，就会发生静电放电现象。静电放电可分为火花放电和电晕放电。

火花放电是两极间的介质完全击穿所产生的辉光放电现象。

电晕放电是在最大电场强度的电极附近发生局部击穿放电的现象，它是不均匀静电场中所产生的瞬间放电。例如，高电压的针尖指向接地金属板时，针尖与金属板间隙内不均匀电场作用在空气介质上，在尖端附近高场强区域内的空气发生局部击穿而放电，电荷在电极间流动，产生了电晕放电。电晕放电是脉冲放电，整个脉冲持续时间约为零点几微秒，放电熄灭，然后再发生下一次脉冲放电。这种重复的脉冲放电的基频在甚低频至低频范围内。

静电引起的危害主要由产生的静电高压和静电放电及引起干扰所致。

2.3.3 引信环境的静电

静电对电子元器件和设备，特别是对一些新型的器件和集成电路带来十分严重的危害。受静电的影响，一些电子器件将被击穿而损坏，更为严重的是器件不是彻底损坏而是性能退化，这将引起产品的性能和功能退化，并且可能引起电子设备误动作。

对于引信来说，特别是既有起爆药和电火工品又有电子元器件的无线电引信来说，静电的危害就更大。在生产过程中也曾发生过电火工品因静电而起爆的事故，使用时也有早炸现象。因此，静电已成为引信设计者特别重视的问题之一。

引信从生产开始到对目标作用以前的各个阶段，都会遇到各种不同的静电环境。这里主要讨论弹在空中飞行时引信环境的静电：

（1）由于空气中存在各种沙尘、冰晶、干冰、未燃的燃料颗粒以及其他的固体粉尘等各种固相颗粒，这些颗粒与引信或战斗部表面撞击时，都会发生接触起电。

（2）引信或战斗部表面与降水粒子（如雨、雪、雾、雹等）相互作用，其接触电势差将引起引信带电。另外，与空中水滴接触时，还会发生水雾起电效应。水雾起电效应是指水滴破碎时生成的较小水滴带负电，而较大水滴带正电。这是因为水滴表面的偶电层外表是负电层，破碎时较小的水滴带走比较多的外表面负电离子。这是从瀑布带电现象发现的。水滴破碎起电现象称为水雾起电效应。

（3）引信或战斗部在飞行时可能俘获大气中带电粒子。

（4）引信或战斗部穿过云层时，可能带有很强的静电。

（5）弹与带电物质靠近时，会发生静电感应而带电。

环境静电对无线电引信危害很大，因为上述原因一方面使引信表面不断起电，同时又不断地向大气放电，伴随产生静电放电噪声干扰，并且弹表面电荷的剧烈运动也会产生干扰。这些干扰都可能破坏引信电子部件的正常工作，起爆元件受静电干扰可能提前发火。近年来，相关单位开展了静电引信的研究，利用静电效应控制引信的起爆，实现对目标的杀伤。

2.4　引信电磁环境

电磁环境在空间无处不在，对于现代引信来说，电磁环境的出现可能会影响引信的相关性能，甚至出现灾难事故。分析引信电磁环境的特点，可以在设计过程中通过对电路器件的电磁屏蔽、对爆炸元件短路等进行电磁防护设计，提高引信的抗电磁辐射、抗电磁干扰能力。

有关抗电磁环境国军标有 GJB 151—1997《军用设备和分系统电磁发射和敏感度要求》、GJB 152—1997《军用设备和分系统电磁发射和敏感度测量》等，设计的引信以及引信装定器等都要进行引信电磁兼容性考核，对引信电子安全与解除保险装置设计由 GJB 7073—2010《引信电子安全与解除保险装置电磁环境性能与试验方法》等进行考核、性能评估，以满足电磁兼容的相关要求。

2.4.1　等离子体

等离子体是引信电磁环境的产生源之一。任何物质由于温度不同都可以处于固态、液态和气态，三种聚集态之间在一定条件下可以互相转换。

如果将气体的温度升到足够高时，粒子中的电子吸收的能量会超过原子的电离能，电子将会脱离原子的束缚而成为自由电子，而原子则因失去电子而成为带正电的离子，这个过程称为电离。当气体中足够多的原子被电离后，这种电离的气体已经不再是原来的气体了，而是转化为一种全新的物质聚集态——等离子态，它位于物质三态之后，故称物质第四态。由于这种聚集态中，电子负电荷总数和离子正电荷总数在数值上相等，宏观上呈现电中性，因而又称等离子体。一般组成等离子体的基本成分是电子、离子和中性原子。

等离子体就是电离的气体。由于常温下气体热运动的能量较小，不会发生电离。因而在人类生活环境中，物质不会轻易自发地以第四种聚集态的形式存在。然而在茫茫的宇宙空间中，却有 99％以上的物质是等离子体，例如，太阳中心温度高达 1 000 万 ℃

以上，那里的物质都是以等离子状态存在。在地球上通过人工的方法可以产生一些电离度不高的"低温"等离子体，如日光灯中发光的气体、电弧等。

在引信的工作环境中，在下列情况下将可能出现等离子体：

（1）核爆炸时，核弹中的一切物质都变成炽热的高压气体。暴热的气圈形成一个非常明亮的火球，由于火球温度可达数千万摄氏度，因而内部的物质几乎全部电离，成为一个浓度极高的等离子体。此外，由于核爆炸瞬间释放的热辐射使周围的空气产生电离，形成等离子区域。它存在的持续时间取决于核爆炸的高度和强度，以及爆炸发生在当天的什么时间等。低空（低于 16 km）爆炸不会产生长时间的电离；在高空（40～50 km）核爆炸的电离区域，可以存在几分钟甚至几小时；白天爆炸时电离区存在的持续时间比夜间要长。

（2）火箭弹、导弹和飞机发动机喷出的燃气焰也是等离子体。在附近也会产生空气电离，形成等离子区域。

（3）当弹体以超声速运动时，由于空气动力热的作用，使弹体表面的空气层产生电离，从而形成等离子层。

（4）大气层中的自然现象，如雷电和其他静电火花放电，使周围气体电离而形成等离子体。

2.4.2 等离子体振荡

电中性是等离子体的最基本特性。但在等离子体的局部区域有可能出现电子过剩，即在局部区域内电中性被破坏，等离子体偏离了平衡状态。因此，这些过剩的电子将产生一个电场，电子间的静电斥力迫使电子从这个区域向外运动，过剩很快消失。但由于运动的惯性使离开这一区域的电子过多，短暂的电中性又被破坏，反而出现了正离子过剩，一个反向的电场又把外面的电子拉回来，又将出现电子过剩。这样，相当多数量的电子运动形成了等离子体内部的电子振荡。从能量的观点来看，在振荡过程中，不断地进行着粒子热运动动能和静电势能之间的转换，最后由于碰撞阻尼或其他形式的阻尼而把能量耗散，使振荡终止。

1）振荡频率

等离子体振荡又称为朗谬尔振荡，其电子振荡频率可表示为

$$f_{pe} = \frac{1}{2\pi} \sqrt{\frac{Ne^2}{\varepsilon_0 m_e}} \qquad (2.53)$$

式中　N——等离子体粒子密度，即每立方米的电子数或离子数；

ε_0——真空介电常数，$\varepsilon_0 = 8.85 \times 10^{-12}$ F/m；

e——电子电量，$e = 1.6 \times 10^{-19}$ C；

m_e——电子质量，$m_e = 9.11 \times 10^{-31}$ kg。

在实际等离子体内，同样有离子振荡，其振荡频率可表示为

$$f_{pi} = \frac{1}{2\pi} \sqrt{\frac{Ne^2}{\varepsilon_0 m_i}} \tag{2.54}$$

式中　m_i——离子质量。

由于 $m_i \gg m_e$，所以 $f_{pi} \ll f_{pe}$。因而通常把电子振荡频率称为等离子体振荡频率 f_p，即 $f_p = f_{pe}$，将有关数据代入式（2.53）并化简，得

$$f_p = 8.98 \sqrt{N} \tag{2.55}$$

在一般气体放电条件下，得到等离子体密度约为 $1\,018$ 个/m^3，相对应的等离子频率约为 $1\,010$Hz，即处于厘米波的范围。

2）等离子体波

等离子体波是等离子体振荡的传播形式，其种类繁多，也很复杂。这里简单介绍在无外磁场时的几种简单的等离子体波。

前面讨论的等离子体振荡是静电振荡。在等离子体中，由于带电粒子热运动的影响，静电振荡可以变成静电波，并在热压力中传播开去，就像在空气中依靠分子热压力传播声波那样。这种静电波是电场振动方向与传播方向一致的纵波。由于电子和离子质量相差很大，因而它们在静电波中所起的作用也是不一样的。高频波主要是电子的作用，低频波主要是离子的作用。这些静电波可分为电子朗谬尔波、离子朗谬尔波和离子声波。

（1）电子朗谬尔波是一种高频波，此时离子的作用可以忽略。电子朗谬尔波的频率 f 大于或等于电子振荡的频率，即 $f \geqslant f_e$。

（2）离子朗谬尔波是一种低频静电长波。低频静电波中主要是离子做惯性振荡。电子质量极小，其惯性可以忽略。这时离子通过静电力带动电子离开平衡位置发生振荡。因而电子和离子的位移很接近，基本上是耦合在一起运动的。

（3）离子声波传播方式与空气中声波很相似，但两者之间传播的成因有很大的差别。空气中声波的传播主要是气体分子热运动造成的热压力；而离子声波除离子运动的热压力外，还有离子和电子之间微小的电荷分离造成的静电力。

2.4.3　等离子体对引信的影响

等离子体的导电特性会对电场和磁场产生作用，当电磁波在等离子体中传播时，等离子体会折射、反射、吸收电磁波。因此，等离子体对引信尤其是对无线电引信产生较大的影响。

1）对电磁波的折射与反射

在空中传播的电磁波遇到等离子时，由于电磁波的传播是从非导电气媒质进入导电气媒质，因而电磁波在等离子中会发生折射和反射。忽略地球磁场的影响，等离子的折射率可近似表示为

$$n = \sqrt{1 - 80.64 \frac{N}{f^2}}$$

或

$$n = \sqrt{1 - \left(\frac{f_p}{f}\right)^2} \qquad (2.56)$$

式中　N——等离子体的粒子密度；

　　　f——电磁波频率。

由式（2.56）可知，当等离子体的粒子密度 N 足够大，或者 $f \leqslant f_p$ 时，折射率 n 为虚数，这表明电磁波可以完全被等离子体反射。令 $n=0$，求解式（2.56）可得电磁波全反射的临界频率为

$$f_0 = f_p = 8.98\sqrt{N} \qquad (2.57)$$

电磁波受到折射或反射，则表明电磁波的传播方向将发生变化。

2）对电磁波的吸收

等离子体对电磁波的吸收机理，是由于等离子体内的自由电子在入射电磁波电场的作用下，将按电磁波的振荡频率进行强迫振荡。在振荡过程中，运动的电子与中性粒子和离子发生碰撞，增加了它们的动能。于是电磁波电场的能量就转变为等离子体的热能，从而使电磁波衰减。

综上所述，等离子体内存在振荡和静电波，对空中传播的电磁波会产生折射、反射和衰减等作用。显然，这对主动式无线电引信、红外引信和激光引信等会产生信号减弱及干扰等不利影响，特别对频率较低（如米波波段）的无线电引信可能产生反射，等离子体将成为干扰引信的假目标。

除上述环境作用外，等离子体的射频环境将对引信起干扰作用，它不仅破坏引信电子部件的正常工作，而且有可能干扰电起爆元件而引起发火。

2.4.4　引信对电磁环境的适应性

引信电磁环境主要来自各种背景产生的电磁波辐射和二次辐射（反射、散射）。各种电器设备产生的无意的和各种电子干扰设备产生的有意的电磁波干扰，都可能导致引信提前解除保险、瞎火或早炸。

对处于安全状态的引信，考虑电磁环境主要是对安全系统中电子安全与解除保险装置的保护，防止电磁环境使得引信提前意外解除保险。对于爆炸序列则要重点考虑电爆炸元件的安全，通过短路设计等，防止其受到电磁环境影响而提前作用，引信最终瞎火。

对于进入待发状态的引信，则要考虑目标探测与信号处理系统、爆炸元件的抗电磁干扰能力，防止由于电磁环境影响导致引信提前误作用出现弹道炸，失去对目标的作战能力。

引信设计中要考虑系统自身的内部电磁干扰，例如，激光引信发射强脉冲时对电源电路的扰动，无线电引信发射端与接收端的隔离等。

另外，引信设计中必须考虑与武器的火控系统、通信指挥系统等其他装备的电磁兼容性。特别是当引信需要与火控信息进行数据交联时，要考虑数据传输过程中对武器系统的影响，以及系统的电磁环境对引信数据传输可靠性的影响。

随着新发射平台的出现，一些强电磁环境对引信提出更高的要求。电磁轨道炮的弹丸离轨瞬间磁场强度达几特斯拉，要求对引信进行专门设计以满足强电磁场对它的影响。火箭橇等试验环境下，在轨道推进或碰靶过程中，高速摩擦电离产生的强电磁干扰会沿信号线窜入测试引信内部，影响引信电路的正常工作，导致引信电路短时失效或造成硬件损坏。对于这些电磁环境都需要慎重考虑，进行防护设计以确保引信工作正常。

第 3 章 引信爆炸序列

3.1 引 言

爆炸序列是指在弹药或爆炸装置内,按激发感度递减而输出功率或猛度递增次序排列的一系列爆炸元件的组合。它的作用是将小冲量有控制地增大到满足弹丸、战斗部爆炸所需要的冲量。

爆炸序列在引信中起能量传递与放大作用,从初始发火的首级火工品到最后引爆或引燃战斗部主装药的传爆药或抛射/点火药,是引信不可缺少的组成部分。随着引信类型和配用弹种的不同,爆炸序列的组成有各种不同的形式。

爆炸序列按弹药或爆炸装置所用主装药的类型或输出能量的形式,分为传爆序列和传火序列两种。传爆序列最后一个爆炸元件输出的是爆轰冲量,传火序列最后一个爆炸元件输出的是火焰冲量,典型组成如图 3-1 所示。从图中可以看出,传火序列与传爆序

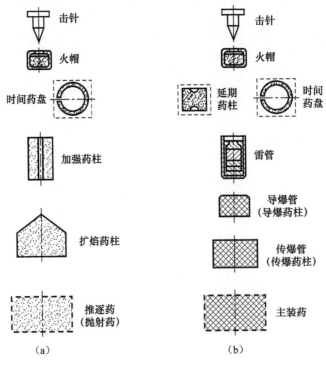

图 3-1 传爆序列与传火序列组成

(a) 传火序列;(b) 传爆序列

列在组成上的主要区别是，前者无雷管、导爆管（导爆药柱）和传爆管（传爆药柱）。因此，传火序列可看成是传爆序列的一种特别形式。

按隔爆形式的不同，可分为隔爆爆炸序列（又称错位爆炸序列）和无隔爆爆炸序列（直列爆炸序列）。隔爆爆炸序列是在解除保险之前起爆元件与导爆药和传爆药之间的爆轰传递通道被隔断的爆炸序列，此种爆炸序列中的起爆元件均装有敏感的起爆药；无隔爆爆炸序列是各爆炸元件之间均无隔爆件的爆炸序列。

典型的爆炸序列由转换能量的爆炸元件（包括火帽和雷管）、控制时间的爆炸元件（包括延期管和时间药盘）、放大能量的爆炸元件（包括导爆管和传爆管）组成。

3.2　爆 炸 元 件

爆炸元件即过去所指的火工品，它是指装有少量炸药、火药或烟火剂的一次性作用元件。其装药以燃烧或爆炸方式进行反应，释放出大功率能量，用来引燃、引爆或做功。由于爆炸元件具有体积小、反应速度快、功率大和威力大等特性，因此是引信必不可少的重要组成部分。

爆炸元件种类繁多，包括起爆元件、传爆元件、点火元件、延期元件和传火元件等，如火帽、雷管、延期管、时间药盘、加强药柱、导爆管和传爆管等。通常按输入和输出的能量形式以及其所起作用来划分爆炸元件。爆炸元件的分类见表 3-1。

表 3-1　爆炸元件的分类

类　别	形　式	爆炸元件
按输入的能量形式	针刺	针刺火帽、针刺雷管、组合火工品
	撞击	撞击火帽、撞击雷管
	火焰	火焰雷管、延期药管、延期索、组合火工品
	电能	电点火管、电雷管、电引火管
	爆炸	导爆管、传爆管
按输出的能量形式	火焰	火帽、延期药、电点火管
	爆炸	雷管、电雷管、导爆药、传爆药、电爆索
	做功	爆炸螺栓、启动器、电作动器、切割器
按所起的主要作用	能量传递	火帽、雷管、导爆管、传爆管
	延期	延期雷管、延期药盘、延期药管

对传火与传爆序列来说，需要首先考虑的是序列的输入和输出；而对单个爆炸元件来说是其本身的输入和输出。好的爆炸元件是组成有效传爆序列或传火序列的关键。为此，爆炸元件应满足以下共性要求：

（1）合适的感度。爆炸元件对外界输入能量响应的敏感程度称为感度。要求合适的感度是为了保证使用安全与可靠。如果感度过大，危险性就大，不容易保证安全；相反，如果感度过小，则要求大的输入冲量，会影响作用可靠性或增加配套使用难度。

（2）适当的威力。爆炸元件输出能量的大小称为爆炸元件的威力。爆炸元件的威力是根据使用要求提出的，过大或过小都不利于使用。如爆炸序列中的雷管：威力过小，就不能引爆导爆药、传爆药，降低引信可靠性；而威力过大，又会使引信的隔爆机构失去作用，降低引信安全性，或要求大尺寸的保险机构，给引信设计增加困难。又如，点燃时间药盘的火帽输出火焰威力的大小，会直接影响时间药剂的燃速，或造成作用时间散布，难以满足延期时间的设计要求。

（3）长储安定性。爆炸元件在一定条件下长期储存，不发生变化与失效的性能称为爆炸元件的长储安定性。安定性取决于爆炸元件中火工药剂各成分及相互之间以及药剂与其他金属、非金属之间，在一定温度和湿度影响下是否发生化学变化和物理变化。如果产品的安定性不好，在长期储存和环境温湿度经常发生变化时，就易产生变质或失效。一般引信要求长储 10～20 年，爆炸元件长储期要满足引信要求。

（4）适应环境的能力。爆炸元件在制造、使用过程中将遇到各种环境力的作用。首先，其使用环境广阔，包括高空、深海、寒区和热区，光照条件、气温、气压变化范围大；其次，不仅静电危害存在，随着现代化战争的发展，射频、杂散电流等意外电能作用日益增多，还有战场条件下的高热、高冲击和大功率射频等。另外，爆炸元件在制造、运输、使用过程中的震动、冲击、磕碰、跌落等机械作用到处存在。

爆炸元件易受环境力的诱发，不仅会产生性能衰变而失效，还可能被敏化而意外引发，从而影响产品的作用可靠性和安全性。爆炸元件要采取诸如全密封、静电泄放和防射频等措施，以保证爆炸元件具有抵抗外界诱发作用的能力。

（5）小型化。爆炸元件是功能相对独立的元器件，但又是武器系统的配套件。随着引信的小型化，爆炸元件的结构设计应贯彻小型化原则，并注意与武器系统的尺寸、结构相匹配。

下面主要介绍在引信中常用的爆炸元件。

3.2.1 火帽

火帽是将弱小的激发冲量转换为火焰的点火元件，通常作为引信爆炸序列的第一个起爆元件，也可单独完成某种特殊任务，如点燃保险药柱、推动保险件、激活热电池等。

按激发冲量的形式，火帽可分为机械激发火帽和电激发火帽。机械激发火帽包括针刺火帽、撞击火帽和摩擦火帽（拉火帽）；电激发火帽包括电点火管和电点火头。

对引信用火帽的性能要求是：要有适当的感度和足够的火焰输出，能耐高膛压的冲击，长期储存性能稳定等。

1）针刺火帽

针刺火帽在引信中用得较多，一般由帽壳、加强帽（或盖片）和针刺发火药等组成。典型针刺火帽结构，如图 3-2 所示。

针刺火帽是靠击针刺穿加强帽或盖片，使发火药受到摩擦和冲击而发火。有时，针刺火帽也用于没有击针的头部碰击发火机构中。这时，火帽主要靠高速碎片的冲击而发火。根据帽壳结构形式的不同，火焰可以从不同方向输出。当帽壳底部薄弱（图 3-2（a））或带孔（图 3-2（d））或具有凹窝（图 3-2（b））时，火焰主要从帽壳底部喷出；而当帽壳底部较厚（图 3-2（c））时，火焰则从加强帽喷出。针刺火帽的主要性能包括针刺感度、点火能力、发火时间、抗冲击能力以及长储性等。

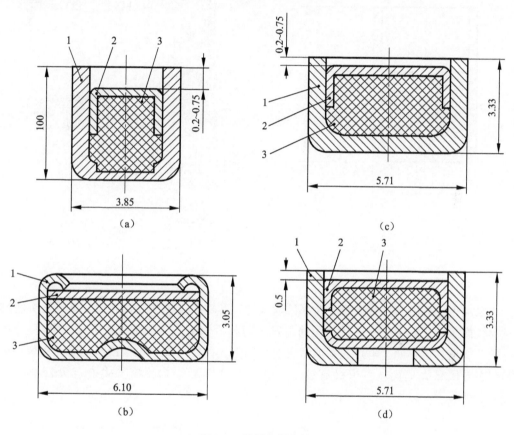

图 3-2　针刺火帽结构

1—帽壳；2—加强帽（或盖片）；3—药剂

2）撞击火帽

撞击火帽一般由帽壳、发火药和击砧组成。发火药装在帽壳与击砧之间，火焰从帽壳开口端输出。撞击火帽靠钝头击针撞击发火。与针刺火帽不同的是，击针不刺穿帽壳，而且挤压装在帽壳与击砧之间的发火药（击发药），火焰只从一端输出。具有此特点的撞击火帽用于密封的延期机构的点火比较合适。撞击火帽的感度比针刺火帽低，击发药与针刺药基本相同。

3）摩擦火帽

摩擦火帽也称拉火帽，通常是靠拉动金属丝（铜丝和铝丝）与摩擦发火药（摩擦药）产生摩擦而发火的。它一般由帽壳与摩擦药组成。时-2引信用的拉火帽结构，如图3-3所示。拉火帽与金属丝等零件组成拉火管。拉火管在时-2引信上的配置，如图3-4所示。拉火帽主要用于手榴弹引信中。

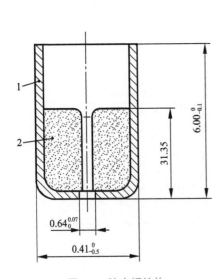

图 3-3　拉火帽结构

1—帽壳；2—摩擦发火药

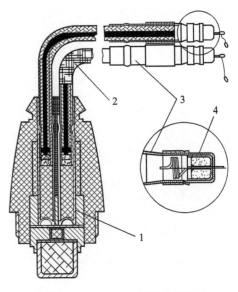

图 3-4　时-2引信用的拉火帽结构

1—雷管；2—导火索；3—拉火管；4—拉火帽

4）电点火头和电点火管

电点火头和电点火管大都是金属桥丝式的，其输出与机械火帽相似。电点火头的结构比较简单，一般由引线、保护套筒、发火药和桥丝组成，如图3-5所示，用途不同，保护套筒形状也不同。电点火管通常带有金属管壳，发火头（包括桥丝及发火药等）被包封在金属管壳里面，引出极有独脚式和引线式两种结构，独脚式电点火管结构如图3-6所示。

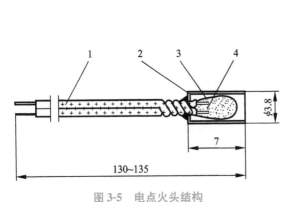

图 3-5　电点火头结构

1—引线；2—保护套筒；3—发火药；4—桥丝

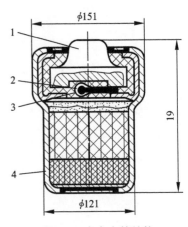

图 3-6　电点火管结构

1—中心电极；2—电发火药；3—桥丝；4—管壳

电点火头和电点火管可用于引信的爆炸序列，如用于时间药盘和自炸药盘的点火装置等，但更多的是用于发射装置的点火机构，有时也作为引信保险机构动作的能源。

3.2.2　雷管

雷管是将机械能、热能、电能或化学能转换成爆轰能量的起爆元件。雷管与火帽的不同点在于，雷管的输出可直接起爆猛炸药。从能用非爆炸能量引爆这方面来说，雷管包括了火帽的作用。根据激发能量的形式，雷管可分为针刺雷管、火焰雷管、化学雷管和冲击片雷管等类型。除火焰雷管外，其他雷管一般都作为爆炸序列的第一个爆炸元件。

引信用雷管要有适当的感度、足够的起爆威力、尽量短的作用时间（延期雷管除外），特别是电雷管，其作用时间要求在 $10\ \mu s$ 以下（现用的针刺雷管和火焰雷管的作用时间在数百微秒范围内）。其他要求与火帽相同。

雷管能使下一个爆炸元件完全起爆的能力（即起爆威力），取决于爆压、爆速、爆温、爆轰传播方向以及管壳碎片的动能等，而这些参数又与雷管装药（主要是底层装药）的成分、密度、雷管直径、管壳的材料、尺寸、形状、周围介质限制的情况等一系列因素有关。

一般结构的雷管，爆轰威力（主要指爆压和爆速）分布，如图 3-7 所示。从图中可以看出，雷管爆炸后输出端的轴向起爆能力最大，输入端最小。雷管输出端底部做成具有聚能效应的凹形结构时，输出端的轴向起爆能力将进一步增大。

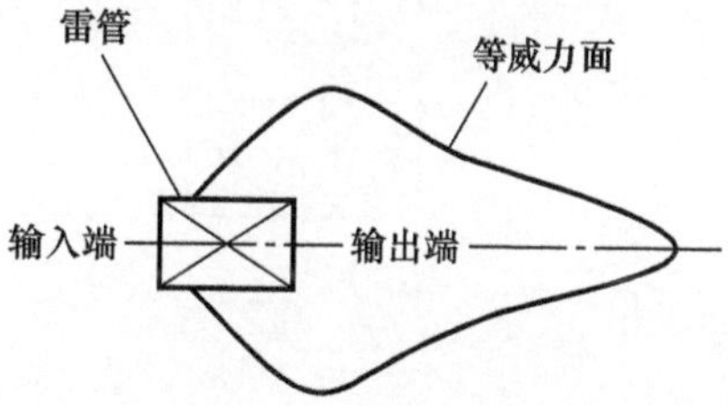

图 3-7　雷管爆轰威力分布

1）针刺雷管

针刺雷管的发火原理与针刺火帽相同。针刺雷管一般由管壳、加强帽和装药三部分组成，装药又由不同成分的药剂组成，典型结构如图 3-8 所示。

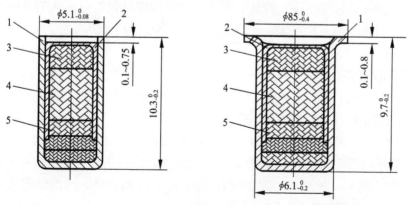

图 3-8　针刺雷管结构

1—管壳；2—加强帽；3—针刺药；4—氮化铅；5—特屈儿

针刺雷管的装药一般分三层：输入端（上层）为针刺发火药；中间层为起爆药；输出端（底层）为猛炸药。延期针刺雷管在发火药的下层加装延期药，使输出的爆轰延迟一段时间。针刺雷管的中层装药多为糊精氮化铅（又称导电氮化铅），其作用是将针刺药产生的火焰转变为爆轰，并使底层猛炸药起爆。底层猛炸药目前多用特屈儿，也有用泰安或黑索金，它是决定雷管输出爆轰威力的主要装药。

针刺雷管也可用于不带击针的碰炸机构中，此时主要靠碰击产生的碎片起爆。

2）火焰雷管

火焰雷管靠火帽或延期元件输出的火焰来引爆，其结构与针刺雷管相似，但加强帽上有中心孔（传火孔），如图 3-9 所示。为了防止药粉撒出又不致影响传火，通常在传火孔下部垫一个直径稍大于加强帽内径的绸垫。

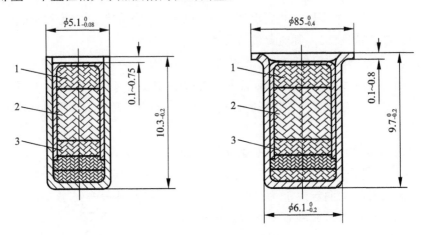

图 3-9　火焰雷管结构

1—斯蒂芬酸铅；2—氮化铅；3—特屈儿

火焰雷管的装药通常也分三层：发火药多为火焰感度较高的斯蒂芬酸铅；中层和底层装药与针刺雷管相同。

火焰雷管的火焰感度用该雷管能够百分之百被引爆时雷管与标准黑药柱（引燃药柱）之间的距离来表示。此距离越大，雷管的火焰感度越高。

3）电雷管

电雷管靠电能来引爆，它可用各种形式的电源，而且电源可配置在远离雷管的位置。电雷管一般由电极塞、装药和管壳组成。电雷管的装药一般为两层：靠近电极的为起爆药，多用氮化铅；输出端为猛炸药，常用泰安和黑索金。

电雷管的作用时间很短，最短的只有数微秒，而且时间散布较小（偏差一般在 $1\ \mu s$ 以内），这有利于提高引信的瞬发度和减小时间散布。一般来说，电雷管起爆所需的能量比其他雷管小得多，如起爆针刺雷管需要大约 $0.1\ J$ 的能量，而起爆电雷管只需要 $10^{-5} \sim 10^{-3}\ J$，这有利于提高引信的可靠发火性能。

根据起爆方式，电雷管可分为火花式、桥丝式、导电药式、薄膜式等类型。导电药式和薄膜式电雷管的起爆机理介于火花式与桥丝式之间，所以也称为中间式电雷管。根据接电方式不同电雷管又有独脚式和引线式两种结构。各种类型的电雷管在引信中都有应用，其典型结构如图 3-10 所示。

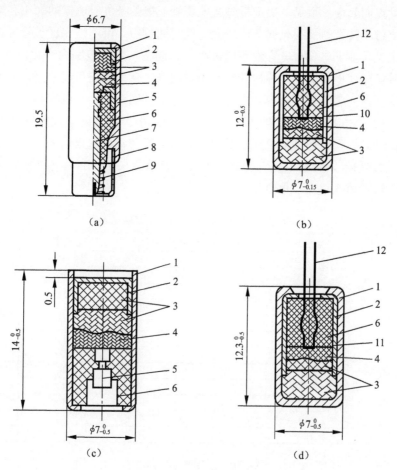

图 3-10　电雷管典型结构

（a）LD-1A 火花式电雷管结构；（b）桥丝式电雷管结构；

（c）LD-3 导电药式电雷管结构；（d）LD-2 薄膜式电雷管结构

1—管壳；2—加强帽；3—猛炸药；4—氮化铅；5—导电管；6—塑料塞；

7—中心电极；8—接电帽；9—接电簧；10—桥丝；11—碳膜；12—引出线

决定各种电雷管可靠起爆的条件不仅是能量的大小，更重要的是提供能量的方式。由于起爆机理的不同，各种类型的电雷管对电源有着不同的要求。

火花式电雷管的两极之间为一很小的绝缘间隙，中间压有氮化铅。当两极间加上足够高的电压时，间隙被击穿，产生电火花，从而使氮化铅起爆。火花式电雷管一般为独脚式结构，两极之间构成环形火花间隙，如 LD-1 和 LD-1A。由于火花式电雷管是靠电击穿时的放电火花而起爆，因此要求电源要有足够高的电压，但电容可以很小。在电容大于某一最小值的情况下，火花式电雷管的起爆取决于电压的大小，对电容的变化不敏感,也就是对能量的变化不敏感。和其他电雷管比较,火花式电雷管的起爆电压最高(如数千伏)、起爆电容最小(一般大于 100 pF)、作用时间短(一般小于 3 μs)。

桥丝式电雷管直接靠热起爆,即利用电流通过金属桥丝时产生的热量使周围的起爆药达到爆发点而起爆。可见,决定桥丝式电雷管起爆的条件是电流的大小和持续时间的长短。电流过小持续时间很长或电流较大持续时间过短,都不能保证雷管可靠起爆。对起爆电源来说,要求电压或电容都不能过小,只能在一定的范围内变化。这可从表 3-2 所示的微秒桥丝式电雷管的起爆试验结果中看出来。从表中还可以看出,为了获得最短的作用时间,在一定能量下电容和电压应有一个最佳匹配值。当电容和电压在一定范围内变化时,桥丝式电雷管的起爆又取决于能量的大小。由于桥丝式电雷管的内阻很小(几欧到几十欧),所以较低的电压(数伏)即可得到所需的起爆电流。为了得到最短的作用时间(数微秒),起爆电压则要适当提高。但总的来说,和其他电雷管比较,桥丝式电雷管的起爆电压最低、电容最大。

表 3-2　微秒桥丝式电雷管的起爆试验

起爆能量/J	电容/pF	电压/V	试验数量/发	起爆率/%	作用时间/μs
3×10^{-4}	10×10^{6}	8	5	80	76
	1×10^{6}	24.5	5	100	7.9
	0.1×10^{6}	77.5	10	100	3
	0.05×10^{6}	110	10	100	2.57
	8 800	265	8	100	2
	4 900	346	8	100	1.9
	3 000	450	9	100	3
	2 500	490	10	100	2
	2 000	548	10	100	6
	1 500	633	10	100	5
	1 170	714	10	90	6.3
	780	878	10	0	—

桥丝式电雷管通常为引线式结构,金属桥丝焊接在具有固定极距的两根引线上,也可采用独脚式结构。金属桥丝也可用金属镀膜来代替,以改进生产工艺。桥丝式电雷管的主要优点是安全性好,而且其性能可以进行较准确的计算和测量。

导电药式电雷管属于中间式电雷管,一般也为独脚式结构,如 LD-3 和 LD-3A。它与火花式电雷管的区别是两极间的装药为掺有石墨粉(乙炔黑)等导电物质的糊精氮化铅。它的起爆机理与火花式电雷管相近,即主要是靠击穿放电产生的火花而起爆。但这种击穿是在由导电药形成的非连续的微观电路中发生的,因此要比火花式电雷管的放电过程复杂,而击穿电压却低得多。导电药式电雷管的内阻一般大于 0.1 MΩ。

薄膜式电雷管是以具有一定导电性能的薄膜作为电桥的中间式电雷管,如 LD-2。它的极间距离用电极塞保持在 0.04~0.08 mm 的范围内。在电极塞内表面的两极间涂上一层由石墨与聚苯乙烯醋酸丁酯溶液配制的电阻薄膜(配比为 1.1:15),其电阻值在 1~10 kΩ 的范围内。电流加热可能是薄膜式电雷管起爆的主要原因,即与桥丝式相近。但当电压较高时，也可能存在电击穿的作用。目前生产的碳膜式电雷管的安全性较差、内阻散布较大、性能不够稳定，因此应用受到限制。

玻璃半导体薄膜电雷管，其主要性能比上述几种电雷管有显著改善。玻璃半导体是一种无序半导体（即非晶体），由砷、碲等主要成分组成。它具有"开关"特性：当电压达到某值时，其内阻由平时的高阻态（$20 \sim 100 \ \mathrm{M\Omega}$）突变到低阻态；当电流小于某一数值后，又回到高阻态。在由高阻态转变到低阻态的瞬间，出现足以引起起爆药爆炸的电火花。这一转换过程所经历的时间极短，特别是当施加电压较高时，时间甚至不到 1.5×10^{-10} s。转换电压主要与极间距离有关，由于玻璃半导体为非晶体，杂质的影响较小。极间距离可用光刻法精确控制，因而转换电压的散布可控制得很小，也就是这种电雷管的起爆电压和安全电压的散布范围很窄。这样，当起爆电压不变时可大大提高安全电压值，这对解决引信的安全性和作用可靠性都十分有利。玻璃半导体电雷管主要靠电压起爆，特别是当起爆电容较大时，起爆电压几乎不随电容的变化而改变。起爆电压的大小还可根据需要方便地调整。由于半导体的转换时间极短，所以雷管的作用时间也很短，一般为 $3 \ \mu\mathrm{s}$ 左右。试验证明，电雷管的抗电干扰性能也较好。此外，耐潮性和耐水性较强，产品受潮后只要进行干燥就能恢复到原来性能。

4）化学雷管

化学雷管是利用几种药剂接触时发生的爆炸反应来起爆的雷管，多用于定时炸弹的防排机构。利用硫酸与含氯酸钾的发火药接触时发生爆炸反应而起爆的化学雷管（硫酸在图中未画出，属于雷管外部分），常称酸雷管，如图 3-11 所示。硫酸要具有一定的浓度，而且在低温下应保持良好的流动性。

5）冲击片雷管

冲击片雷管是出现于 20 世纪 70 年代的一种新型雷管，又称 Slapper 雷管。其结构如图 3-12 所示。该雷管不含任何起爆药和松装猛炸药，仅装有高密度的钝感炸药，炸

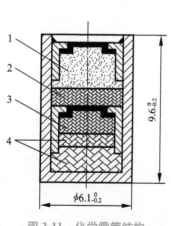

图 3-11　化学雷管结构

1—发火药；2—沥青斯蒂芬酸铅；3—粉末氮化铅；4—泰安

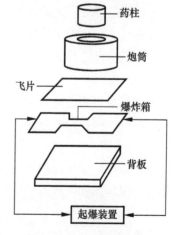

图 3-12　冲击片雷管结构

药与换能元件不直接接触。冲击片雷管只有在特定的高能电脉冲（电流 2～4 kA，电压 2～5 kV，功率 4～10 MW）作用下才能引爆。这种高能电脉冲需要使之具有适应自然界及通常的战场电磁射频、高空电磁脉冲、闪电、瞬态电脉冲、杂散电流等恶劣电磁环境的能力。由于该雷管中无敏感的起爆药及低密度装药，所以具有耐冲击的特点，用于引信爆炸序列时无需错位，即能用于直列式爆炸序列的引信。

3.2.3　延期元件和延期药

延期元件是利用延期药的平行层稳定燃烧而获得一定延期时间的火工元件。引信用的延期元件有延期管、保险药管、时间药盘和导火索等。除了保险药管以外，其他一般都是爆炸序列的元件。

1）延期管

延期管用于某些机械触发引信，其作用是使弹丸在钻入目标一定深度或穿过目标（如装甲）一定距离爆炸。延期时间一般为几毫秒到几百毫秒。

延期管装药一般由引燃药柱、主延期药柱和接力药柱组成。引燃药柱主要是用来扩大火帽火焰，以使主延期药柱能更可靠地被点燃。主延期药柱是控制延期时间的基本装药，它的密度较大，具有一定的强度。接力药柱主要实现与输出端的能量匹配。

2）保险药管

保险药管在引信中的作用是控制保险机构的解除保险时间，一般用于远解机构中。保险药管的结构比较简单，由管壳、引燃药和基本药柱（也称为保险药柱）组成（有的不压引燃药）。为了使火帽火焰能可靠地点燃保险药柱，药柱中心可带一直径不大于1 mm 的小孔。这样保险药柱的燃烧不是平行层燃烧，而是平行增面燃烧，也可在药柱输入端做有球形凹面实现增面燃烧。药柱的长度、有效面积及压药密度等决定药柱燃完所需要的时间。

保险药柱要有一定的强度。药剂燃烧后产生的气体压力要适当，残渣要少，或残渣流动性要好，以免影响保险销等零件的运动。

几种引信保险药管结构，如图 3-13 所示。

3）时间药盘

时间药盘是药盘自炸机构和药盘时间引信的基本元件，一般由药盘体、引燃药、基本延期药和加强药等部分组成。

4）导火索

导火索一般是用编织物制成的内装黑药的管状元件，有时引信中用它来将火帽的火焰经过一定距离和一定时间后传给雷管。靠改变导火索的长度调节燃烧时间。

5）组合火工品

将多种单件功能的火工品有机而巧妙地密封组装在一起，形成发火、点火、延期、起爆一套完整的爆炸序列，完成引信需要功能，这种火工品元件称为组合火工品。组合

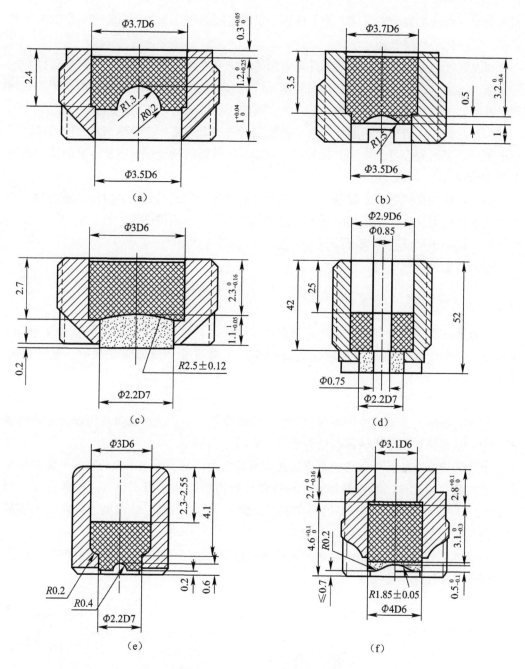

图 3-13　几种引信保险药管结构

火工品体积小、成本低、使用方便，应用时大大简化了引信机构的设计，有利于引信的小型化、多功能化新发展。

对延期元件有以下的基本要求：

（1）足够的延期时间和一定的时间精度。延期零件的作用时间可根据引信的战术性能来决定，由基本装药来保证。为了保证一定的时间精度，基本装药要有一定的形状和密度，以维持平行层燃烧。

（2）较好的火焰感度。延期元件靠火帽的火焰来点燃。基本装药（即延期药柱）的密度较大，难以直接点燃。为了提高延期元件的火焰感度，但又不致使基本装药被火帽火焰冲破，一般在基本装药的输入端压装密度较小、容易点燃的引燃药。

（3）足够的火焰输出。爆炸序列中的延期元件在燃完之后应能输出足够的火焰，以保证下一个爆炸元件可靠点燃。为此，一般在基本装药的输出端要直接压装起扩焰作用的接力药柱。

（4）足够的机械强度。延期元件的装药及容器要有一定的强度，以保证在发射时产生的巨大惯性力或在药剂燃烧时所产生的气体压力作用下不被破坏。

（5）燃烧不中断、不熄火。

（6）长期储存性能稳定。

3.2.4　导爆药柱和传爆管

导爆药柱和传爆管都是用猛炸药制成的爆炸元件，其作用是放大和传递爆轰能量。对导爆药柱和传爆管的基本要求是起爆确实、传爆可靠、机械强度足够、化学性能稳定。

1）导爆药柱

导爆药柱能将雷管产生的爆轰放大后传给传爆管，一般装在雷管和传爆管之间的隔板孔中，有带壳和不带壳的两种结构形式，如图 3-14 所示。

带壳的导爆药柱是将猛炸药直接压在金属管壳内，或者预先压成药柱后再装入管壳而组成的独立的元件，叫作导爆管。导爆管有翻边型的（见图 3-14 （a））和收口型的（见图 3-14 （b））两种。翻边型的是在输出端翻边，药柱敞开；收口型的是在输入端加金属盖片收口封闭。

不带壳的导爆药柱是将猛炸药预先压成药柱装入隔板孔内（用黏结剂固定），或直接在隔板孔中压药（见图 3-14 （c））。

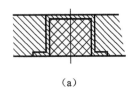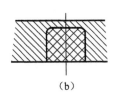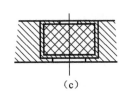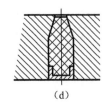

（a）　　　　　　　（b）　　　　　　　（c）　　　　　　　（d）

图 3-14　导爆药柱的结构形式

导爆药柱一般为圆柱体，其高度和直径要根据上下级爆炸元件的性能和尺寸以及隔爆机构的结构来确定。从可靠传爆来考虑，输入端直径以略大于雷管直径为宜，输出端直径最好与传爆管的直径不要相差太大。有时，为了保证隔离安全，可采用图 3-14 (d) 所示的形式，输入端直径则可小于雷管的直径。导爆药柱的高度取决于隔板的厚度。在一般情况下，高度与直径之比应接近于 1：1。隔板用铝合金等强度较低的材料制造时，高度应大于直径。

导爆药曾广泛使用钝化黑索金、泰安，目前一般使用的导爆药有聚黑－14、聚黑－6、聚奥－9、聚奥－10 和钝黑－5 等。导爆药柱密度一般为 1.5～1.65 g/cm^3。确定药柱密度的原则是：既要保证药柱易于被雷管起爆，又要保证药柱能可靠地起爆传爆管。导爆药柱的装药量由药柱的尺寸和密度来决定。

2）传爆管

传爆管是爆炸序列中最后的一个爆炸元件，其作用是将导爆药柱或雷管的爆轰放大，以便主装药完全起爆。传爆管的典型结构如图 3-15 所示。

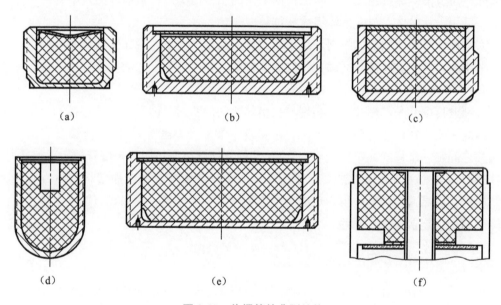

（a）　　　　　　　　　　（b）　　　　　　　　　　（c）

（d）　　　　　　　　　　（e）　　　　　　　　　　（f）

图 3-15　传爆管的典型结构

（1）装药。传爆管的装药品种、装药密度和尺寸（直径和高度）等，应根据弹丸的主装药和口螺的大小来确定。

装药品种和装药密度的选择原则是：传爆药柱的爆速应大于主装药的临界爆速，以便主装药被起爆时能迅速达到稳定爆轰。这就要求选择爆速较高的炸药制作传爆药柱。至于装药密度，从提高爆速和机械强度角度来说大一些好，但从提高感度角度讲小一些好，所以选择装药密度时应予以兼顾。不同品种的炸药有不同的装药密度，引信传爆药柱装药密度一般为 1.5～1.65 g/cm^3。

药柱高度在有效高度范围内增大时，爆轰输出增加，起爆能力增强。当传爆药柱高度大于有效高度时，起爆能力不再增加。

当传爆药量一定时，在传爆药柱的高度与直径的一定比值范围内，增加药柱直径可以使起爆能力增大。这是因为传爆药柱直径增大，使被激发装药的起爆面积增大，同时也使其径向膨胀的能量损失相对减小。因此，当传爆药量一定时，在高度能保证获得一定爆速的情况下，应适当增大药柱直径，以提高其轴向起爆能力。这就是引信中大多数传爆药柱为扁平状的原因之一。当传爆药管的径向尺寸受到限制而又需要增大传爆药柱输入端的起爆面积时，药柱输入端可做成凹窝形，如图 3-15（a）所示。为了某些特殊要求如空间隔离等，传爆药柱也可做成环形，如图 3-15（f）所示。传爆管所需的装药量由药柱的形状尺寸及装药密度来确定。

（2）管壳。传爆管壳的结构尺寸对传爆管的输出特性和机械强度有很大影响。大多数传爆管壳是用冲压、挤压、机加或铸造等方法制成的盂状零件。它与装药组成一个独立部件，与引信体螺纹连接。有时也根据引信的结构情况，在引信体凹穴中直接装传爆药柱，再用盖片封住，与引信体组成一体。

为了加强对药柱侧向的限制及满足螺纹连接强度的要求，管壳侧壁应厚一些，一般为 1～4 mm；与主装药接触的部分（底面或侧面）在保证强度的前提下应薄一些，一般为 0.8～1.5 mm。

大部分传爆管是靠螺纹连接实现与引信体之间的密封。但是，螺纹连接密封不够可靠，因此一般应在传爆管药柱面上压一纸垫片（如标准厚纸等），或在传爆管壳上罩与金属片之间加一纸片（如羊皮纸等），以防药柱直接受金属挤压。传爆管拧入引信体时，应在螺纹结合处涂四氧化三铅（俗称红丹）与脂胶清漆混合物或加塑料密封圈等来密封。另处，对高速旋转的引信，还应当采取如固紧螺圈压紧、滚口或点铆固定等方法使传爆管与引信连接得更牢固些。

3.2.5 做功爆炸元件

在引信中还有一类爆炸元件，其作用是将电信号通过化学能转变为机械做功，实现由"电"到"机"的转换，这类爆炸元件称为做功爆炸元件。做功爆炸元件在引信中一般用于引信安全系统，作为电保险的执行元件。典型的做功爆炸元件有电推销器和电拔销器；另外还有爆炸螺栓等特殊爆炸元件。

1）电推销器

电推销器的作用是将原先缩进的推杆推出，如图 3-16 所示。推杆行程一般在 3 mm以上。电推销器作用原理与电点火管相似，只是将燃烧剂产生的能量直接用于对推杆的推动。图 3-16（b）中顶端有外露销头的为已经作用后的电推销器产品外形。

2）电拔销器

电拔销器与电推销器相反，作用是将原先外露的挡杆缩回，释放被约束的机构对象。挡杆缩进行程一般也在 3 mm以上。某电拔销器产品，如图 3-17 所示。

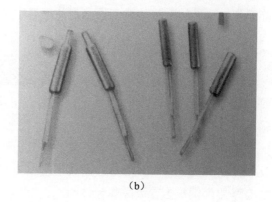

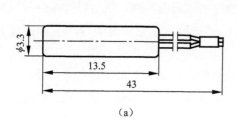

图 3-16　电推销器

（a）外形结构；（b）产品照片

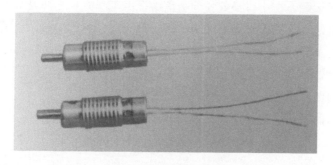

图 3-17　电拔销器产品图

3.3　引信中的爆炸序列

引信中的爆炸序列是将目标、环境或指令信息产生的相应输入转化为引信点火或起爆能量输出的功能模块，由各种爆炸元件依照一定的排列顺序与排列结构组成。从引信的最终作用目的来看，爆炸序列是引信的核心组成部分之一。

引信中的爆炸序列爆炸反应通常是由比较弱的初始冲能引起的。爆炸反应的全过程：燃烧—燃烧加速而产生冲击—形成爆轰—传播和放大爆轰。爆炸反应在各个阶段的传递都要经过一定的距离，而且受到很多因素的影响，这些因素包括各爆炸元件的结构与性能、各元件的相对位置、中间介质的结构与性能等。

3.3.1　典型引信中的爆炸序列的组成

引信一般有瞬发、延期、定时和近炸四种主要作用方式，以及自毁作用功能。对应以上作用方式一般有瞬发、延期和自毁三种爆炸序列。单一作用方式的引信一般只有一种爆炸序列，对于多种作用方式的引信可采用共同的爆炸序列，也可分别采用不同的爆炸序列。常见的方法是这三种序列共用某一火工品或部分爆炸序列，火工品之间则由传火或传爆通道连接。

1）瞬发爆炸序列

瞬发引信、近炸引信以及电子时间引信等要求引信瞬发度高，其主爆炸序列一般都是瞬发爆炸序列。当接收到发火信息后，引信立即作用且在最短时间内产生相应能量输出。

瞬发爆炸序列的第一个爆炸元件一般为针刺雷管或电雷管，以保证整个爆炸序列有比较高的瞬发度。瞬发爆炸序列典型组成为雷管＋导爆药＋传爆管，早期瞬发爆炸序列也有采用火帽作为首级爆炸元件的。

导爆药柱和传爆管用以逐级放大雷管输出爆轰，以便使主装药完全起爆。中、大口径炮弹的全保险型引信一般都有这两个元件；半保险型或非保险型的不用导爆药柱，雷管与传爆管直接接触。在小口径炮弹的引信中，由于弹丸主装药量少，雷管输出的爆轰就足以使其可靠起爆，因而导爆药柱和传爆管都可以不要；但是，如果要求引信是全保险型的，那么为了实现雷管隔离通常需要设置传爆药柱。

采用瞬发爆炸序列的引信爆炸序列一般构成如下：

（1）瞬发引信：雷管＋导爆药柱＋传爆管。

（2）电子时间引信、近炸引信：电雷管＋导爆药柱＋传爆管。

（3）钟表时间引信：火帽＋雷管＋导爆药柱＋传爆管。

2）延期爆炸序列

当引信炸点需要进行延期控制时，除通过发火控制系统控制进行延期控制外，一般采用延期爆炸序列。采用延期爆炸序列的引信通常包括小口径榴弹引信（带短延期功能）、火药时间引信、穿甲爆破弹引信、混凝土侵彻爆破弹引信等。

火药延期（包括气孔延期）引信和药盘时间（包括自炸药盘）引信，其爆炸序列的第一个爆炸元件一般为火帽。少数短延期引信也有直接用延期雷管的。这种延期雷管实质上是火帽、延期药和雷管的组合体。

火药延期爆炸序列的构成：火帽＋延期管＋雷管＋导爆药柱＋传爆管。

延期管或时间药盘是实现延期的功能元件，其输出端一般都设有加强药柱（也称扩焰药柱或接力药柱等），以提供更强的火焰，使火焰雷管可靠起爆。但加强药柱通常不是独立的元件，而是与延期药剂（或时间药剂）组成一体，只有在个别情况下才作为一个独立的元件使用，此时也称为加强药管。

起爆用药盘时间引信爆炸序列的构成：火帽＋时间药盘＋加强药柱＋雷管＋传爆管。

点火用药盘时间引信爆炸序列的典型构成：火帽＋时间药盘＋加强药柱＋抛射药。

3）自毁爆炸序列

带火药自炸机构的引信，其爆炸序列在雷管之前由碰目标发火支路和膛内发火支路两个平行支路组成。为了增加引信发火可靠性，有时引信采用几个单行的发火系统，同时起爆导爆药。

带火药自毁机构引信的自毁爆炸序列构成：火帽＋自毁药盘＋导爆药柱＋传爆管。

4）组合型爆炸序列

现代引信一般都具有多种作用方式，因此引信中的爆炸序列除以上三种爆炸序列之外，更多的是它们不同形式的组合。

具有瞬发和延期等多种装定的引信，在火帽与火焰雷管之间有两个通道：瞬发（惯性）装定时，火帽火焰直接引爆火焰雷管；延期装定时，火帽先点燃延期药，延期药的火焰再引爆火焰雷管。多种装定的机械引信爆炸序列组成如图 3-18 所示。

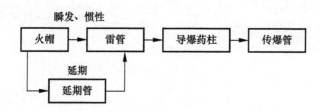

图 3-18　多种装定的机械引信爆炸序列组成

有的引信采用不同的首发爆炸元件实现不同的发火方式，如图 3-19 所示。

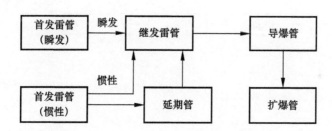

图 3-19　不同的首发爆炸元件实现不同的发火方式

其他常见的引信爆炸序列如下：

（1）带自炸的小口径榴弹触发引信，如图 3-20 所示。

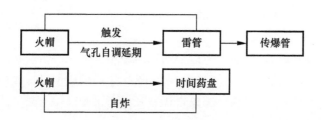

图 3-20　带自炸的小口径榴弹触发引信

（2）带自炸的航空火箭弹引信，如图 3-21 所示。

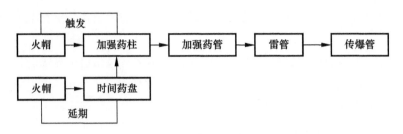

图 3-21 带自炸的航空火箭弹引信

（3）导火索时间引信，如图 3-22 所示。

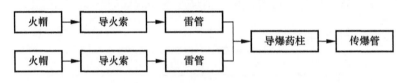

图 3-22 导火索时间引信

（4）并联爆炸序列引信，如图 3-23 所示。为提高引信的作用可靠性，在一些高价值弹药引信中，通过并联的方式实现引信的高可靠性。

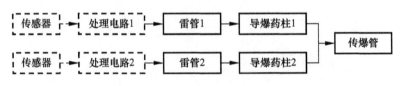

图 3-23 并联爆炸序列引信

3.3.2 引信中爆炸序列的形式

在引信中为提高平时安全性，需要控制爆炸序列的意外作用。根据控制方式不同，在引信中出现了两种爆炸序列的存在形式，即错位式爆炸序列和直列式爆炸序列。

1）错位式爆炸序列

错位式爆炸序列是引信中爆炸序列存在的主要形式，是将爆炸序列的能量传递通道隔断的一种状态。错位式爆炸序列通过对敏感爆炸元件的输出能量与其后的钝感爆炸元件隔断，以确保引信的安全。

当引信完成解除保险动作后，引信中的爆炸序列也随之由错位状态变为非错位的直列状态。目前，绝大多数引信均是通过引信中爆炸序列的错位设计实现引信的安全。引信爆炸序列的错位设计主要是通过隔爆机构及其保险机构的设计实现的。

2）直列式爆炸序列

早期的弹药引信特别是苏联的引信中采用的是初级直列式爆炸序列，即爆炸序列的各个爆炸元件处于对正的位置，而引信的安全主要靠对发火机构的保险来保证。但由于初级爆炸元件雷管、火帽的感度过高，导致弹药安全性差，屡屡由于爆炸元件自身意外作用导致的膛炸事故。因此，在 19 世纪 90 年代后期出现了隔爆式引信，即传爆管与雷管不是直线排列，形成错位结构的爆炸序列。1916 年德国出现滑块隔爆引信，并在爆炸序列中首次使用了导爆管，从而确立了现代弹药爆炸序列的基本形式。直列式爆炸序列逐渐被错位式爆炸序列所取代。

随着技术发展，特别是冲击片雷管的出现，引信中爆炸序列的组成可以不含敏感药，由此又出现了基于钝感药爆炸序列的新型直列式爆炸序列。而其引信的安全性则是通过对爆炸序列发火能量的控制来实现的。

现代引信中直列式爆炸序列的组成，如图 3-24 所示。

图 3-24　现代引信中直列式爆炸序列的组成

3.3.3　引信中的爆炸序列的发展

引信中的爆炸序列的发展与引信技术、火工品技术的发展密切相关。弹药的多功能作战需求促进了引信爆炸序列的发展，组合式爆炸元件、逻辑火工品等的出现带来了引信爆炸序列的多样化发展，钝感起爆技术的发展促进了直列式爆炸序列的应用。引信爆炸序列将向直列式、组合式以及智能化方向发展。

1）直列式爆炸序列

直列式爆炸序列是以冲击片雷管为前提的，爆炸序列无需隔断，大大简化了引信结构设计，是未来引信爆炸序列的发展方向。目前，直列式爆炸序列主要应用于高价值弹药引信中，随着技术发展与电子安全系统的发展，在将来将会得到更为广泛的应用。

2）组合式爆炸序列

随着延期雷管、柔性延期索等组合型爆炸元件的出现，引信中的爆炸序列将出现组合化趋势。

在引信爆炸序列的设计中，各级火工品的性能满足引信设计的可靠性与安全性要求，是爆炸序列设计的基本原则。组合式爆炸序列是在现有引信爆炸序列的基础上，以火工品为单元进行的性能与结构的新探索，它利用现有的火工产品，根据其结构与性能的特点进行搭配组合，每一种组合都自成体系完成输入到输出的转换，接收一个起爆冲能，提供一个或多个爆轰输出，满足爆炸序列各种功能与结构的需求。随着组合火工品的进一步发展，将更多的火工品与火工药剂组合起来，形成不同的组合爆炸序列，既推动了火工品技术的发展，又简化了引信结构的设计，为引信设计提供新结构、新思想。

例如，柔性发火延期雷管是将针刺火帽、导爆金属延期索和火焰雷管密封连接而成的组合式雷管，具有针刺发火、点火、延期和起爆雷管，自身就是一个具有针刺发火、点火、延期和起爆多项功能的爆炸序列。击发端轴向和径向均可实现针刺发火，雷管的延期索部分可在 $R \geqslant 3$ mm 条件下任意弯曲，仍能可靠传爆。发火管与输出管之间的距离可调。它可看作是对传统的钢性针刺延期雷管的技术延伸和创新设计。用柔性发火延期雷管可以取代引信中的自毁爆炸序列，如针刺火帽、时间药盘、火焰雷管等，除可完全替代其功能以外，还实现了爆炸序列一体化，密封性得到提高，同时传爆更可靠、结构更简单。

3）爆炸逻辑网络与"智能"爆炸序列

爆炸逻辑网络是具有逻辑功能的爆炸序列，一般由导爆索、爆炸元件（雷管、延期元件、传爆管等）和爆炸逻辑元件等组成。爆炸逻辑网络是具有自我判断能力的"智能"爆炸序列。

随着微电子技术的发展，出现了对目标或引爆信号有识别能力的"智能"火工品，它不仅能在低电压、低能量输入时可快速点燃和起爆下一级装药，而且还具有静电安全性能。未来战争将是全方位、大纵深、高精度、高强度的立体战争，使得精确制导弹药与灵巧智能弹药大幅增加；对于定向起爆、同步起爆以及判断目标薄弱环节等引信新功能，均需要相应的"智能"爆炸序列与之适应。引信爆炸序列在未来引信发展中必将发挥更加重要的作用。

第4章 引信发火机构

4.1 引　言

适时起爆是引信最基本的功能之一，发火机构就是引信承担"适时可靠引爆战斗部"的系统。发火机构直接或间接觉察目标，并输出能量使引信的传爆序列起作用。本章主要介绍传统的机械式发火机构。目前，机电结合的发火机构一般包括信息感受装置、信息处理装置和发火装置。

4.1.1　引信对目标的觉察

引信对目标的觉察分为直接觉察和间接觉察，前者有接触觉察与感应觉察，后者则有预先装定和指令控制。

1) 直接觉察

（1）接触觉察主要用于触发引信，靠引信（或战斗部）与目标的直接接触来觉察目标的存在。依靠接触觉察的发火机构也称为触发机构。根据目标对引信反作用力的作用方式，触发机构可分为两大类：一类是引信发火机构的信息感受装置直接感受目标的反作用力而起作用，称为瞬发触发机构；另一类是引信发火机构的活动的信息感受装置感受弹丸减速的惯性力而移动并使引信发火，称为惯性触发机构。此外，为了达到穿透装甲、水泥等保护性壳体使弹丸进入其内部爆炸等战术目的，除直接采用传爆序列的延期元件实现固定延期外，还采用纯机械或机械与延期火工元件相结合，构成自调延期机构。

（2）感应觉察主要用于近炸引信，信息感受装置利用电、磁、声、光、热、震等觉察目标自身辐射或反射的物理场特性，经信息处理装置进行信号处理，输出发火电信号。感应觉察的信息感受装置和信息处理装置可参见《目标探测与识别技术》等教材或资料，本处不再重复。

2) 间接觉察

（1）预先装定在发射前进行（也有出厂时装定的或射击中炮口附近装定的），根据引信激发后的某种计数（如时间、转数）或弹道中的某种物理量（如转速、速度）变化到预定阈值或目标存在区的物理场特性（如水压、气压）而使引信发火。

（2）指令控制由发射基地（可能在地面，也可能在飞机或军舰上）向引信发出遥控指令，进行遥控装定、遥控起爆或遥控闭锁。

4.1.2 发火机构的分类

引信的发火机构根据其能源可以分为机械发火机构、电发火机构及其他类型的发火机构。对于机械发火机构，根据其作用原理和方式的不同可分为瞬发机构、惯性机构和储能发火机构。

4.1.3 影响发火机构结构的因素

发火机构的具体结构与引信设计和使用的各种因素有关，主要因素如下：

（1）引信的作用方式。引信的作用方式有多种，有瞬发、惯性、延期、时间/转数、近炸及其它们的各种组合，每种作用方式，引信的结构完全不同。如瞬发机构，由于直接感受目标的反作用力而起作用，所以必须安装在引信头部；而时间/转数、近炸等引信的发火机构，由于无直接可以用的来自目标的有效能源，必须自带发火能源。

（2）弹药的种类。根据不同弹药的战术目的，对引信提出的技战术要求也有很大差别，导致了必须采用不同结构的发火机构。例如：破甲弹，其弹道低伸，目标为坚硬的装甲，装药要有足够的炸高，因此要求引信具有高瞬发度和低灵敏度，应采用瞬发机构，特别是电发火机构，而弹道上的小冲击能够分散到引信体；而杀伤榴弹，为了提高有效破片数量，引信也应具有高瞬发度，同时，为了在各种介质作用下都有很高的瞬发度，就要求高灵敏度，尽量把介质的作用力都集中到发火机构上。同样是高瞬发度的引信，杀伤榴弹的结构与破甲弹的就不一样。

（3）弹引系统的膛内外环境。对于高速、高过载弹药，由于发射过载和单位面积迎面空气阻力大，引信必须有足够强度的引信体、足够刚度的保护帽（盖箔）；而对于低速弹，为了提高灵敏度和瞬发度，应加大击针帽的直径，甚至凸出引信头部。

（4）设计习惯。世界各国的设计习惯不同，例如：美国，一般采用带刚性保险的击针，采用雷管-雷管的发火序列；俄罗斯（包括苏联），一般采用带弹性保险的击针，采用火帽-雷管的发火序列。

4.2　机械瞬发机构

直接利用目标反作用力驱动机械系统动作而发火的引信，其发火机构称为机械瞬发机构。机械瞬发机构的作用时间较短，一般在 $1\,\mathrm{ms}$ 以内（多数在 $100\,\mu\mathrm{s}$ 以内），主要用于大中口径杀伤榴弹等要求作用迅速性高的弹丸。

机械瞬发机构由于结构简单、作用可靠、种类繁多，因此应用广泛。

机械瞬发机构的主要信息感受元件是击针，根据隔开击针与第一发火元件的中间保险件，可分为无中间保险、弹性中间保险和刚性中间保险的机械瞬发机构。而第一发火元件根据战术技术要求及各国设计习惯，既可以采用火帽，也可以采用雷管。

4.2.1　机械瞬发机构的主要技术指标

反映机械瞬发引信发火机构的主要技术指标主要有灵敏度和瞬发度。此外，还有防雨性能和大着角发火、擦地炸、侧击发火性。

（1）灵敏度：当弹丸碰到目标时是否容易发火的能力。触发引信的灵敏度为碰击到目标后而作用的敏感程度。对于近炸引信的灵敏度为能使引信执行电路输出点火或起爆信号的目标或其周围物理场输入信号的最小值。

（2）瞬发度：弹丸碰到目标到完成爆炸所经历的时间。

对于不同的弹丸，由于对付的目标不同，其指标也有所不同。地空和空空小口径榴弹，由于目标（机身和机翼的蒙皮等）很弱，可能俯冲射击或对俯冲敌机射击，因此要求灵敏度高、大着角发火性好、防雨性能好；由于要求弹丸进入敌机体内爆炸，因此要求瞬发度不能太高。空心装药破甲弹，碰到非目标异物时灵敏度要低，碰到倾斜度很大的装甲时灵敏度要高，大着角、擦地时要能擦地炸；为了不影响炸高和不跳飞，瞬发度要求很高。大中口径地面榴弹，为了对软土、雪地等弱目标能起爆，并减少直接进入土中的无效破片，要求灵敏度和瞬发度都高。

4.2.2　无中间保险的机械瞬发机构

无中间保险的机械瞬发机构结构最简单，一般采用击针戳击火帽或雷管发火，主要用于小口径高炮、航空炮榴弹用弹头引信。以下主要介绍四种弹头引信。

1）Б-37 式弹头引信

Б-37 式弹头引信是苏联生产的一种具有远距离解除保险性能和自毁性能的隔离雷管型弹头瞬发触发引信，如图 4-1 所示，配用于 37 mm 航空炮杀伤燃烧曳光榴弹和 37 mm 高射炮杀伤曳光榴弹上。该引信的瞬发机构包括木制击针杆、钢制棱形击针尖，以及装于雷管座中的针刺火帽。击针杆采用木材制造以减轻质量，头部直径较大以增大目标对其作用面积，采用棱形击针尖，这些都可以提高引信的灵敏度。引信头部采用盖箔结构，厚 0.3 mm 的紫铜盖箔不仅起密封作用，在飞行中还能承受空气压力使空气压力不会直接作用在击针杆上。引信发射并解除保险后，在爬行力和章动力的作用下紧贴盖箔的击针组件与火帽对正。碰击目标时，在目标反力的作用下盖箔破坏，进而击针组件下移直接戳击火帽，使引信传爆序列作用。采用与该引信相同或相似结构瞬发机构的还有苏联 МГ-8、МГ-10、МГ-37、А37 和配用 57 mm 高射炮杀伤曳光榴弹的 МГ-57 等引信。

2）А30 式弹头引信

А30 式弹头引信是苏联生产的一种软带远距离解除保险的瞬发引信，配用于 30 mm 航空机关炮杀伤爆破燃烧榴弹上，如图 4-2 所示。该引信的瞬发机构包括击针杆、击针，以及装于延期体中的针刺火帽。引信头部采用薄片式盖箔结构，起密封和承受空气压力作用。引信发射后，惯性筒下沉，甩开保险带，释放击针。碰击目标时，在目标反力的作用下盖箔破坏，进而使击针组件下移直接戳击火帽，使引信传爆序列作用。采用与该引信相同或相似结构瞬发机构的还有：苏联配用 20 mm 高射炮杀伤榴弹的 A20，23 mm 航空机关炮杀伤爆破燃烧榴弹和杀伤燃烧曳光榴弹的 A23、Б-23，23 mm 高射炮杀伤爆破燃烧榴弹和杀伤燃烧曳光榴弹的 МГ-25；德国 20 mm 航空机关炮榴弹的 AZ-49、AZ-1502，20 mm 高射炮燃烧曳光杀伤榴弹、曳光榴弹的 Kpf.Z.46 等引信。

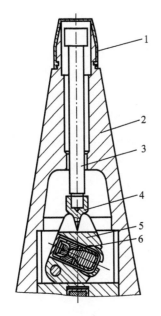

图 4-1　Б-37 式弹头引信

1—盖箔；2—引信体；3—击针杆；
4—击针尖；5—雷管座；6—针刺火帽

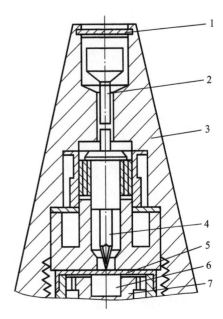

图 4-2　A30 式弹头引信

1—盖箔；2—击针杆；3—引信体；4—击针；
5—保险片；6—火帽；7—延期体

3）MK27 式弹头引信

MK27 式弹头引信是一种具有自毁性能的隔离雷管型弹头瞬发触发引信，配用于 40 mm 高射炮和舰炮曳光榴弹上，如图 4-3 所示。该引信的瞬发机构包括塑料击针杆、击针，以及装于雷管座中的针刺雷管。引信体采用压铸的整体式结构，头部留有一定厚度，以密封和承受空气压力。引信发射后，环状簧和离心子先后甩开，释放击针；弹簧离心子甩开，使圆盘形雷管座转正。此时，击针与雷管对正。碰击目标时，在目标反力的作用下引信体变形，进而使击针直接戳击雷管，使引信传爆序列作用。

无中间保险的机械瞬发机构结构简单，外弹道上爬行力的作用以及章动向前的离心力的作用使击针向前，但其弹道安全是没有绝对保障的，现代引信已很少采用。

4）DM301 式弹头引信

DM301 式弹头引信是西德生产的一种具有离心自毁性能的隔离雷管型弹头瞬发触

发引信，配用于 20 mm 高射炮燃烧爆破榴弹上，如图 4-4 所示。该引信的瞬发机构包括击针头、击针杆、击针，以及装于转子中的针刺雷管。引信的击针头凸出引信体，其下部凸缘滚铆在引信上体口部，以提高大着角发火性，并起密封和承受空气压力作用。引信发射后，保险带和离心瓣甩开，释放击针；C 形簧张开，使球形雷管座转正。此时，击针与雷管对正。碰击目标时，目标反力切断击针帽的凸缘，推动击针直接戳击雷管，使引信传爆序列作用。当弹丸未中目标时，利用其转速衰减实现离心自毁。采用与该引信相同或相似结构瞬发机构的还有：原德国 20 mm 高射炮杀伤燃烧榴弹、燃烧榴弹的 Kpf. Z. Zerl. Fg，西德 20 mm 燃烧榴弹的 DM131A1；美国 M594 等引信。

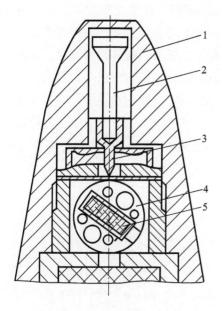 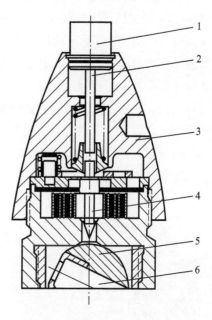

图 4-3　MK27 式弹头引信

1—引信体；2—击针杆；3—击针；
4—雷管座；5—雷管

图 4-4　西德 DM301 式弹头引信

1—击针头；2—击针杆；3—引信体；
4—击针；5—转子；6—雷管

4.2.3　弹性中间保险的机械瞬发机构

为了保证弹道安全，在击针和第一火工元件之间增加中间保险件是必要的。当中间保险件为弹性元件时，就构成了弹性中间保险机械瞬发机构。根据击针击发传爆序列的不同，又构成了不同形式的发火机构。

由击针、弹簧、雷管构成的发火机构是单一瞬发作用的机械引信常用的结构形式，在迫击炮弹引信中应用较多。其中击针和弹簧可以与安保系统共用。以下主要介绍三种弹头引信。

1）M-6 式弹头引信

M-6 式弹头引信是苏联生产的一种隔离雷管型弹头瞬发触发引信，如图 4-5 所示，配用于82 mm、60 mm迫击炮杀伤榴弹上。该引信的瞬发机构包括击针帽、击针、惯性筒、惯性筒簧、销子、针刺雷管等。发射时，惯性筒经过膛内外的下沉和前移，上、下钢珠滚落释放击针，击针被弹簧顶起撤出雷管座的孔，雷管座在锥簧作用下移动使雷管对正击针，惯性筒簧保证弹道安全。碰击目标时，在目标反力的作用下盖箔破坏，进而使击针及惯性筒克服惯性筒簧抗力戳击雷管，使引信传爆序列作用。雷管可在惯性力作用下前冲以及引信体头部的喇叭口，都有利于提高该引信的灵敏度。采用与该引信相似结构瞬发机构的还有苏联配用于50 mm迫击炮杀伤榴弹的M50等引信。

2）M717式弹头引信

M717式弹头引信是美国生产的一种具有远距离解除保险性能的隔离雷管型弹头瞬发触发引信，如图4-6所示，配用于81 mm、60 mm迫击炮弹杀伤榴弹和烟幕弹上。该引信的瞬发机构包括击针帽、击针、击针簧、销子、针刺雷管等。发射时，膛内惯性销压缩弹簧释放出膛销，击针后坐插入雷管座盲孔；出炮口后出膛销飞出，击针抬起，雷管座运动到位，使雷管对正击针，击针簧保证弹道安全。碰击目标时，在目标反力作用下击针克服击针簧抗力戳击雷管，使引信传爆序列作用。该引信的大而凸出的引信帽，有利于提高该引信的灵敏度。采用与该引信相同或相似结构瞬发机构的还有美国M52系列、M82等引信。

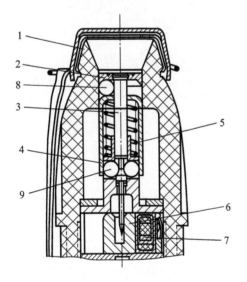

图 4-5 M-6 式弹头引信

1—引信体；2—击针帽；3—击针；4—惯性筒；
5—惯性筒簧；6—雷管座；7—雷管；
8—上钢珠；9—下钢珠

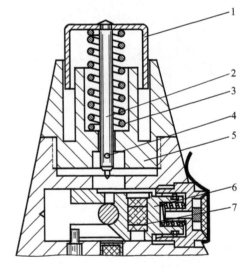

图 4-6 M717 式弹头引信

1—击针帽；2—击针；3—击针簧；4—销子；
5—引信上体；6—雷管座；7—雷管

3）MRX70式弹头引信

MRX70式弹头引信是法国生产的一种准流体远距离解除保险的隔离雷管型弹头瞬

发触发引信，如图 4-7 所示，配用于 35 mm 航空炮弹上。该引信的瞬发机构包括击针、击针簧、雷管座中的针刺雷管等。发射时，膛内惯性筒后坐打开导筒的小孔；出炮口后准流体从小孔外流，击针不断抬起并从转子孔中拔出，转子转正使雷管对正击针。碰击目标时，在目标反力作用下击针克服击针簧抗力戳击雷管，使引信传爆序列作用。该引信击针簧既作为推出准流体的主要动力，也作为弹道安全的保证，所以弹簧较强，影响引信的灵敏度。

采用弹性中间保险件的机械触发机构既能保证弹道安全，又有较高的灵敏度，在现代引信中也可使用，但由于激发时击针的运动行程往往较大，影响引信的瞬发度。同时，对于"薄"目标，灵敏度也会降低。该类触发机构主要用于迫弹及小口径弹药引信中。

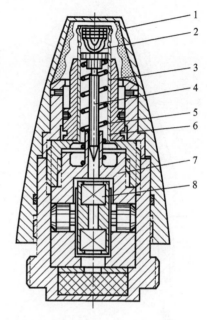

图 4-7　MRX70 式弹头引信

1—引信上体；2—准流体；3—导筒；4—击针；
5—击针簧；6—惯性筒；7—雷管座；8—雷管

4.2.4　刚性中间保险的机械瞬发机构

采用刚性元件作为中间保险，是美欧各国常用的结构形式。以下主要介绍三种弹头引信。

1）M505A3 式弹头引信

M505A3 式弹头引信是美国生产的陆、海、空三军通用的一种雷管隔离型弹头触发瞬发引信，如图 4-8 所示，配用于 20 mm 航空炮和高射炮的燃烧榴弹上。该引信结构非常简单，其发火机构由击针和球转子中的雷管组成。发射时，C 形簧张开，球转子转正，雷管对正击针，由击针支撑在引信体上的凸缘来保证发射和弹道安全，击针与刚性中间保险件合二为一。碰击目标时，在目标反力作用下，保护帽被压垮，击针凸缘被剪断并戳击雷管，使引信传爆序列作用。

2）No. 914MKⅠ式弹头引信

No. 914MKⅠ式弹头引信是英国生产的一种隔离雷管型弹头瞬发触发引信，如图 4-9 所示，配用于 30 mm 杀伤爆破榴弹上。该引信的瞬发机构包括塞、隔环和装于雷管座中的针刺雷管。引信头部的塞为铝制中空锥形，直径很大，由引信体卷边固定，并起密封和承受空气压力作用，也起刚性弹道中间保险作用。引信发射后，球转子克服弹簧压力转正，使球转子内的导引传爆药与雷管对正。碰击目标时，塞由隔环导向，在目标反力作用下向下戳击雷管，使引信传爆序列作用。采用与该引信相同或相似结构瞬发机构的还有英国 No. 933MKⅠ、No. 933MKⅡ、No. 917MKⅠ等引信。

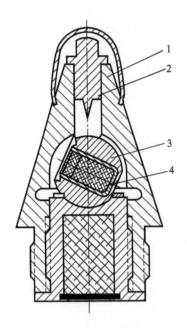

图 4-8　M505A3 式弹头引信

1—引信体；2—击针；3—球转子；4—雷管

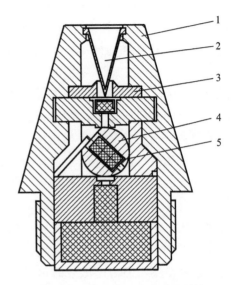

图 4-9　No. 914MKⅠ式弹头引信

1—引信体；2—塞；3—隔环；4—雷管座；5—雷管

3）MKⅢ式弹头引信

MKⅢ式弹头引信是美国生产的一种隔离上雷管（未隔离下雷管）型弹头瞬发触发引信，如图 4-10 所示。该引信的瞬发机构包括击针帽、击针、切断销、火帽和上雷管。出炮口后，离心力使卷簧反卷而解开，两离心环飞开，由软钢质的切断销锁住击针保证弹道安全。碰目标时，目标反力使击针剪断切断销戳击火帽，并依次引爆上下雷管，起爆弹丸。

采用刚性中间保险件的机械触发机构结构简单，且有很高的瞬发度，但配用于低速弹对"厚"目标时的灵敏度较弹性中间保险件的低，且刚性保险件的抗力散布大，无法百分之百检验，在高过载火炮的高灵敏度引信中使用设计余量较小。该类触发机构主要用于小口径弹药引信中，也可用于迫弹引信。

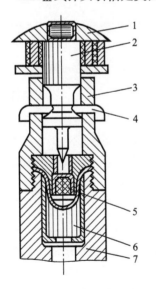

图 4-10　MKⅢ式弹头引信

1—击针帽；2—击针；3—引信体；
4—切断销；5—火帽；6—上雷管；
7—引信体

4.2.5　离心式弹道保险的机械瞬发机构

对于旋转弹，除了采用弹性或刚性保险器保证弹道安全外，还可以与离心自毁相结合，利用斜面上离心力的轴向分量保证弹道安全。下面主要介绍两种弹头引信。

1）KZVD 式弹头引信

KZVD 式弹头引信是瑞士生产的一种具有离心自毁性能的隔离雷管型弹头瞬发触发引信，配用于 35 mm 双管自行高射炮爆破燃烧榴弹上，如图 4-11 所示。该引信的瞬发机构包括击针杆、击发体、击针尖、针刺雷管等。发射时，引信头部易熔合金熔化，击发体内的自毁钢珠甩开并与导筒斜面作用，压缩击发弹簧并抬起击发体及击针尖，释放球转子，球转子转正使雷管对正击针。碰击目标时，目标反力克服钢珠离心力的轴向分量，推动击针戳击雷管，使引信传爆序列作用。当弹丸未中目标时，利用其转速衰减实现离心自毁。采用与该引信相似结构瞬发机构的还有：美国配用 25 mm 步兵战车机关炮曳光燃烧榴弹的 M758、配用 20 mm 航空机关炮燃烧榴弹的 M757；瑞典配用 40 mm 高射炮曳光杀伤榴弹的 FZ104；德国配用 20 mm 航空机关炮爆破榴弹的 ZZ1505；丹麦配用 20 mm 机关炮榴弹的马德先式等引信。

2）Kpf. Z. Zerl. Fg 式弹头引信

Kpf. Z. Zerl. Fg 式弹头引信是德国生产的一种具有离心自毁性能的隔离雷管型弹头瞬发触发引信，如图 4-12 所示，配用于 40 mm 高射炮榴弹上。该引信的瞬发机构包括击针、击发弹簧、杠杆及辊子、针刺雷管等。发射时，引信头部易熔合金熔化，辊子甩开并与导筒斜面作用，通过杠杆压缩击发弹簧并抬起击针，释放球转子，球转子转正使雷管对正击针。碰击目标时，目标反力克服辊子及杠杆离心力的轴向分量，推动击针戳击雷管，使引信传爆序列作用。当弹丸未中目标时，利用其转速衰减实现离心自毁。

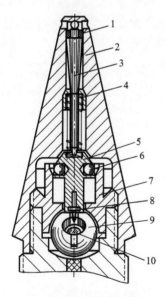

图 4-11　KZVD 式弹头引信

1—易熔合金；2—引信上体；3—击针杆；
4—击发弹簧；5—击发体；6—自毁钢珠；7—导筒；
8—击针尖；9—球转子；10—雷管

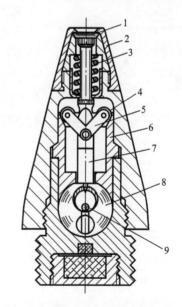

图 4-12　Kpf. Z. Zerl. Fg 式弹头引信

1—易熔合金；2—引信帽；3—击发弹簧；4—辊子；
5—杠杆；6—导筒；7—击针；8—球转子；9—雷管

采用离心式弹道保险的机械触发机构主要用于小高炮引信，由于与离心自毁相结合，无需另加零件，且能保证弹道安全，是小高炮引信机械触发机构的主要形式。在离心式弹道保险的机械触发机构中，绝大多数多采用离心钢珠式。

4.2.6 无击针型机械瞬发机构

绝大多数引信的瞬发机构采用击针作为信息感受元件，少量引信采用无击针的机械瞬发机构。无击针型机械瞬发机构主要有采用碰炸雷管、碰炸火帽的直接发火的碰击式和利用快速压缩空气及破片使火帽发火的间接发火的绝热压缩式两大类。以下主要介绍五种类型弹头引信。

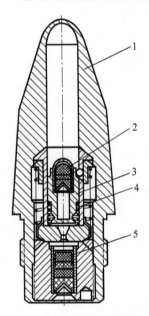

图 4-13 ∏3342 式弹头引信
1—头部引信体；2—碰炸雷管；
3—碰炸雷管座；4—雷管座簧；
5—接力雷管

1）∏3342 式弹头引信

∏3342 式弹头引信是苏联生产的一种空气隔爆的雷管隔离型弹头激发弹底起爆触发引信，如图 4-13 所示，属于碰击式，配用于 100 mm 坦克炮破甲弹上。该引信分为头部碰炸机构和底部起爆机构两大部分，其发火机构由碰炸雷管、碰炸雷管座、雷管座簧等组成。平时雷管座被保险钢珠锁在引信体深处的安全位置。发射时，惯性筒后坐释放钢珠，惯性力减小后在惯性筒簧推动惯性筒上升到引信体头部待发位置；底部惯性筒后坐将刚性保险罩推出雷管座尾沟，雷管座解除保险，出炮口后在弹簧作用下上升到位。碰目标时，引信体薄弱的顶部受目标反力的挤压，碰炸雷管发火，依次引爆接力雷管和底部起爆机构的底部雷管，进而起爆弹丸。

2）M90A1 式弹头引信

M90A1 式弹头引信是一种雷管隔离型弹头瞬发触发引信，如图 4-14 所示，属于碰击式，配用于 57 mm 无坐力炮破甲弹上。其触发元件为固定在冲帽之下、引信体头部的碰炸火帽。发射时，离心保险解除，雷管座转正，火帽与雷管对正。碰目标时，冲帽被压垮，碰炸火帽发火，使引信传爆序列作用。

3）MK181 Mod 0 式弹头引信

MK181 Mod 0 式弹头引信是美国生产的一种具有钟表远距离解除保险性能的雷管隔离型弹头瞬发触发引信，如图 4-15 所示，配用于 2.75 in 折叠尾翼火箭弹（俗称"巨鼠"）破甲战斗部上。其触发元件为固定在盾帽之下、引信体头部的挤压火帽及其下部的雷管。发射时，由钟表机构控制的转子在持续过载作用下转正，雷管与接力雷管对正。碰目标时，盾帽封闭端破坏产生的破片刺发挤压火帽，使引信传爆序列作用。

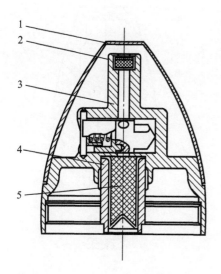

图 4-14　M90A1 式弹头引信

1—冲帽；2—碰炸火帽；3—引信体；

4—雷管座；5—雷管

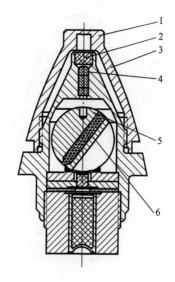

图 4-15　MK181 Mod 0 式弹头引信

1—盾帽；2—挤压火帽；3—引信体；

4—雷管；5—转子；6—接力雷管

4）ГВМ3-7 式弹头引信

ГВМ3-7 式弹头引信是苏联生产的一种具有瞬发和延期两种装定的火帽隔离型弹头触发引信，如图 4-16 所示，属于绝热压缩式，配用于 100 mm、120 mm 迫击炮杀伤爆破榴弹上。该引信发火机构由带火帽的气筒、支筒、活塞、活塞盂等组成。发射时，膛内点火击针点燃保险药，惯性筒下端插入滑块凹槽内，并于惯性力减小后在惯性筒簧作用下拔出，保险药燃完后释放滑块，滑块簧推动滑块移动让开瞬发或延期传火道。碰目标时，目标反力推动活塞快速压缩气筒内空气使火帽发火。装定瞬发时火焰直接由中心瞬发传火道起爆雷管；装定延期时火焰由延期传火道经延期药、加强药起爆雷管。采用与该引信相似结构瞬发机构的还有苏联 ГВМ3 系列其他引信等。

5）No.253MKⅢ式弹头引信

No.253MKⅢ式弹头引信由英国生产，配用于航空机关炮 20 mm 燃烧榴弹上，如图 4-17 所示，属于绝热压缩式。该引信的触发机构由引信体及其空室、盖板、火帽组成。碰目标时，引信体变形压缩空气及薄弱顶部的破片打击使火帽发火，引信传爆序列作用。采用与该引信相似结构瞬发机构的还有英国 No.253 系列其他引信等。

无击针型机械瞬发机构由于安全性和作用可靠性都不是很好，在现代引信中已不多见。

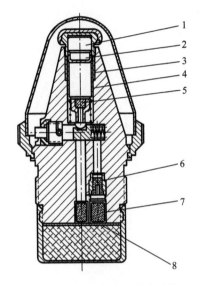

图 4-16　ГВМ3-7 式弹头引信

1—活塞；2—活塞盂；3—支筒；4—气筒；

5—火帽；6—延期药；7—加强药；8—雷管

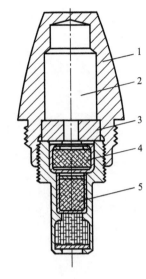

图 4-17　No. 253MKⅢ式弹头引信

1—引信体；2—空室；3—盖板；

4—火帽；5—雷管

4.3　机械惯性发火机构

利用碰击目标产生的惯性力驱动机械系统动作的发火机构，称为机械惯性发火机构。惯性机构可用于惯性引信、固定延期引信和自调延期引信。若第一级火工品火帽点燃延期药，经一定时间延期后再起爆引信，则为延期发火。延期发火有固定延期和自调延期两种发火形式，固定延期采用固定延期时间，自调延期的延期时间随目标的特性而自动调整，以获得更佳的延期时间，提高毁伤效果。

4.3.1　惯性引信的惯性发火机构

由于机构在惯性力作用下运动并激活第一级火工品，需要有一定的时间，因此，其瞬发度要低于瞬发引信。为了获得足够的戳击能量，一般采用质量较大的活动惯性体，并且有较大的运动行程。

惯性触发引信主要为弹底引信，配用于半穿甲弹、爆破弹和碎甲弹上。由于碰目标时的前冲惯性力不受零件位置的影响，所以其惯性发火机构的结构形式多样。由于惯性发火机构无需高瞬发度，通常采用弹性元件作为中间保险件。但也有例外，如国产破-4引信采用无中间保险元件设计，由于外弹道的爬行力向前，对于弹底引信，其安全性较弹头引信差，现代引信不能采用无中间保险元件的结构。以下主要介绍两种类型弹底引信。

1）M578 式弹底引信

M578 式弹底引信是美国生产的一种雷管隔离型弹底惯性触发引信，如图 4-18 所示，配用于100 mm坦克炮的曳光碎甲弹上。它的惯性击发体由击针合件和钢球两部分组成。发射时，离心板在出炮口后解除对击针的保险，惯性销和离心子先后飞开使水平转子转正，击针对正雷管，并由中间保险簧保证弹道安全。碰击目标时，击针合件在自身惯性力及钢球的冲击力下，克服中间保险簧抗力戳击雷管，使引信传爆序列作用。该引信钢球作为主要惯性质量，减小了惯性力径向分量引起的摩擦力，提高了大着角及擦地时的灵敏度。

2）L56式弹底引信

L56式弹底引信是英国生产的一种具有双环境力安保系统、无返回力矩钟表远距离解除保险性能的隔离雷管型弹底惯性触发引信，如图4-19所示，配于碎甲弹上。该引信的惯性触发机构由击针、锥簧、击发体、套管及钢珠、雷管组成。发射时，惯性筒下沉，离心子飞出，杠杆抬起，带雷管的水平转子在钟表机构控制下转正，击针对正雷管，并由锥形中间保险簧保证弹道安全。碰击目标时，击针合件在惯性力作用下，克服中间保险簧抗力戳击雷管，使引信传爆序列作用。该引信的惯性击针合件质量较大，采用类似轴承结构的钢珠，减小了惯性力径向分量引起的摩擦力，提高了大着角及擦地时的灵敏度。

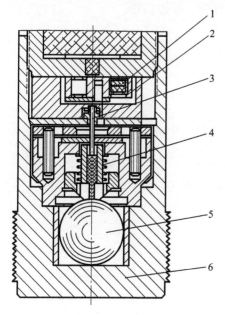

图4-18 M578式弹底引信

1—雷管；2—转子；3—击针合件；4—中间保险簧；
5—钢球；6—引信体

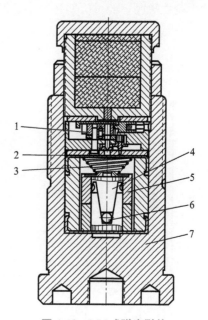

图4-19 L56式弹底引信

1—带雷管的转子；2—击针；3—锥簧；
4—击发体；5—套筒；6—钢珠；7—引信体

4.3.2 延期引信的惯性发火机构

1）MK 64 Mod 3式弹底引信

MK 64 Mod 3式弹底引信是美国生产的一种固定延期的弹底惯性触发引信，如图4-20所示，配用于海军127 mm舰炮的普通弹上。它的惯性触发机构由活动雷管座、辅助惯性体、击针、火帽、防爬行簧等组成。发射时，锁住活动雷管座和击针的离心子先后外撤解除保险，防爬行簧作为弹性中间保险件保证弹道安全。碰击目标时，活动雷管座和辅助惯性体在惯性力作用下，克服防爬行簧抗力戳击延期火帽发火，气体经前帽的气孔在内帽膨胀锁住雷管座位置，并使延期击针剪断切断销，向前刺发火帽，点燃延期药，经过 0.010 s 延期引爆雷管，最终引爆四个第二级传爆管。该引信采用多个钢珠把辅助惯性体与引信体间的滑动变为滚动，减小了惯性力径向分量引起的摩擦力，提高了大着角及擦地时的灵敏度。采用与该引信相同或相似结构瞬发机构的还有 MK 48、MK 31、MK 28 系列引信等。

2）No. 865 式弹底引信

No. 865 式弹底引信是英国生产的一种带有固定延期的隔离雷管型弹底惯性触发引信，如图 4-21 所示，配用于空对地半穿甲火箭弹上。该引信的触发机构由击针、锥形击针簧、火帽等组成。发射时，火箭发动机燃气推动膜片带动保险杆上移，释放锁住击针的钢珠和水平回转雷管座，扭簧驱动雷管座转动到位。碰击目标时，击针克服击针簧抗力刺发火帽，经过延期药固定延期后依次引爆雷管、传爆药柱。

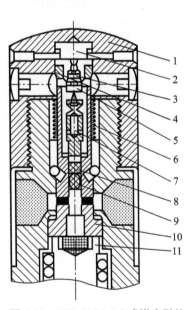

图 4-20 MK 64 Mod 3 式弹底引信

1—前帽；2—击针；3—火帽；4—内帽；5—延期火帽；
6—防爬行簧；7—延期击针；8—延期药；9—雷管；
10—活动雷管座；11—辅助惯性体

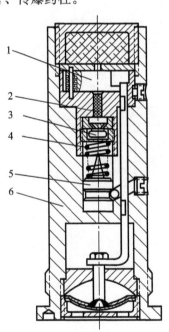

图 4-21 No. 865 式弹底引信

1—回转雷管座；2—延期药；3—火帽；4—击针簧；
5—击针；6—引信体

3）九五式弹底引信

九五式（并非 1995 年定型）弹底引信是日本生产的一种具有可调延期的隔离雷管型弹底惯性触发引信，如图 4-22 所示，配用于穿甲弹上。该引信的惯性触发机构由击针、中间保险簧、火帽、药盘等组成。发射前将底螺旋下，转动击针座调整延期时间（工厂装定为 0.1 s），再旋紧底螺。发射时，惯性销下沉，锁住安全扉。出炮口后，离心子飞出释放击针，惯性销在弹簧抗力作用下上升释放安全扉，安全扉在离心力作用下压缩支杆簧使其孔对正雷管和导引传爆药，引信进入待发状态。碰击目标时，击针在惯性力作用下，克服中间保险簧抗力戳击火帽，经药盘延期后起爆弹丸。延期时间可连续调整，以便对不同目标射击。但装定不方便，需要旋开底螺，故产品较少，现多采用自动调整延期惯性发火机构。

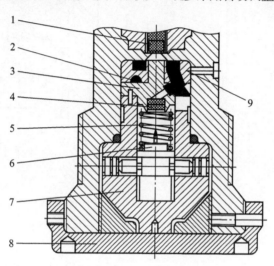

图 4-22　九五式弹底引信

1—雷管；2—药盘；3—火帽座；4—火帽；5—中间保险簧；6—击针；7—击针座；8—底螺；9—安全扉

4.3.3　自动调整延期惯性发火机构

1）ДР-5 式弹底引信

ДР-5 式弹底引信是苏联生产的一种自动调整延期的隔离雷管型弹底惯性触发引信，如图 4-23 所示，配用于穿甲弹上。该引信的惯性触发机构由铅座、击针座、击针、支耳、惯性筒、中间保险簧、火帽、惯性气门、延期药等组成，该自调延期机构是一种火药与机械相配合的装置。平时由保险片、中间保险簧、支耳保证发火机构安全。发射时，惯性筒压直支耳，并与击针座、铅座结合在一起形成击针组件。引信碰击目标时，击针组件惯性前冲刺发火帽，点燃延期药。此时惯性气门由于向前的惯性力而紧压在延期药上，打开了延期药燃烧所产生气体的排泄通道，延期药正常燃烧。弹丸快要穿过目标时，延期药气体对气门的压力超过气门的惯性力，气门被推向后，将气体排泄通道堵塞。此时压力剧增，击穿延期药，火焰传给雷管使弹丸爆炸。该机构自调延期较可靠，但结构复杂。

2）ДБР-2 式弹底引信

ДБР-2 式弹底引信是苏联生产的另一种自动调整延期的弹底惯性触发引信，如图 4-24 所示，配用于穿甲弹上。该引信的惯性触发机构由击针、击针座、装有延期药的活塞、

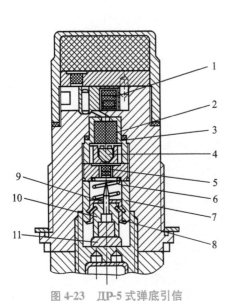

图 4-23　ДР-5 式弹底引信

1—雷管；2—延期药；3—延期药筒；4—惯性气门；
5—火帽；6—中间保险簧；7—惯性筒；8—支耳；
9—击针；10—击针座；11—铅座

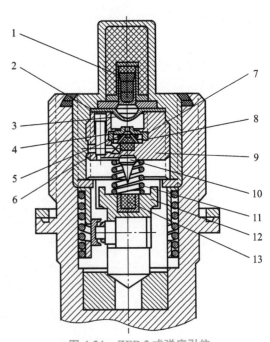

图 4-24　ДБР-2 式弹底引信

1—雷管；2—金属筒；3—金属片；4—螺座；
5—弹簧垫圈；6—滑动筒；7—活塞；8—延期药；
9—击针座；10—击针；11—中间保险簧；
12—火帽座；13—火帽

弹簧垫圈、螺座、金属片、金属筒、滑动筒、中间保险簧、火帽、火帽座等组成。平时由离心子锁住火帽座，并和中间保险簧一起保证发火机构安全。发射时，上套筒下沉箍住离心子，出炮口后上套筒在弹簧推动下上升，离心子克服离心子簧抗力外撤释放火帽座，进入待发状态。引信碰击目标时，火帽座惯性前冲撞击击针，刺发火帽。前冲惯性力也使滑动筒向前，打开火帽与延期药的通道。同时，活塞克服弹簧垫圈抗力紧堵螺座的中心小孔，使火帽火焰只能点燃延期药，不能通往雷管。弹丸快要穿过目标惯性力减小后，弹簧垫圈抗力使螺座与活塞分离，火焰经螺座的小孔到气室，再由金属片的小孔经气体动力延期引燃雷管，保证弹丸在目标内部爆炸。该机构自调延期较可靠，安全性和适时性较佳。

4.4　可装定作用时间的引信发火机构

多选择机械触发引信是为一个引信实现多种战术目的而设计的，它可以减少引信种类，降低运输成本。该类引信主要用于中大口径榴弹，通常有瞬发、惯性和几种延期等多种作用方式。从结构上看，有采用单发火机构的，也有采用双发火机构的。前者多种作用方式采用同一个发火机构，后者通常为瞬发为一个发火机构，延期和惯性采用另一个发火机构，并作为瞬发的冗余发火。

4.4.1　单击针发火机构

多选择机械触发引信中可以采用单个击针和传爆序列构成单击针发火机构，该机构常见于俄罗斯（含苏联）。对于包含瞬发作用的引信，均为弹头引信，大多数由瞬发引信的发火机构改造而成。对于只有惯性和延期作用的引信，一般采用弹底引信。

1）B-429 式弹头引信

B-429 式弹头引信是苏联生产的一种具有瞬发、惯性和延期三种装定的雷管隔离型引信，如图 4-25 所示，配用于各种中大口径（100 mm、122 mm、130 mm、152 mm）加农炮杀伤爆破榴弹上。该引信的触发机构与 M-6 引信基本相同，其延期发火为火药延期。发射时，惯性筒经过膛内外的下沉和前移，上、下钢珠滚落释放击针，使火帽对正击针，惯性筒簧保证弹道安全。同时，后退筒下降，钢珠外撤，制转销拔出隔板，回转体转正，使雷管正对传爆药。若火帽在膛内意外自燃，其气体压力使副制转销切断切断销插入盘簧座，回转体无法转正。装定瞬发和惯性时，调节栓转至打开传火通道。若拧掉引信帽，触发时击针戳击火帽发火，火焰及其气体直接传给火焰雷管，并使后续传播序列作用。若此时带引信帽射击，则碰目标时活机体前冲，火帽撞击针发火，引信为

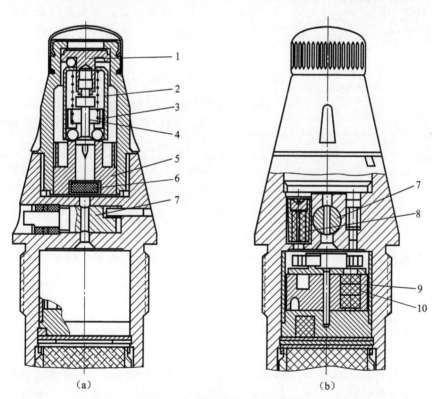

图 4-25　B-429 式弹头引信

1—击针杆；2—惯性筒；3—惯性筒簧；4—击针；5—活机体；6—火帽；
7—调节栓；8—延期药；9—回转体；10—雷管

惯性发火。装定延期时，调节栓传火通道不直接通向雷管而通向延期管，触发时火帽火焰点燃延期管中的延期药，经 0.04～0.10 s 延期后引爆火焰雷管。采用与该引信相同或相似结构瞬发机构的还有苏联 B-429E、PГM-6、ГУ-1 及 120 mm、160 mm 迫击炮杀伤爆破榴弹用 M-12 等引信。

2）PГM-2 式弹头引信

PГM-2 式弹头引信由苏联生产，也是一种具有瞬发、惯性和延期三种装定的雷管隔离型引信，如图 4-26 所示，配用于各种中大口径（122 mm、152 mm、203 mm、280 mm）榴弹炮、107 mm 加农炮杀伤、爆破和杀伤爆破榴弹上。该引信的触发机构由击针帽、击针杆、击针、滑套、滑套簧、保险箍、回力簧、击针簧、支耳、活机体、火帽座、火帽组成。其延期发火为火药延期。平时由抗力较大的滑套簧保证勤务处理安全。发射时，滑套在后坐力作用下克服滑套簧、回力簧和自身支耳的抗力下降到位，并将滑套、滑套簧、保险箍连成一体，该组件出炮口后被回力簧上推到位，解除触发机构的保险。由支耳防止章动引起活机体前冲，由抗力很弱的回力簧和击针簧保证弹道安全。装定瞬发和惯性时，调节栓转至打开传火通道。若拧掉引信帽，触发时，击针克服回力簧和击针簧抗力戳击火帽发火，火焰及其气体直接传给火焰雷管，并使后续传播序列作用。若此时带引信帽射击，则碰目标时，活机体克服回力簧和击针簧及支耳抗力前冲，火帽撞击针发火，引信为惯性发火。装定延期时，调节栓传火通道不直接通向雷管而通向延期管，触发时火帽火焰点燃延期管中的延期药，经 0.044～0.188 s 延期后引爆火焰雷管。采用与该引信相同或相似结构瞬发机构的还有苏联 PГM 等引信。

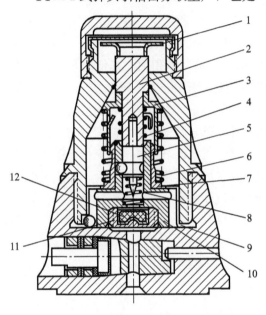

图 4-26　PГM-2 式弹头引信

1—击针帽；2—击针杆；3—滑套；4—回力簧；
5—击针；6—滑套簧；7—保险箍；8—击针簧；
9—支耳；10—活机体；11—火帽座；12—火帽

3）B350 式弹底引信

B350 式弹底引信是苏联生产的一种具有惯性及延期两种装定、双环境力安保系统、远距离解除保险性能的隔离雷管型弹底触发引信，如图 4-27 所示，配用于 130 mm 海军炮分装式穿甲爆破弹上。发射后，离心保险和火药保险先后解除后，雷管回转座转正，引信进入待发状态。弹丸命中目标时，活动火帽座克服支耳抗力前冲，火帽碰击扁击针而发火，火焰经侧火道（惯性装定）或延期药柱（延期装定）而引爆弹丸。该引信因回转零件多为活动配合，延期作用不可靠；延期装定时，火帽若在膛内发火可能造成弹道上早炸。

4）KZ. Bd. Z. 10 式弹底引信

KZ. Bd. Z. 10 式弹底引信是德国生产的一种具有惯性、短延期和长延期三种装定的雷管隔离型弹底引信，如图 4-28 所示，配用于 211 mm 榴弹。发射时，发射药气体压力使铜质火帽座变形并前移，火帽被击针戳击点燃保险药，两个保险药先后燃完后分别释放火帽座和带有雷管的释放杆，后者在弹簧推动下上升，使传爆序列对正。碰击目标时，惯性火帽座前冲，火帽碰击击针而发火，火焰随装定不同而经不同路径到达黑火药并引爆雷管，进而起爆弹丸。该引信用发射药的气体压力解除保险，只能用于膛压较低的中大口径火炮上。由于惯性火帽座侧方配置，在跳弹情况下触发灵敏度不高。

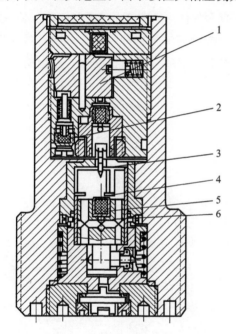

图 4-27　B350 式弹底引信

1—雷管回转座；2—延期药柱；3—扁击针；
4—支耳；5—火帽；6—活动火帽座

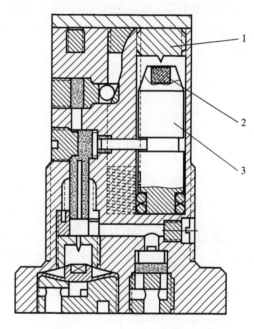

图 4-28　KZ. Bd. Z. 10 式弹底引信

1—击针；2—火帽；3—惯性火帽座

单击针发火机构的多选择机械触发引信结构简单，使用火工品少，但由于多种作用方式的相互牵制，特别是包含瞬发作用时，无法同时达到最佳。由于延期发火需要火帽作为第一发火元件，瞬发也只能以火帽作为第一发火元件，影响瞬发作用的瞬发度；由于在瞬发中加保护帽实现惯性作用，惯性质量往往较小，影响惯性作用时的灵敏度。该类机构主要配用于重大口径榴弹上。

4.4.2　双击针发火机构

多种装定机械触发引信中采用两个击针分别实现瞬发和惯性及延期，构成双击针发火机构，该类型发火机构常见于美欧。

1）M45 式弹头引信

M45 式弹头引信是美国生产的具有瞬发和延期两种作用的雷管隔离型引信，如图4-29 所示，配用于 81 mm 迫击炮重榴弹上。该引信的击针座上有两个瞬发击针和延期击针，分别对正雷管和火帽，后者下方有延期药，击针由切断销保证平时和弹道安全。当引信上体 SQ 标记对正引信下体公共基点时，雷管对正传火道，为瞬发作用；当 D 标记对正公共基点时，延期系统对正传火道，为延期作用。当弹丸碰击目标时，切断销被剪断，击针分别戳击雷管和火帽，瞬发时雷管爆轰经传火道起爆主雷管实现瞬发；延期时火帽火焰经延期药通过传火道传至主雷管实现延期。

2）M557 式弹头引信

M557 式弹头引信是美国生产的具有瞬发和延期两种作用的雷管隔离型引信，如图 4-30 所示，配用于 75 mm 以上榴弹炮、加农炮和迫击炮的榴弹及特种弹上。该引信的瞬发机构位于引信的头部，由瞬发击针、支筒和瞬发雷管组成。结构很简单，发射时无动

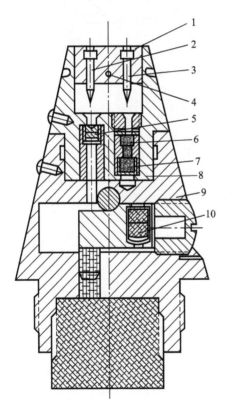

图 4-29 M45 式弹头引信

1—击针座；2—瞬发击针；3—延期击针；4—切断销；
5—雷管；6—火帽；7—延期药；8—引信上体；
9—引信下体；10—主雷管

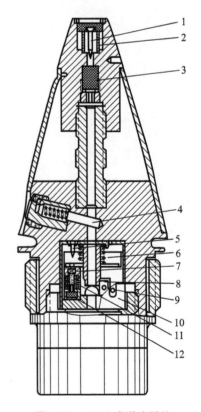

图 4-30 M557 式弹头引信

1—瞬发击针；2—支筒；3—瞬发雷管；4—滑柱；
5—惯性击针；6—活机体簧；7—火帽；8—离心子；
9—离心子簧；10—活机体；11—延期药；12—扩焰药

作，由支筒作为平时和弹道安全的中间保险。碰目标时，目标反力使击针压垮支筒，起爆雷管，并通过连接器等构成的中间通道起爆 M20 式爆发装置中的主雷管。惯性发火机构位于引信的下部，由惯性击针、活机体、活机体簧、火帽、延期药系统等组成。延期装定碰击目标时，中间传爆通道被滑柱阻断使瞬发失效，延期火帽座克服保险簧抗力惯性前冲，撞击延期击针，使火帽火焰依次点燃延期药、扩焰药和主雷管，使弹丸爆炸。采用与该引信相同或相似结构瞬发机构的还有 M48 引信等。

3) M739A1 式弹头引信

M739A1 式弹头引信是美国生产的具有瞬发和自调延期两种作用的雷管隔离型引信，如图 4-31 所示，配用于 4.2 in 迫击炮，105 mm、155 mm、8 in 榴弹炮，175 mm 加农炮榴弹、火箭增程榴弹上。该引信的瞬发机构除有防雨机构外，与 M557 引信结构相似、作用原理相似。引信采用机械自调延期方式，延期作用时，瞬发发火机构 M99 雷管的爆轰被滑柱阻挡不能下传，惯性发火机构中的惯性体向前移动克服其

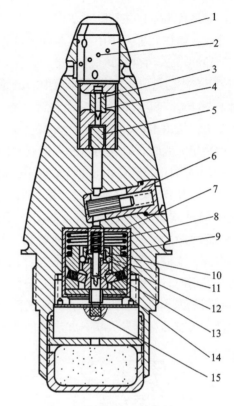

图 4-31　M739A1 式弹头引信

1—栅杆座；2—防雨栅杆；3—瞬发击针；4—支筒；
5—瞬发雷管；6—滑柱；7—击针簧；8—套管簧；
9—惯性体簧；10—套管；11—内钢珠；12—外钢珠；
13—惯性体；14—延期击针；15—主雷管

抗 25g 爬行过载的惯性体簧，使两个锁住套管的外钢珠获得释放，进而释放具有抗 300g 爬行过载套管簧支撑的套管。当弹丸减加速度降至 300g 时，套管在套管簧的推力下向后运动，释放锁住延期击针的内钢珠，延期击针在击针簧的推力下刺发 M55 主雷管，起爆引信。M739A1 式弹头引信的延期作用则采用 0.05 s 的固定火药延期。

4.5　可预先装定的非电发火机构

预先装定的非电发火机构为射击前或出厂时装定，设计后达到预先装定条件时引信发火。时间、转速、气压、水压等都可以作为装定物理量。现在引信使用的装定量只有时间和水压，而前者主要利用时间药剂和钟表机构进行计时。

4.5.1　药盘时间引信发火机构

药盘时间引信利用药盘中时间药剂的平行层燃烧来计时，是较早出现的一种时间引

信，对地攻击时往往与瞬发双用或复合。药盘时间引信都采用膛内惯性发火，即发射时击针或火帽在后坐力作用下克服弹簧抗力，使击针戳击火帽，点燃时间药剂。

1）T-5 式药盘时间引信

T-5 式药盘时间引信是苏联生产的雷管隔离型药盘时间引信，如图 4-32 所示，配用于 76 mm、85 mm 杀伤榴弹和特种弹。发射前需取下保护帽进行时间装定。膛内惯性发火机构由击针、击针簧、火帽组成。发射时，击针戳击火帽发火，点燃时间药盘。到达装定时间时，时间药盘的火焰点燃黑火药，并引发火焰雷管，使引信作用。

2）M54/M55 式时间和瞬发双用引信

M54/M55 式时间和瞬发双用引信是美国生产的雷管隔离型时间和瞬发双用引信，其中 M54 式引信不带传爆管，如图 4-33 所示。M55 配用于 155 mm 榴弹及特种弹。平时装定为瞬发，发射前进行时间装定。M54 式引信的瞬发机构位于引信的头部，由瞬发击针、支筒和雷管组成，膛内惯性发火机构由惯性锤、切断销、时间击针、火帽组成。发射时，击锤剪断切断销打击击针，刺发火帽，点燃时间药剂。到达装定时间时，时间药剂的火焰引发火焰雷管，使引信作用。装定时间到达前碰击目标，则目标反力使击针压垮支筒，刺发火帽，并通过中间传火道引燃火焰雷管。

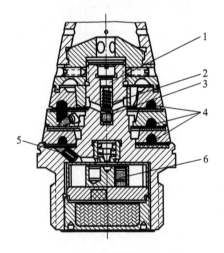

图 4-32　T-5 式药盘时间引信

1—击针；2—击针簧；3—火帽；4—时间药盘；
5—黑火药；6—雷管

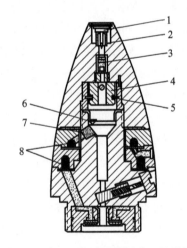

图 4-33　M54 式时间和瞬发双用引信

1—瞬发击针；2—支筒；3—雷管；4—惯性锤；
5—切断销；6—时间击针；7—火帽；8—时间药剂

药盘时间引信由于计时精度差，必须膛内点火使得安全性差，受潮、高空易熄火，目前只用于非旋转的特种弹。

4.5.2　钟表时间引信发火机构

钟表时间引信是利用钟表机构等时走动来计算弹丸飞行时间的。与药盘时间引信相比，钟表时间引信的时间精度较高、瞎火率低、受温/湿度影响小、长期储存性能稳定，曾经是时间引信的主要品种。由于计时终了时没有直接或间接的目标作用力，钟表时间引信通常采用储能的弹簧击针实现发火，对于旋转弹，也有采用离心击针发火的。

1）BM-30Л式弹头引信

BM-30Л式弹头引信是苏联生产的雷管隔离型机械钟表时间引信，如图 4-34 所示，配用于 85 mm、100 mm 高射炮空炸榴弹上。其发火机构为钟表机构控制的弹簧击针，由储能的击针簧、击针、火帽垫片、火帽、火帽座组成。引信的出厂装定为瞎火的死角状态，发射前根据目标位置由引信测合机或专用装定扳手拧动装定帽进行装定。发射时，定位刀下降卡入装定套筒内确保装定不变，后坐惯性力使钟表机构不能启动。出炮口后，钟表机构开始计时，转针逐渐转动。当转针转至与装定套筒缺口对正时，转针在弹簧力作用下上升，释放解脱器，解脱器在击针簧及离心子作用下快速转动，击针斜面脱离锥形顶销，击针在储能的击针簧推动下戳击火帽，使引信发火。该引信采用发条原动机，可通用于旋转弹或非旋转弹，可百分之百进行静态时间调整，以提高计时精度。

2）DIXI（荻克斯）式弹头引信

DIXI 式弹头引信是瑞士生产的雷管隔离型机械钟表时间和瞬发双用引信，如图 4-35 所示，配用于中大口径地面火炮榴弹上。该引信的瞬发机构位于引信的头部，由瞬发击针系统、击针垫片和触发火帽组成，瞬发击针系统则由击针帽、偏置的击针杆和击针构成。由钟表机构控制的击针锁杆保证平时和炮口安全距离内的弹道安全，击针垫片作为中间刚性保险件保证全弹道安全。时间击发机构由固定击针、击针座、离心火帽座及火

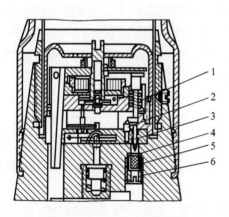

图 4-34 BM-30Л式弹头引信

1—击针簧；2—顶销；3—击针；4—火帽垫片；
5—火帽；6—火帽座

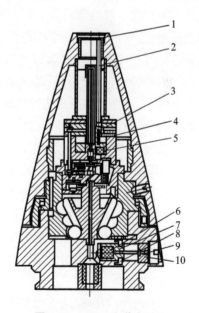

图 4-35 DIXI 式弹头引信

1—击针帽；2—击针杆；3—击针垫片；4—击针；
5—触发火帽；6—火帽；7—离心火帽座；8—锁销；
9—固定击针；10—击针座

帽组成，平时锁销挡住离心火帽座，扳机又卡住锁杆。钟表机构也由平衡摆锁销和释放凸轮锁住。装定时，转动头螺，带动整个钟表机构和触发机构一起转动，使解脱圆盘与扳机的凸出部成所需的角度。发射时，后坐力使后坐环打击锁销，从而使装定固定，同时平衡摆锁销克服弹簧抗力下沉，释放平衡摆。此时，由于后坐力较大，离心释放凸轮锁住钟表机构使其无法启动。出炮口后，释放凸轮在离心力作用下克服弹簧销的阻力并推动平衡摆向外转动，钟表机构开始走动，并在安全距离外释放瞬发击针系统。到达预定时间，扳机凸出部在离心力作用下进入缺口，释放锁销进而释放火帽座，离心力使火帽座撞击击针，火帽的火焰通过传火道引燃火焰雷管。装定时间到达前碰击目标，则目标反力使击针压破击针垫片刺发火帽，并通过中间传火道引燃火焰雷管。该引信采用轴线配置的垂直游丝和平衡摆，受离心力影响小，其调速器为自由式擒纵调速器，走时精度更高。利用四个离心力驱动的驱动球在槽座的变半径螺旋形槽中运动，驱动钟表机构走动，同时采用离心击针发火机构，与发条驱动的钟表机构和弹簧击针式发火机构相比，由于平时不储能，安全性更高。但原动机的力矩受转速影响大，为此 DIXI 式引信设计有使用三种转速范围的原动机，限制了其通用型。

3）M577/M582 式弹头引信

M577/M582 式弹头引信是美国生产的雷管隔离型机械钟表时间和瞬发双用引信，其中 M577 式引信不带传爆管，如图 4-36 所示。配用于 4.2 in 迫击炮及 105 mm、155 mm、8 in 榴弹炮和 175 mm 加农炮榴弹、反坦克布雷弹、照明弹上。M577/M582 式引信的装定状态有保险、触发和时间三种，可通过观察窗口观察。其出厂为保险装定，当蜗盘相对引信体做顺时针转定一个小角度，装定为瞬发，蜗盘继续顺时针转动，则为时间装定，装定的时间可直接通过观察窗口读出。引信装定触发时，自由式钟表机构不起作用，由无返回钟表机构起远距离解除保险作用。触发作用时，装在引信上部的击发板作用于两个 M55 雷管，并通过柔性导爆索将位于转子内的雷管引爆。装定时间时，离装定时间还有 3s 释放无返回钟表机构，逐步解除隔离。到达装定时间时，随动销与蜗盘脱离，激发臂轴在扭簧作用下迅速转过一个大角度，轴上部的 D 形缺口与击针释放杠杆对正，弹簧击针被释放，击针簧推动击针戳击转子内的雷管使引信发火。该引信采用独立的触发机构，可根据目标的特性在射击前人为装定。时间装定采用多达 4 圈的多圈装定，大幅度提高了装定精度。自由式钟表机构采用摆轮轴和擒纵轴与引信轴重合，减小了离心力对摆轮的影响，保证了走时精度。引信的最长作用时间达 200 s，并有独立的触发装定，提高了引信的使用范围。采用离装定时间 3 s 钟隔爆机构开始转正，保证了全弹道的安全。

钟表时间引信主要配用于中大口径高炮榴弹，地炮、舰炮的榴弹、特种弹，航空炸弹及航空特种弹。由于钟表时间引信结构复杂、造价高、计时精度和全作用时间远低于电子时间引信，目前正被电子时间引信所取代。

4.5.3　水压定深引信发火机构

水压定深引信是利用水压与深度的关系来实现定深起爆的。

MK230 式弹头引信是美国生产的风翼解除保险的静液压起爆的弹尾引信，如图 4-37 所示，配用于 350 1b 深水炸弹上。该引信采用定深发火机构，由定深簧、定深簧杆、波纹水压箱和活塞等组成；发火机构由击发簧、发火件、雷管、击针等组成。引信通过旋转定深装定钮改变定深簧的抗力来装定起爆深度，共有 7.5～37.5 m 五挡。航弹投放后，风翼在气流作用下旋转，并通过差动齿轮、螺纹传动使保险螺帽的销钉从活销座中抽出，并带动活销座盖转动 85°释放活销，进而释放定深螺帽，解除发火机构的保险。航弹入水时，利用惯性锤的惯性力防止定深簧杆的惯性力释放保险钢珠而早炸。航弹入水后，海水从两个孔进入到定深装置室内。到达预定深度时，水压将波纹水压箱拉伸、活塞下移、压缩定深簧和击发簧。当活塞的膨大部分正对保险钢珠时，钢珠外撤释放发火件，已压缩的击发簧推动发火件前冲，发火件上的雷管由隔离位置到达导引传爆药区域，并撞击击针发火，引爆导引传爆药、加强药和传爆药，从而起爆航弹。

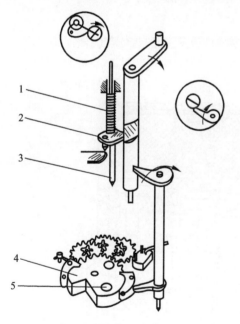

图 4-36　M577 式弹头引信

1—击针簧；2—击针释放杠杆；3—击针；
4—转子；5—雷管

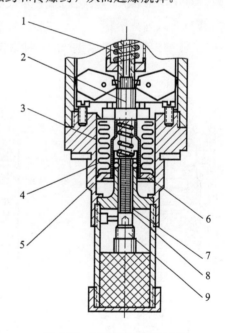

图 4-37　MK230 式弹头引信

1—定深簧；2—定深簧杆；3—波纹水压箱；4—击发簧；
5—保险钢珠；6—活塞；7—发火件；8—雷管；9—击针

4.6　机电发火机构

机电发火机构是利用电冲量起爆电火工品的发火机构，结构简单，作用迅速、准确且可靠,在现代引信中的应用越来越广泛。发火机构按其直接用于发火的电源,可分为压电发火机构、磁电发火机构、电容器发火机构、电池发火机构等;按照发火的模式,可分为自发电式电发火机构、机械闭合开关式电发火机构和电子开关式电发火机构三大类。

4.6.1 自发电式电发火机构

自发电式电发火机构是利用碰击目标时的物理效应发电,起爆电火工品。目前,用于发电的物理效应主要有压电效应和磁电效应,对应的发火机构为压电发火机构和磁电发火机构。利用的目标作用主要是直接的碰击力,也可采用碰击时减速产生的前冲惯性力,对于较弱的碰击,也可采用击针戳击并起爆电火工品进行能量放大后再利用上述物理效应。

电引信中的第一发火元件通常为电雷管,由于电雷管对静电敏感,除屏蔽式独角电雷管外,平时都要用开关将其短路。对于压电式引信,为了泄放压电元件在碰击目标前两极所产生的电荷,对于内阻较小的桥丝式(需电压转换)或薄膜式电雷管采用并接泄漏电阻,对于内阻较大的火花式或中间式电雷管则采用断路开关。

1) ВП-7 式弹头引信

ВП-7 式弹头引信是苏联生产的一种雷管隔离型弹头激发弹底起爆压电引信,如图 4-38

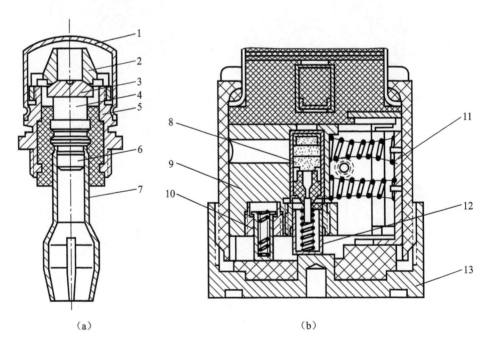

（a）　　　　　　　　　　　　　　　　（b）

图 4-38　ВП-7 式弹头引信

(a) 头部机构;(b) 底部机构

1—防潮帽;2—头螺;3—压电块;4—压电陶瓷;5—头部体;6—压电座;7—接电管;8—电雷管;
9—滑块;10—短路套;11—挡片;12—导电套;13—底螺

所示，配用于 40 mm 火箭共发射的 85 mm 反坦克火箭增程破甲弹上。该引信由头部和底部两部分组成，分别通过内锥罩、药型罩和弹体作为内外电路连接，并由绝缘环保证内外电路的绝缘。解除保险前通过短路套等使压电陶瓷短路，电雷管通过导电套及挡片等实现短路，保证勤务处理和内弹道的安全。当滑块滑正使安保机构解除保险的同时，压电陶瓷和电雷管的短路打开，雷管接入发火回路。该引信利用强度较好的防潮帽实现低灵敏度，当弹丸碰到树枝等障碍时，碰撞力由防潮帽传到头部体传到弹体，使压电晶体受力较小而不足以起爆电雷管。当弹丸碰击目标时，目标的抗力压垮防潮帽作用在头螺上，经压电块传递到压电陶瓷，产生电荷经内外电路等构成的电回路起爆引信底部的电雷管，进而起爆弹丸。当弹丸大着角碰击目标时，碰击力的径向分量通过头螺与压电块的锥面转换成轴向力，使压电陶瓷产生电荷，保证大着角发火性。该引信没有擦地炸功能。

2）M509 式弹头引信

M509 式弹头引信是美国生产的一种雷管隔离型弹头激发弹底起爆压电引信，如图 4-39 所示，配用于 76 mm、90 mm、105 mm、106 mm、120 mm 等多种口径的尾翼稳定破甲弹上。该引信也由头部和底部两部分组成，分别通过导线和弹体作为内外电路连接。引信采用内阻为 2～10 kΩ 的薄膜式电雷管，解除保险前通过内外两个并联的阻值为 90～150 kΩ 的泄漏电阻泄漏压电陶瓷产生的电荷，该阻值能确保碰目标时有 90% 以上的电能作用在电雷管上。电雷管通过接电簧片、回转体及本体等实现短路，保证勤务处理和弹道的安全。当转子转正使安保机构解除保险的同时，电雷管的短路打开，雷管通过接电簧片、接电柱等接入发火回路。该引信利用引信头与陶瓷盒之间隙实现低灵敏度，当

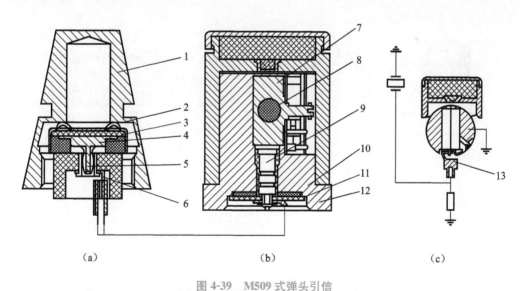

图 4-39　M509 式弹头引信

（a）头部机构；（b）底部机构；（c）电原理图

1—引信头；2—陶瓷盒；3—压电陶瓷；4—电极板；5—插销座；6—上接线片；7—回转体；8—电雷管；
9—接电柱；10—绝缘板；11—泄漏电阻；12—本体；13—接电簧片

弹丸碰到树枝等障碍时，引信头的变形小于上述间隙，使压电晶体受力不足以起爆电雷管。当弹丸碰击目标时，目标的抗力压垮引信头部的薄弱环节作用在陶瓷盒上，产生的电荷经起爆回路起爆引信底部的电雷管，进而起爆弹丸。当弹丸大着角碰击目标时，碰击力的轴向、径向分量都使引信头部的薄弱环节变形，把力传给压电陶瓷产生电荷，保证大着角发火性。该引信也没有擦地炸功能。采用与该引信相同或相似原理及结构的还有美国 M412 式弹头激发弹底起爆压电引信。

3）93212ДЧ 式弹头引信

93212ДЧ 式弹头引信是苏联生产的一种雷管隔离型弹头激发弹底起爆压电引信，如图 4-40 所示，配用于 152 mm 手动有线传输指令制导的"赛格"反坦克导弹上。由于该引信配用的反坦克导弹价值较高，采用了 16 片梯形压电陶瓷沿弹体圆柱部在风帽壳体上均匀配置，且并联在一起，同时也避免了弹轴上的压电陶瓷对射流的不利影响。压电陶瓷上表面通过接电环、药形罩等所组成的内电路与引信底部电雷管外壳相连；压电陶瓷下表面通过涂在弹体内表面的导电层与引信底部相通。平时，压电陶瓷通过短路套、导电垫等构成短路，滑块内的电雷管通过导电套、短路叉等构成短路。解除保险后，压电陶瓷和电雷管的短路打开，导电套与导电垫接触，使电雷管接入发火回路。导弹直接命中目标时，目标反力直接将保护帽压垮，通过防滑帽、风帽壳体向压电陶瓷施压，产生的电脉冲起爆引信底部机构的电雷管。当大着角碰钢甲或擦地时，无论头部还是弹体受压，总有部分压电陶瓷受压产生电压，提高其发火性能，特别是大着角和擦地条件下的发火可靠性。同时，前端铣有 16 个齿形槽的防滑帽以"啃住"钢甲防止滑动，保证大着角可靠发火。

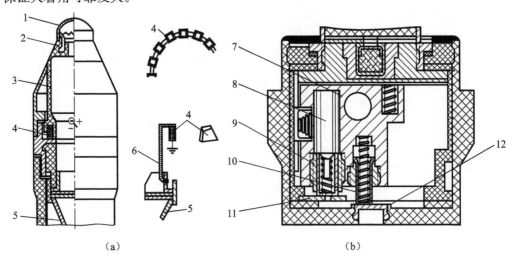

图 4-40　93212ДЧ 式弹头引信

（a）头部机构及压电陶瓷配置；（b）底部机构

1—保护帽；2—防滑帽；3—风帽壳体；4—压电陶瓷；5—药形罩；6—接电环；7—滑块；8—电雷管；
9—导电套；10—短路套；11—短路叉；12—导电垫

4) MK1Mod0 式弹头引信

MK1Mod0 式弹头引信是美国生产的一种具有无返回力矩钟表远距离解除保险性能的雷管隔离型弹头激发弹底起爆压电引信，如图 4-41 所示，配用于播撒器播撒的反坦克航空子炸弹。该引信由弹头和弹尾两部分组成，其发火机构包括弹头的击发体、击针、火帽、压电陶瓷、泄漏电阻和弹底的电雷管等零部件及导电回路。子炸弹播撒后，在迎面气流作用下，离心板张开，保险杆进入旋翼座释放回转体，在钟表机构控制下回转体缓慢转动到位，其弧形凸起释放惯性击针，电雷管打开自身短路（K1）接入压电陶瓷的起爆回路（K2），进入待发状态。此时，压电陶瓷的上面通过压电火帽座、导电簧片、支座、弹体、底部引信壳体连接到独脚电雷管的壳体；压电陶瓷的上面通过接电插销、导线、插头、接电片、导电筒、导电簧、芯杆、导电垫片连接到电雷管，构成起爆回路。碰击目标时，在目标反力的作用下击发体剪断支板，击针戳击火帽发火，产生的气体压力对压电陶瓷施压，产生的电荷起爆回路中的电雷管，使引信传爆序列作用。若电起爆失效，该引信还有冗余的惯性触发机构。碰击目标的惯性力使惯性击针前冲，戳击针刺雷管发火，其径向爆轰波殉爆已转正的电雷管，起爆弹丸。采用压电陶瓷放大能量的方法，在燃料空气炸药炸弹的子炸弹用 FMU-74/B 引信中也得到应用。

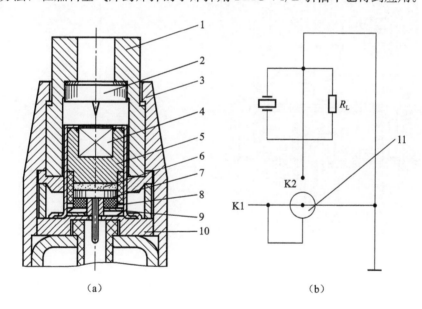

图 4-41　MK1Mod0 式弹头引信

(a) 头部机构；(b) 电原理图

1—击发体；2—击针；3—引信头；4—火帽；5—压电火帽座；6—压电陶瓷；7—接电插销；
8—泄漏电阻；9—导电簧片；10—支座；11—电雷管

压电引信由于具有瞬发度高，而且触发元件与起爆元件可以分离，广泛应用于各类破甲弹上。为了保证其低灵敏度性能，除上述引信在机械结构上采取措施外，也可在压电陶瓷与电雷管的回路上串入开关实现，开关可由空气隙、介质薄膜或雪崩二极管、辉光放电管等电子元件构成。压电引信不仅用于硬目标的触发，采用击针刺发火工品进行能量放大的压电引信可用于对弱目标的触发。

5）Z（66）A式引信

Z（66）A式引信是德国生产的具有远距离解除保险功能的触发引信，如图4-42所示，配用于空心装药炸弹和杀伤炸弹及空心装药火箭弹上。引信的发火机构由磁电式冲击发电机、电点火管等组成，冲击发电机由永久磁铁和感应线圈构成。平时线圈处于短路状态，发射后涡轮达到一定转速，击发杆破坏保险凸起沿螺纹上升，约3圈后释放接触弹簧，解除线圈的短路，并使电点火管接入发火回路，引信进入待发状态。碰击目标时，目标反力经涡轮带动击发杆作用在永久磁铁上，永久磁铁破坏支撑的电木凸起后在线圈内运动，线圈上产生的感应电动势起爆电点火管，进而起爆弹丸。

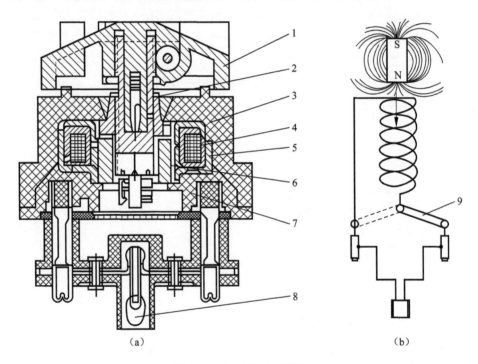

（a） （b）

图4-42 Z（66）A式引信

(a) 头部机构；(b) 电原理图

1—涡轮；2—击发杆；3—线圈上壳；4—感应线圈；5—线圈下壳；6—永久磁铁；

7—电木；8—电点火管；9—接触弹簧

与压电引信相比，磁电引信既可安装在弹丸头部，也可安装在中部或底部，灵敏度更高，只需较小的惯性力即可产生较高的电动势使引信发火（需较强磁场及较多线圈匝数），安装在头部直接驱动铁芯运动时也具有很高的瞬发度，且输出阻抗小，可直接起爆桥丝类的电火工品。但是结构较压电引信复杂得多，输出电压较低，长期储存可能引起内部的永久磁铁退磁。

4.6.2　闭合开关式电发火机构

闭合开关式电发火机构也用于触发引信。其用于发火的电源可以直接来自于各类化学电池，但更多的是来自于储能电容，而储能电容上的电量既可以在内外弹道上由电池、压电晶体、各类发电机对其充电，也可以在发射前通过电磁感应或有线方法进行供能。闭合开关式电发火机构结构简单，既可直接利用目标反力使开关闭合，也可用惯性力闭合开关。闭合开关式电发火机构除直接使用外，还用于近炸、时间等引信触发优先的电发火机构。闭合开关式电发火机构只需较小的变形就可使开关闭合，瞬发度很高。同时，开关闭合所需的作用力既可较大以满足反坦克弹药的灵敏度要求，也可很小以提高引信的灵敏度。因此应用广泛。

1）M539 式弹头电引信

M539 式弹头电引信是美国生产的弹头激发弹底起爆压电电容引信，如图 4-43 所示，具有远距离解除保险功能，配用于 152 mm 多用途破甲弹上。该引信采用膛内压电原理，引信的压电陶瓷平时处于开路状态，发射时压电陶瓷受后坐力作用产生电荷，同时短路簧片的簧舌也受力弯曲，当膛压接近最大压力时，簧舌与压电座接触（K2 闭合）使压电陶瓷短路，中和掉所产生的电荷。过了最大膛压后，后坐力减小，簧舌与压电座脱离（K2 打开），压电陶瓷重新开路。同时陶瓷片变形恢复，并在两极板上产生与加载时极性相反的卸载电荷，由于压电陶瓷已开路，电荷无法再泄掉，就被储存在压电陶瓷的极板上。当弹丸到达炮口保险距离后，安保系统的回转体转正，防止弹头碰炸开关（K3）非正常闭合的保护开关（K4）打开，同时，原来处于短路状态的电雷管解除短路

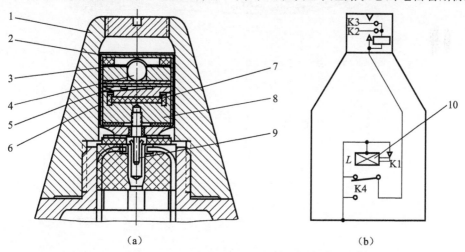

（a）　　　　　　　　　　　（b）

图 4-43　M539 式弹头电引信

（a）头部机构；（b）电原理图

1—引信头；2—接电板；3—开关簧片；4—钢珠；5—短路簧片；6—短路簧片座；7—压电陶瓷；

8—压电座；9—接电杆；10—M65 电雷管

（K1打开），并接入发火回路，引信进入待发状态。引信碰击目标时，引信头变形下压（硬目标）或钢珠前冲（软目标及擦地）使碰炸开关闭合，压电陶瓷所储存的电荷流向底部引信中的M65电雷管使引信起爆。若储存的电荷在弹道上泄漏掉，碰击硬目标时的作用力使压电陶瓷产生的电荷，也可以引爆M65电雷管。

M539式引信与其他压电引信相比，结构新颖，瞬发度高，对弱的"厚"目标具有高灵敏度，对树枝等又能满足低灵敏度要求，同时自身就具有擦地炸功能。但由于引信"带电"飞行，电压高达1 000 V，对电路的绝缘要求很高，万一击穿就可能引起早炸，漏电也将引起对弱目标的瞎火。

2）S70式引信

S70式引信是德国和法国联合生产的一种采用碰合开关的机电触发引信，如图4-44所示，配用于"霍特"重型反坦克导弹。引信的发火机构由点火电源、碰合开关及电点火管DF1、DF2组成。点火电源为一变换器，由振荡线圈、变压器T1、整流二极管D、滤波电容C2、充电电容C4和电阻R1、R2组成，通过直流—交流—直流变换把热电池20 V直流变换成发火所需的100 V直流。闭合开关K包括风帽和内罩，并通过导线与

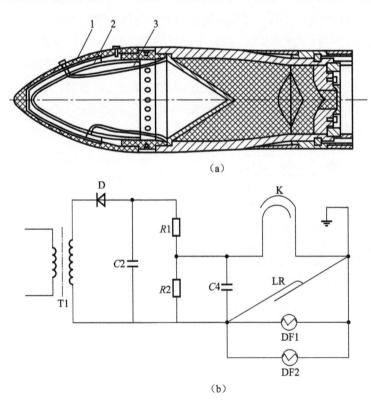

（a）

（b）

图4-44 S70式引信

（a）闭合开关；（b）电原理图

1—风帽；2—内罩；3—导线

底部引信中的插座相连，热电池平时没有激活，其充电电容未充电。风帽用塑料压制，强度能满足引信低灵敏度要求。风帽内表面和铜质内罩表面镀锡，确保接触电阻很小。碰合开关平时断开，以保证引信点火线路处于开路状态。电点火管的两端被短路保险导线 LR 短路，确保电点火管平时安全。导弹发射时，起飞发动机工作，热电池激活，并向储能电容充电。

飞行 50 m 后，续航发动机工作，其燃气压力使引信安保机构解除保险，此时遥控导线的放线拉力也拉断了电点火管的短路保险导线，解除短路保险，使引信进入待发状态。导弹命中目标或擦地时，风帽变形，碰合开关闭合，点火电源中已充电的电容向电点火管放电，电点火管引爆滑块内的雷管，进而起爆导弹。该引信的碰合开关很大，几乎占了整个弧形部，确保 65° 大着角和擦地可靠发火。引信采用 100 V 直流电压使电点火管发火，使引信具有很高的瞬发度，其作用时间不大于 15 ms。同时，引信采用两个电点火管并联发火，提高了发火可靠性。但受当时技术条件的限制，引信的点火电源很复杂，采用 DC-DC 升压芯片可大大简化其电路。

3）博福斯型雷达引信

博福斯型雷达引信是瑞典生产的一种早期的多普勒型无线电引信，配用于英国 MK6 型 94 mm 高射炮榴弹。该引信除了利用闸流管实现近炸外，还有惯性触发开关，如图 4-45（a）所示。当弹丸碰击目标时，小钢珠前冲接通开关，发火电容放电并引爆电爆管，实现碰炸。该触发机构利用击发体内孔的锥度保证引起的离心力向后分量抵抗爬行力，保证弹道安全。图 4-45（b）（c）也是常用的惯性触发开关。

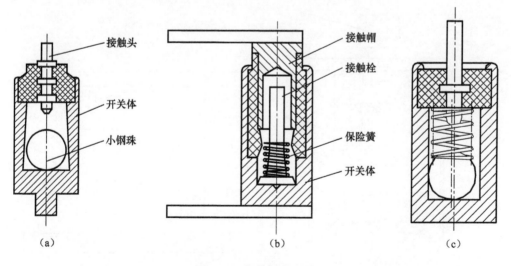

图 4-45 惯性触发开关
（a）博福斯引信惯性触发开关；（b）另一种惯性触发开关；（c）钢珠弹簧式惯性触发开关

4.6.3 电子开关式电发火机构

电子开关式电发火机构是由电压控制的电发火机构，它通过控制电压使晶闸管、开关三极管等电子元件的开关效应使放电回路导通，起爆电雷管。电子开关式电发火机构广泛应用于各种近炸引信、电子时间/计转数引信。由于电子开关式发火一般由电路实现，不涉及机构，对该类发火电路本章不再介绍。下面介绍 9K32M 式引信。

9K32M 式引信是苏联生产的一种火药远距离解除保险的雷管隔离型机电触发引信，如图 4-46 所示，配用于萨姆-7 单兵肩射式防空导弹。发射前该弹上电源与引信电源处于开路状态，电发火管 DF 与发射电源也是断开的，发火电容 C 未充电，并联电阻 $R1$ 防止电荷积累，弹上的燃气涡轮发电机也未工作，整个引信电路不带电。电雷管 DL 的两极被一电阻 $R2$ 短路，并与发火回路断开，安保系统处于隔离状态；同时引信还设置了电的检查点（接电片 IV），确保了引信的安全。发射时，在射手扣扳机的同时，发射电源通过接电片（ I 、 II ）使电发火管发火，点燃自毁药剂和远距离解除保险的保险药。当导弹舵面脱离发射筒张开时，弹上电源通过接电片（ I 、 III ）向引信供电，并对发火电容充电。当保险药烧完后火药保险销被弹簧推开，此时处于初始工作阶段的续航发动机产生的约 $25g$ 过载使惯性销仍处于解除保险位置，转子在扭簧的作用下转动到位，同时开关 K1 闭合，雷管接入起爆回路，引信进入待发状态。当导弹碰击目标时，冲击应力波使冲击闭合器的电枢连同铁芯从线圈骨架中脱落，线圈 L 产生瞬时电动势使开关三极管 BG 导通，发火电容向电雷管放电。同时，落下的电枢合件接通闭合器底

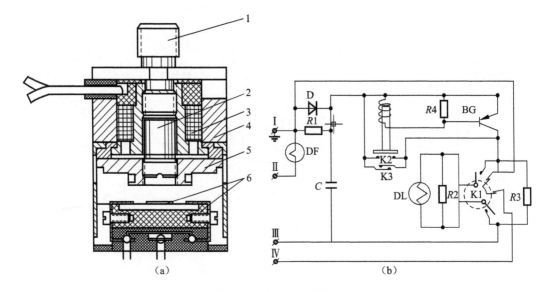

图 4-46 9K32M 式引信

（a）冲击闭合器；（b）电原理图

1—磁轭；2—铁芯；3—线圈；4—磁圈；5—电枢；6—电极

部开关 K2 的两电极，也可使发火电容向电雷管放电。碰目标的应力也使得弹体变形，弹体内间隙很小的弹体开关 K3 两极片闭合，发火电容向电雷管放电。闭合器线圈的电动势、闭合器底部两电极接通、弹体开关闭合都可使电雷管发火，进而起爆导弹。导弹未命中目标，15 s 后自毁药剂引爆电雷管，导弹自毁。

9K32M 式引信结构简单，采用了火药、机械、电子多重保险，提高了安全性；采用了磁电-电子开关和闭合器、弹体两个接触式开关实现多回路电起爆，提高了发火可靠性；同时采用近弹保险，克服了火药保险作用不可逆带来的安全隐患。

4.7　改善引信发火机构性能的常用方法

4.7.1　提高引信灵敏度

对于大多数弹药，为了达到较好的毁伤效果，通常要求引信具有较高的灵敏度。要提高触发机构的灵敏度，可以从增大目标对引信发火机构的作用力、减小辅助机构的能量消耗、修改击针结构、提高大着角发火灵敏度的结构、采用侧击辅助机构等方面来考虑。

1）增大目标对引信发火机构的作用力

对于同一介质，特别是弱目标，为了增大目标对引信发火机构的作用力，应增大击针头部直径或采用头部较大锥孔的引信体，使目标能把更大的力直接传递给击针。如图 4-47 所示的БМ 式弹头引信和如图 4-5 所示的 M-6 式弹头引信就是典型的实例。但增大击针头部直径将使防潮膜（或盖箔）或裸露的击针所受的空气压力增大，对弹道安全性有一定的影响。该方法一般用于弹速较低的迫弹、火箭弹引信。

2）减小辅助结构的能量消耗

目标对引信的作用力，除了用来加速击针（或击针系统），还有一些消耗在辅助结构上，如防潮膜、中间保险元件等。减小辅助结构的

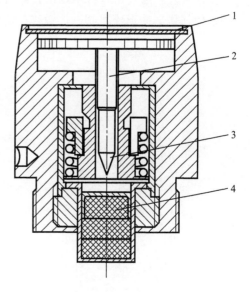

图 4-47　БМ 式弹头引信

1—盖箔；2—击针杆；3—击针尖；4—雷管

能量消耗，就可以减小对目标输入能量的需求。前面介绍的无中间保险件发火机构就属于该方法提高灵敏度的引信。但减小中间保险器的抗力将降低弹道的安全性；裸露式击针（如图 4-6 所示的 M717 式弹头引信）将使空气压力直接作用在击针头部，破坏引信自身的密封性能；减薄防潮膜厚度将降低抵抗空气压力的能力，特别是速度较高时。

3）修改击针结构

减轻击针的质量，如采用轻质材料的击针帽、击针杆与钢质击针尖组合，可以提高目标反力作用下的加速度，进而提高戳击速度和能量，提高灵敏度，采用该方法提高灵敏度的引信有图 4-1 所示的 Б-37 式弹头引信等。采用凸出于引信体外的击针，可使击针易于接触目标，提高灵敏度。采用该方法提高灵敏度的引信有图 4-6 所示的 M717 式弹头引信等。击针尖与雷管或火帽间保持合适距离，使击针有一定的加速距离，以提高戳击速度，但对瞬发度稍有影响。

4）提高大着角发火灵敏度的结构

小高炮和小口径航空机关炮对目标进行迎头射击、反坦克破甲弹和穿甲弹对敌坦克射击，往往出现大着角交会，提高大着角发火灵敏度对于提高毁伤效果至关重要。提高大着角发火灵敏度的结构主要有利用引信头部的侧向变形来挤压击针和靠可动的引信头部或可动的击针头部下沉挤压击针两种方式。

（1）引信头部的侧向变形。如图 4-11 所示的 KZVD 式高射炮榴弹引信，当大着角使引信头部弯曲变形时，引信体薄弱部分的内肩部直接压下击针而戳击雷管；如图 4-48 所示的 No.944MKⅠ式弹头引信则采用大着角使引信外罩发生倾斜变形，其内的侧击体横向移动，通过击针杆推动击针戳击火帽；而如图 4-49 所示的 ΓΚΒ 式弹头引信则采用引信体侧向变形压迫侧击体侧移，挤压击针戳击火帽。

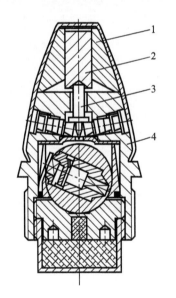 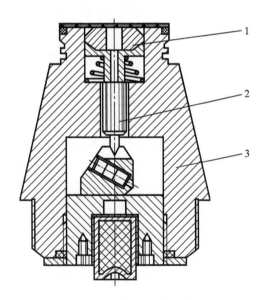

图 4-48　No.944MKⅠ式弹头引信　　　图 4-49　ΓΚΒ 式弹头引信

1—引信头部；2—击针杆；3—击针；4—引信体　　1—锥形体；2—击针；3—引信体

（2）可动的引信头部或可动的击针头部。后者如图 4-50 所示的 M525A1 式弹头引信，利用大着角时可动的击针帽转动挤压击针戳击雷管。

此外，带齿形槽的防滑帽（如图 4-40 所示的 93212ДЧ 式反坦克导弹引信）等措施也可提高大着角发火性能。

5）采用侧击辅助机构

侧击发火机构是瞬发或惯性发火机构的一种辅助机构，其作用是提高这些发火机构在大着角、擦地或侧向着地时的发火率。反坦克弹药大着角碰击装甲或未中目标而擦地、迫弹对背山坡曲射、榴弹实施跳弹射击及弹道不稳时的小落角着地，都可能出现瞬发击针或惯性击发体受到的作用力的轴向分量不足，而增大轴向运动摩擦的侧向力较大。侧击发火机构的作用就是将通常起负面作用的部分侧向力转换成对发火有用的力，使引信发火。

侧击发火机构从几何结构形状分主要有侧击板式、双侧击板式和侧击球式三大类。

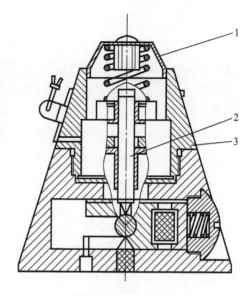

图 4-50　M525A1 式弹头引信

1—击针帽；2—击针；3—引信上体

（1）侧击板式侧击发火机构。如图 4-51 所示的 B-25 式引信是一种配用于涡轮火箭弹的引信，其侧击发火机构由侧击半板、活机体座、活机体、火帽和击针组成，其中侧击半板为两块小半圆截面的柱体，中间的间隙保证侧击时能推动惯性体座向前。当着角很大时，侧击半板在径向惯性力作用下通过锥面迫使惯性体座向前运动，使火帽撞击击针而发火。如图 4-52 所示的 ДК-2 式引信的侧击发火机构由侧击环、击针和雷管组成，它利用侧击环的径向惯性力，迫使击针向

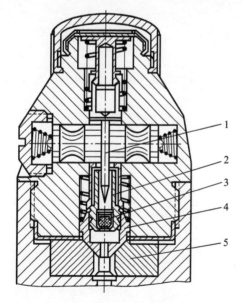

图 4-51　B-25 式引信

1—击针；2—活机体；3—火帽；4—活机体座；5—侧击半板

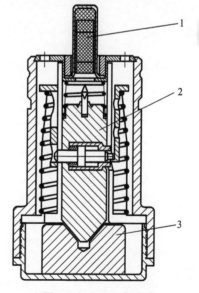

图 4-52　ДК-2 式引信

1—雷管；2—击针；3—侧击环

前运动，戳击火帽发火。

（2）双侧击板式侧击发火机构。双侧击板式侧击发火机构也称为万向触发机构，采用双侧击板式侧击发火机构的典型引信如图 4-53 所示的 **АВ-1Д/У** 式引信，它是一种航空炸弹用引信。该引信的侧击发火机构由惯性筒、惯性击发体、火帽、击针和侧击块等组成，安装在引信上体和锥形座的两个锥面之间。为了提高发火性，惯性筒和惯性击发体与上下两锥面的接触面采用球面。当着角很大时，惯性击发体和惯性筒在径向惯性力作用下分别在上下锥面上相对运动，迫使火帽撞击击针而发火。与该机构类似的还有美国 M173 式航空燃烧弹用引信，如图 4-54 所示。

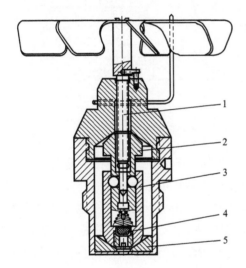

图 4-53 **АВ-1Д/У** 式引信

1—击针；2—惯性击发体；3—惯性筒；
4—火帽；5—侧击块

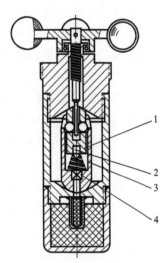

图 4-54 **M173** 式引信

1—惯性击发体；2—击针；
3—惯性筒；4—火帽

（3）侧击球式侧击发火机构。侧击球式侧击发火机构如图 4-55 所示，它由侧击球、

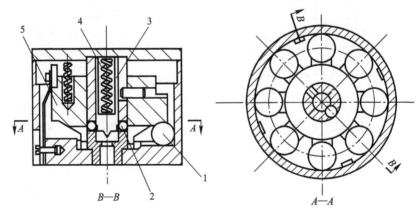

图 4-55 侧击球式侧击发火机构

1—侧击球；2—保险钢珠；3—击针；4—击针簧；5—惯性体

保险钢珠、击针、击针簧、惯性体等组成。平时，惯性体被离心保险固定，弹簧击针被保险钢珠固定。当弹丸以小落角着地或擦地时，位于惯性体 8 个斜槽中的侧击球上方的几个在惯性力径向分量的作用下向弹轴方向运动，通过惯性体的锥面迫使惯性体向前运动，释放保险钢珠，击针在击针簧的作用下推开保险钢珠，并戳击火帽发火。

此外，图 4-18 所示的美国 M578 等引信也具有侧击功能。

4.7.2 降低引信灵敏度

引信并非越灵敏越好，过分灵敏的引信由于雨滴等作用易引起弹道早炸。对于弹道低伸的反坦克武器，弹丸可能与农作物、树枝等弱障碍物，以及目标、阵地的伪装物相碰，而坦克及其他装甲目标的结构强度很大，必须要有适当的钝感度。

提高防雨性能的常用方法是在引信头部增加防雨筒（如瑞典达瓦罗-博福斯 40/70 式引信）和防雨栅（如图 4-31 所示 M739A1 式弹头引信、美国海军 MK30 系列引信）。

降低反坦克武器灵敏度的常用方法有提高发火机构的强度（如图 4-38 所示的 ВП-7 式弹头激发弹底起爆压电引信、图 4-44 所示的 S70 式引信）和引信头部与压电陶瓷盒有间隙（如图 4-39 所示的 M509 式弹头引信）。

4.7.3 提高引信瞬发度

对于破甲弹、杀伤榴弹等弹丸来说，瞬发度越高，其毁伤效果就越好。一般来说，瞬发度与灵敏度是相辅相成的。主要措施有：增大目标对引信发火机构的作用力；减小辅助结构的能量消耗；减轻击针的质量和采用凸出于引信体外的击针等。此外，采用电发火并高压起爆的电火工品（如图 4-44 所示的 S70 式机电触发引信）、采用雷管或雷管-雷管作为发火序列前级（如图 4-31 所示的 M739A1 式弹头引信）、减小击针尖与雷管或火帽间距离也可提高瞬发度，但减小击针尖与雷管间距离将降低戳击速度，对灵敏度有影响。

4.7.4 降低引信瞬发度

对于小高炮的触发引信来说，过高的瞬发度往往造成弹丸表炸，由于小高炮弹丸的威力较小，表炸对敌机的毁伤很有限。若降低引信的瞬发度，使弹丸进入敌机内部后起爆，就可以对敌机造成致命的毁伤。降低小高炮和航空机关炮榴弹引信瞬发度通常采用气体动力延期装置，也可以采用机械式自动调整延期装置，该方法本章不再详细介绍，参见第 7 章"引信延期机构"。

第 5 章　引信隔爆机构

5.1　引　言

在勤务处理过程中，使爆炸序列中的敏感火工元件与下一级火工元件隔离，并能保证在敏感火工元件偶然提前作用时下一级火工元件不作用，同时，当弹药发射（或投掷）后运动到一定安全距离时，此机构应能解除隔离，以使爆炸序列对正，这种机构称为隔爆机构。

对隔爆机构的基本要求有：安全状态时要可靠隔离；作用时要可靠解除隔离，而且保证要起爆完全。隔爆机构平时被保险机构限制在安全状态，当保险机构动作解除保险后，才运动到使爆炸序列对正的状态。隔爆机构运动到位的时间，即解除保险时间，有时是由该机构本身或保险机构来保证，有时是用专门设计的远解机构或与电路联合起来控制。

隔爆机构的类型有隔离火帽的和隔离雷管的两种。将火帽到雷管的传火通道隔断的称为隔离火帽引信，又称半保险型引信；将雷管到传爆通道隔断、有效地衰减雷管提前爆炸时产生的爆轰波称为隔离雷管型引信，又称全保险型引信。我国引信安全设计规范规定，新设计的引信一律为隔离雷管型引信。

隔爆机构往往与发火机构、保险机构或接电机构共用一些零件。这时设置隔爆机构并不一定都要额外增加引信零件的数目，因而有可能设计出既简单而又安全可靠的全保险型引信。

隔爆机构的基本运动形态有滑动和转动两种。属于滑动的有滑块隔爆机构和空间隔爆机构。滑块的运动方向可以垂直于弹轴或与弹轴成某一角度，空间隔爆机构的运动方向通常是沿着弹轴。属于转动的有各种转子式隔爆机构，转子形式有转轴垂直于弹轴的垂直转子、转轴平行于弹轴的水平转子、绕定点转动的球转子等。

隔爆机构运动的原动力，可应用弹丸运动产生的力（直线惯性力、离心力）；对于非旋转弹或者低速旋转弹，则多应用预先储存的弹簧动力；对于有控制电信号的机电引信，可以用电点火管产生的火药气体驱动隔爆机构运动，或用电作动器（电推销器或电拔销器）作用时产生的力使保险解除或驱动隔爆机构运动。电点火管和电作动器的作用时间由控制系统的指令信号控制。

为了满足炮口安全距离的要求，可采取两个措施：一是延迟隔爆机构开始运动的时间；二是减小机构运动的速度。也可以两个措施同时采用。因此，在分析隔爆机构时，不仅要注意哪些力可以作为机构运动的原动力，同时也要注意哪些力是机构运动的阻力，以便分析引信是如何延迟机构开始运动时间，或者减慢机构运动速度的。

5.2　滑块式隔爆机构

　　滑块式隔爆机构的基本特征是滑块的滑动运动方向或运动方向的主要分量垂直于弹轴。滑块可设计成多面体的，与滑块座呈平面接触；也可以设计成圆柱状的，称为"滑柱"，与滑柱孔呈圆柱面接触。

　　按移动的动力，滑块大致分为弹簧滑块和离心滑块两类。离心滑块（图 5-1）只能用于旋转弹引信。为了保证足够的起始偏心距，这种机构要求引信的径向尺寸较大，多用于大中口径弹引信中。

　　弹簧滑块既可用于旋转弹的引信，也可用于非旋转弹的引信。这种机构也要求引信有较大的径向尺寸，但可不考虑偏心距，因而径向尺寸较离心滑块的小些。如果用在旋转弹上，则要保证在任何位置时弹簧预压抗力都能克服离心力的作用，弹簧多用圆柱簧（见图 5-2）。为了减小径向尺寸，也有用锥形簧（见图 5-3）和鼓形簧（见图 5-4）的，个别也有用扭力簧的，如美国 BLU-3/B 菠萝弹引信（见图 5-5）。有的滑块则由离心力和弹簧共同驱动（见图 5-6）。

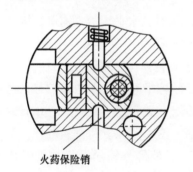

图 5-1　离心滑块

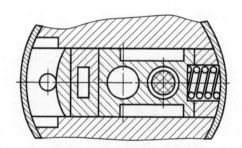

图 5-2　用圆柱簧驱动的滑块

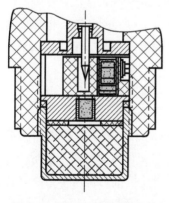

图 5-3　用锥形簧驱动的滑块

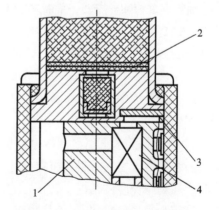

图 5-4　用鼓形簧驱动的滑块

1—滑块；2—纸垫；3—隔爆板；4—雷管

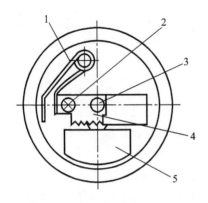 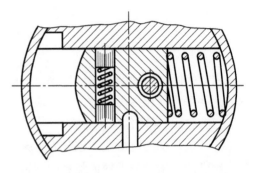

图 5-5　用扭力簧驱动的滑块　　　　　　图 5-6　由离心力和弹簧共同驱动的滑块

1—扭力簧；2—雷管；3—空孔；4—滑块；5—钟表机构

5.3　水平转子式隔爆机构

水平转子式隔爆机构隔爆件为可回转转子，转轴与弹轴平行，解除保险时转子在垂直于弹轴的平面内旋转，实现隔爆与解除隔爆的状态转变。

当用于旋转弹或利用风翼等机构获得旋转运动的机构时，水平转子式隔爆机构可利用离心力矩作为运动的原动力。当用于非旋转弹时，则必须利用扭力簧、发条（盘簧）或其他弹簧作为机构运动的原动力。弹簧力也可以用于旋转弹作为原动力。

单靠离心力矩转正的水平转子如图 5-7 所示，其回转体平时被离心销和带有火药保险的定位杆锁住。图 5-8 所示是美军通用的 M20A1 传爆装置，用于 76～105 mm 的榴弹引信。它的水平转子平时被一个带弹簧的离心销锁住，离心销又被带弹簧的惯性销锁住，这就保证了回转体平时处于安全位置。图 5-9 所示是另一种隔爆机构，通用于 T36E6、T76E9、T80E8、T227 等无线电引信中。在其压铸的回转座上、下端有两个回转体，分别装有雷管和导爆药。平时转子靠两个装有扭力簧的离心板固定在隔离位置。

榴-4、榴-5 引信的水平转子是靠发条驱动的如图 5-10 所示。它有单独的惯性保险机构，转子的转轴位于引信轴线上。水平转子用扭力簧驱动的例子有苏联 4MP 式引信（图 5-11），用圆柱簧驱动的例子如旧式日本引信。

在非旋转弹引信中，绝大多数水平转子都是靠扭力簧驱动，如 MK-147 引信（图 5-12）、苏 MPB 引信（"冰雹"）。

图 5-13 所示是某水下引信带接电机构的扭力簧驱动水平转子隔爆机构。平时，接电柱下端与水平转子上面接触，将接电片顶起，使火工元件（电雷管）形成闭合回路；当水平转子在解除保险的情况下转正，此时接电柱在圆柱簧推力作用下下移（转子对正位置有一容销孔），接电柱与接电片脱离，使火工元件（电雷管）的闭合回路打开，进入工作回路，完成了电路开关的转换。

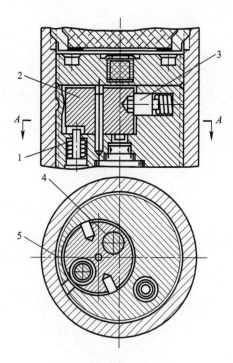

图 5-7　离心水平转子

1—定位杆；2—回转体；3—离心销；
4—加重子；5—雷管

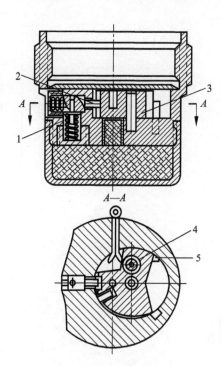

图 5-8　M20A1 传爆装置

1—惯性销；2—离心销；3—回转体；
4—雷管；5—定位销

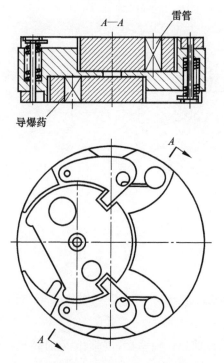

图 5-9　T36E6 的隔爆机构

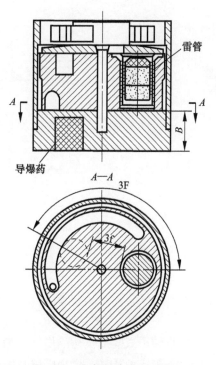

图 5-10　发条驱动的水平转子

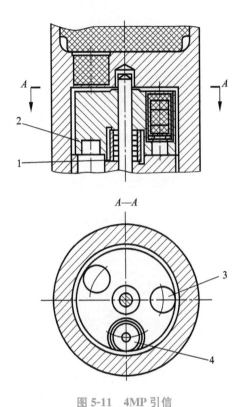

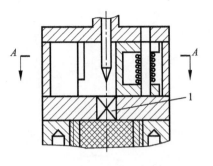

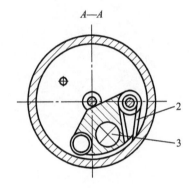

图 5-11 4MP 引信

1—扭力簧；2—回转体；3—雷管；4—保险机构

图 5-12 扭力簧驱动的水平转子

1—导爆药；2—扭力簧；3—雷管

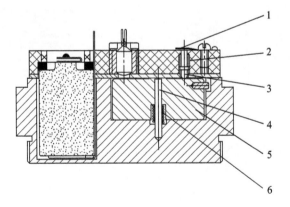

图 5-13 某水下引信带接电机构的扭力簧驱动水平转子隔爆机构

1—接电片；2—圆柱簧；3—接电柱；4—转子轴；5—水平转子；6—扭簧

5.4 垂直转子式隔爆机构

垂直转子式隔爆机构隔爆件也为可旋转件，转轴与弹轴垂直，解除保险时转子在弹轴所在某平面内旋转，实现隔爆与解除隔爆的状态转变。

垂直转子式隔爆机构也有靠离心力矩驱动和靠弹簧力矩驱动的两种基本类型。前者只用于旋转弹引信,后者常用于非旋转弹引信。

靠离心力矩驱动的转子。有的设有转轴,如图 5-14~图 5-16 所示;有的圆盘或圆柱形转子则不设转轴,而是靠引信结构限制,只能在垂直面内转动,如图 5-17~图 5-19 所示。

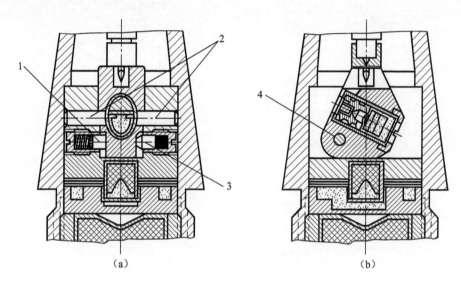

图 5-14　离心力驱动的垂直转子隔爆机构 1

1—离心销;2—转子轴;3—火药保险销;4—固定销

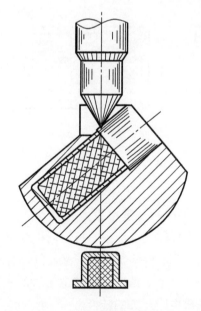

图 5-15　离心力驱动的垂直转子隔爆机构 2

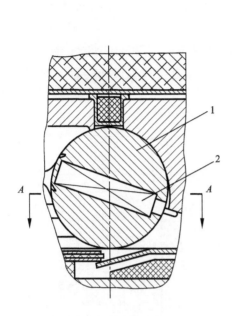
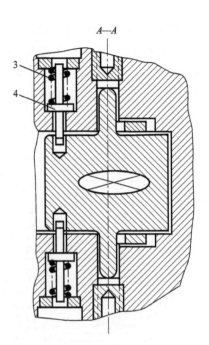

图 5-16　带转轴转子的隔爆机构

1—回转体；2—雷管；3—离心子簧；4—离心子

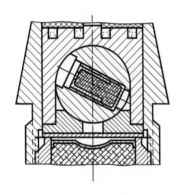
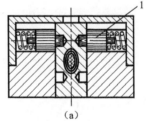

图 5-17　无转轴垂直转盘隔爆机构 1

图 5-18　无转轴垂直转盘隔爆机构 2

1—离心子；2—加重子；3—回转体；4—雷管

　　靠弹簧力矩驱动的转子，目前全是用扭力簧驱动，如图 5-20 和图 5-21 所示。通常，扭力簧一端钩在固定于引信体的夹板上，另一端钩在转子轴的横向槽内。

　　转子可用惯性保险机构或离心保险机构保险来控制，有的还要用火药、钟表式或电作动器等远解机构来控制。在机电引信中，可将电雷管的短路和接电机构装在转子上，在转子解除隔离的同时，完成电路开关的转换。

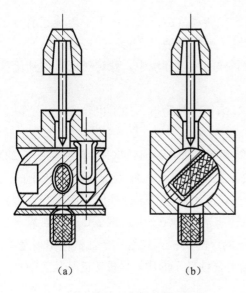
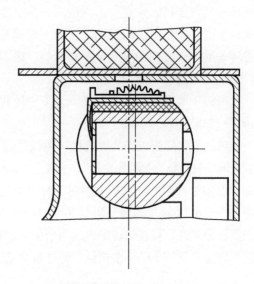

（a）　　　　　　（b）

图 5-19　无转轴垂直转盘隔爆机构 3　　　　图 5-20　弹簧力矩驱动的转子隔爆机构

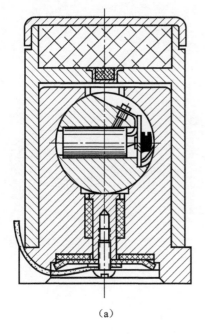
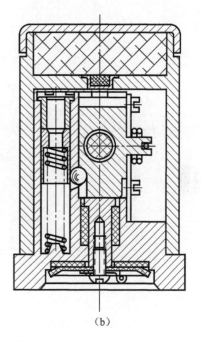

（a）　　　　　　　　　　　　（b）

图 5-21　扭簧驱动的垂直转子隔爆机构

5.5　球转子式隔爆机构

球转子式隔爆机构的隔爆件外形为球形，依靠球形转子的旋转实现隔爆到解除隔爆状态的转变。球转子式隔爆机构用于旋转弹上，靠离心力形成的回转力矩来驱动。与盘状转子的区别是，它在引信内做三个自由度的定点转动。由于所受的不平衡转矩消耗在球转子的三个自由度的运动上，而不是像盘状转子那样仅消耗在转子的定轴转动上，并且转子的三个方向的运动又互相影响，因而在同样的弹道环境中，球转子可以得到比盘状转子较长的转动时间。

球转子隔爆机构的另一优点是所占体积小、结构较为简单、加工也较方便，所以多用于小口径旋转弹引信上。

球转子式隔爆机构的保险机构可以采用保险弹簧，如 No. 944MK1 引信（见图 5-22）和 M505A3 引信（见图 5-23）。前者的保险簧套在转子座上，伸出端压在球转子的上端，以限球转子的运动；发射时，弹簧靠自身的离心力和球转子的推出力而张开。后者用一个 C 形弹簧将球转子限制在隔离位置；在转速达 70 000 r/min 时，C 形弹簧靠自身的离心力张开，释放球转子。这两个引信的转子的保险机构都只是一个弹簧，相当简单，而且容易保证转子的一个惯性主轴与雷管轴重合并能使转子的质心尽量接近其几何中心。

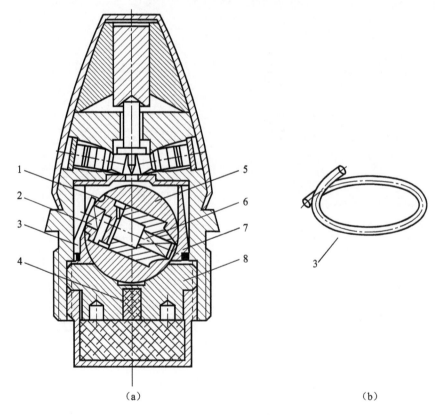

(a)   (b)

图 5-22   No. 944 MK1 引信

1—延期体；2—火帽；3—保险弹簧；4—导爆药；5—球转子；
6—雷管；7—转子座；8—隔板

球转子的保险机构也可以采用离心子。如图 5-24 所示，球转子平时被四个离心子限制在隔离位置，离心子平时由环形保险簧所限制。这种类型的保险机构曾试用于 100 mm

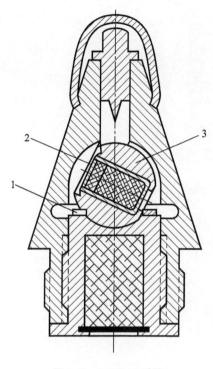

图 5-23　M505A3 引信

1—C 形弹簧；2—雷管；3—转子

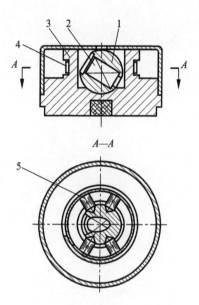

A—A

图 5-24　用离心子保险的球转子

1—球转子；2—雷管；3—转子座；
4—环形簧；5—离心子

高炮钟表引信上，可得到 8m 左右的炮口保险距离。

触发机构的击针也可以作为球转子的保险，如瑞士 35 mm 高炮用 KZVD 引信如图 5-25 所示。它的击针伸入转子的切缝内，依靠击发弹簧的压力限制转子的运动。发射时，由于空气的摩擦作用，引信顶部温度升高。弹丸速度达到 1 020 m/s 时，顶部温度可达 520℃，而将易熔金属熔化。同时，装在击发体上的钢珠在离心力作用下克服击发弹簧的抗力，沿击针导筒上的斜面径向向上运动，从而将击发体抬起。这时，球转子即开始运动。该引信主要由易熔金属保险器获得炮口保险时间，而不是球转子本身的运动。

球转子在三个方向转动，有三个惯性主轴，其动平衡位置（即雷管转正位置）是转动惯量最大的那个惯性主轴与弹轴重合或接近重合的位置。

当球转子的球心（几何中心）与其重心重合且在弹轴上，且不考虑各种摩擦的影响时，转子的动平衡位置就是最大惯性主轴与弹轴重合的位置。但由于设计和制造等各方面原因，球转子的球心和质心不可能完全重合，也不可能在弹轴上，而且在球转子运动过程中必然产生各种摩擦力，因此，球转子在动平衡位置时，最大惯性主轴不可能与弹轴完全重合，总会有一个夹角。在设计中，首先应当使雷管轴与最大惯性主轴重合，并采取各种措施尽量减小这个夹角。当转子的球心与质心不重合且都不在弹轴上时，其运动过程比较复杂。

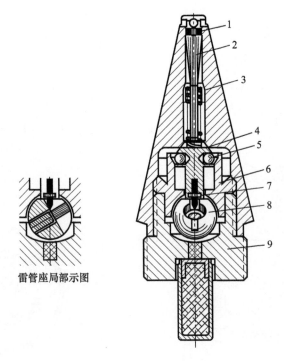

图 5-25 KZVD 引信

1—易熔金属；2—击针杆；3—击发弹簧；4—击发体；5—钢珠；
6—击针导筒；7—击针尖；8—雷管座；9—下体

5.6 空间隔爆机构

空间隔爆机构是一种靠弹簧驱动而垂直移动的隔爆机构，与前述各种隔爆机构的主要区别是：它利用雷管的径向起爆能力来起爆传爆药或导爆药，而前述的各种隔爆机构则是利用雷管的轴向起爆能力来起爆导爆药或传爆药的。

由于它是利用雷管的径向起爆能力，所以从可靠隔爆出发，必须使雷管平时与传爆药或导爆药在轴线上错开。这种隔爆机构常需要较大的轴向尺寸，但径向尺寸可比前述的隔爆机构小。

采用空间隔爆机构的引信有两种形式。一种是雷管做轴向运动，如图 5-26 所示和图 5-27 所示。平时，雷管位于空腔内；解除隔爆时，雷管移动到环状传爆药的中间。为了保证可靠隔爆，在安全位置时，雷管周围应有一定的空间，以使雷管早炸产生的爆轰波能足够地衰减，同时，雷管应尽可能远离传爆药。破甲弹弹底引信采用此种机构时，由于传爆药是环状的，因而使主装药环形起爆，这对提高破甲效果有利。

另一种空间隔爆机构是装导爆药的导爆杆做轴向运动，如图 5-28 和图 5-29 所示。由于环状碰炸雷管有一定的聚能作用，仅增加雷管相对于导爆药的轴向距离往往并不能

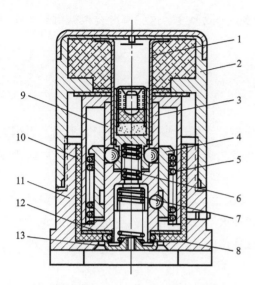

图 5-26　雷管做轴向运动空间隔爆机构

1—导向套筒；2—本体；3—导向座；4—滑筒；5—滑
筒簧；6—雷管簧；7—惯性筒；8—保险簧；9—支承
套；10—塑料套；11—底螺；12—卡簧；13—簧座

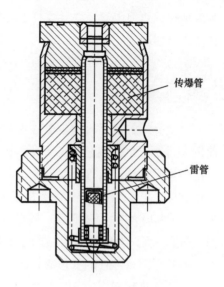

图 5-27　П3-42 引信底部

传爆管

雷管

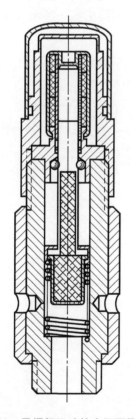

图 5-28　导爆杆运动的空间隔爆机构

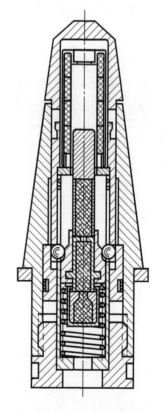

图 5-29　84 mm 破甲弹引信

有效地保证可靠隔离，在导爆杆上必须有足够的金属厚度，这一厚度要根据雷管的作用特性由试验决定。

5.7 火帽隔爆机构

以上介绍的隔爆机构应该称为雷管隔爆机构。火帽的输出特性与雷管不同，火帽提前发火时所产生的高温、高压气体和热粒子主要为爆燃能量，在弹丸飞出炮口后，仍有可能引燃延期药或雷管，而导致弹丸早炸。

这样，隔离火帽的机构除要保证火帽在隔离位置，还要满足对爆燃能量安全隔断的要求。为了实现火帽的可靠隔离，隔爆机构还应该使火帽在隔离位置提前发火时产生的火焰能量不向下一级火工元件传递，或明显衰减，即堵住传火道。通常采取的方法有下述三种：

（1）靠闭塞零件的变形起密闭作用。

滑块式火帽隔爆机构，如图 5-30 所示。平时滑块被两个离心子限制于隔离位置，将传火通道堵塞。滑块重心偏于引信轴的一侧，靠火箭弹旋转产生的离心力解除保险。滑块为铝制，上部厚 $1.5 \sim 0.2$ mm。如果在隔离位置火帽提前作用，滑块上端在火药气体压力作用下产生变形紧压在定位管上，保证了密闭性。

这种机构的解除隔离的时间主要由两个离心子的飞开时间决定。滑块本身的运动时间极短。

闭塞圈式火帽隔爆机构，如图 5-31 所示。紫铜制的闭塞圈套在活击体下部的凸尾

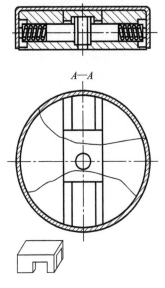

图 5-30 滑块式火帽隔爆机构

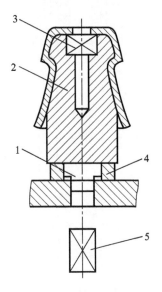

图 5-31 闭塞圈式火帽隔爆机构

1—活机体凸尾；2—活击体；3—火帽；4—闭塞圈；5—雷管

上。发射时，活击体因惯性力紧压在闭塞圈上。闭塞圈受有 0.54～1.28 kN 的冲击力，使闭塞圈变形紧压在引信体上，保证了密闭性。如果发射时火帽提前作用，闭塞圈所受的应力更大。闭塞圈在发射时的密闭性能是可靠的。这种机构的优点是只增加一个闭塞圈就实现了膛内隔离。这种机构在后效期解除隔离，时间取决于活击体开始运动的时间。

（2）依靠零件间的紧密接触起密闭作用。离心板式火帽隔爆机构，如图 5-32 所示。此机构见于旧式日本引信（如九六式和九八式），这种靠平面接触的机构密封作用不够确实。

（3）采用回转火帽座。9M22M（冰雹）火箭弹用的 MPB 引信回转火帽座，如图 5-33 所示。火帽装在火帽座上，平时与传火孔错开。传火孔有一个堵塞盂，万一火帽发火，火帽气体压力不能压破塞盂。解除保险后，火帽对准传火孔，火帽发火时，产生的气体冲破堵塞盂，将火焰能量向下一级传递。该机构较以上所述机构简单可靠。

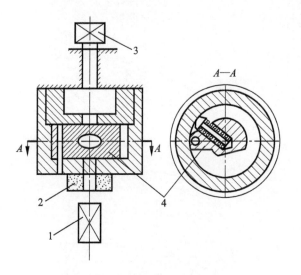

图 5-32　离心板式火帽隔爆机构
1—雷管；2—加强药；3—火帽；4—离心板

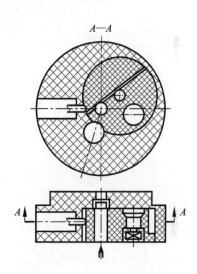

图 5-33　回转火帽座隔爆机构

5.8　可恢复隔爆机构

一般的隔爆机构都是只具有单向转换功能，控制引信爆炸序列由隔爆状态进入解除隔爆的对正状态。为提高弹药安全性，同时减少战后未爆弹药的危害，隔爆结构可以设计成具有双向转换功能，即解除隔爆后又可以恢复隔爆的隔爆机构。

现代战争的发展，要求减少人员伤亡甚至实现零伤亡。从某种意义上讲，引信的安全系统就不应仅局限于避免发射周期内完成延期解除保险之前对己方人员及器材的伤害，而要确保引信以及弹药在全寿命周期内对所有非目标对象的安全性。因此，从弹药全寿命安全角度出发，需要研究在攻击出现异常的情况下使引信能够由待发状态恢复至安全状态的实现方法，并且称这种具有状态逆向控制的功能为安全状态可恢复功能。利用步进电动机驱动滑块的往复运动，可实现隔爆机构正向与逆向运动，从而使引信实现解除保险，并具有由待发状态恢复至安全状态的功能。基于滑块继续运动的安全状态可恢复隔爆机构也是实现恢复安全状态的一种途径。

图 5-34 所示给出了一种以被击针和电磁锁销锁住的滑块隔爆机构为例的可恢复隔爆机构，该引信隔爆机构如图 5-34（a）所示，隔爆机构的滑块由击针和侧面的电磁锁销的保险销两个保险件约束，此时引信处于保险状态。

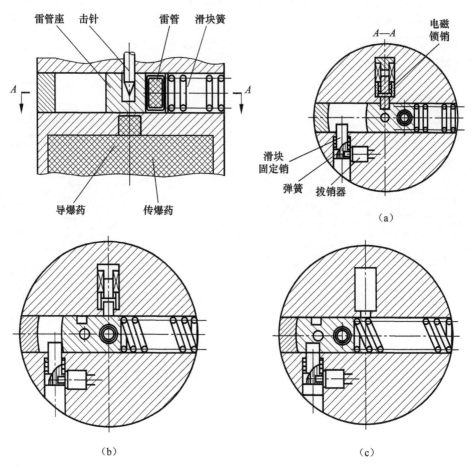

图 5-34　基于滑块继续运动的可恢复隔爆机构
（a）安全状态；（b）解除保险状态；（c）安全状态恢复状态

发射后，击针抬起，电磁锁销在指令控制作用下回缩，从而释放雷管座。雷管座在滑块簧作用下左移，抵在滑块固定销的端部。此时，导爆药上与雷管对正、下与传爆药对正，爆炸序列处于对正状态，引信处于待发状态，引信状态如图 5-34（b）所示。

　　当弹药攻击出现异常时，引信信号接收处理模块解译出安全状态恢复指令，在指令控制作用下引燃拔销器，拔销器回缩从而释放滑块固定销，滑块固定销在弹簧作用下下移，释放雷管座。雷管座在滑块簧作用下再次左移，抵到引信体上。此时，雷管与导爆药错位，爆炸序列处于隔爆状态，引信处于安全状态。引信状态如图 5-34（c）所示。

第6章　引信保险机构

6.1　引　言

保险机构是引信的重要组成部分，保障引信的发火机构、隔爆机构和内含能源平时处于保险状态，发射（投掷、布置）后在弹道的某点上，由保险状态向待发状态过渡并最终进入待发状态，即解除保险。保险机构的基本功能是防止引信意外解除保险或作用，并在预定条件下解除保险。根据引信中保险机构的保险以及解除保险的原理不同，保险机构可以分为机械式保险机构和机电式保险机构以及电保险机构。其中，以机械式保险为主，机械式保险机构又包括惯性保险机构、钟表保险机构、气体动力保险机构、火药保险机构等。

本章主要介绍机械式保险机构。机械式保险机构应用的原理较多，其结构差异也很大，对于各种不同的保险机构，均有不同的性能要求。通常，引信保险机构应满足以下基本要求：

（1）保险机构设计必须作用可靠。当引信处于保险状态时，其保险件必须将爆炸序列中的隔爆件或能量隔断件机械地锁定在保险位置；当引信满足预定解除保险条件时，保险件必须可靠地将被保险件或被保险机构释放，确保引信能进入待发状态。

（2）保险机构通常是同引信一起经受各种环境与性能试验，应根据战术技术指标选用 GJB 573A—1998《引信环境与性能试验方法》和有关试验。

（3）GJB 373A—1997《引信安全性设计准则》中要求引信必须具有冗余保险。引信中必须具有两套以上保险机构，且该两套保险机构的启动要来自引信使用过程中出现的不同的环境激励。

（4）当引信隔爆机构不具有延期功能时，一般要求至少一个保险机构具有延期解除保险特性，以确保引信及弹药的安全距离。

（5）电引信和电子引信还应满足 GJB 1244—1991《电引信和电子引信安全设计准则》的要求。

本章按照作用原理分别对引信的几种主要保险机构进行介绍。

6.2　后坐保险机构

6.2.1　构成与作用原理简介

后坐保险机构是惯性保险机构的一种。惯性保险机构靠引信零件受到的惯性力解除保险，在引信中，特别是炮弹引信中，应用相当广泛。惯性保险机构根据利用的惯性力不同，分为后坐保险机构、离心保险机构以及后坐-离心保险机构和其他惯性保险机构。本节主要介绍后坐保险机构。根据零件的运动方式，后坐保险机构分为直线运动式和非直线运动式两种。前者又有单/双行程的，后者有惯性制动式的或卡板式的等。

后坐保险机构的解除保险动作，与发射系统的后坐惯性过载-时间（a-t）曲线直接相关。对于加农炮和榴弹炮来说，后坐过载系数 K_1 值很大，引信可以采用直线运动式后坐保险机构。对于低膛压火炮（迫击炮、无坐力火炮）及火箭弹来说，后坐过载系数较小，最小者为几十，而引信在勤务处理过程中可能产生的冲击过载值较上值大得多。这时，使用直线运动式后坐保险机构，难以满足安全与可靠解除保险的要求。但低膛压火炮弹丸与火箭弹发射时，后坐力持续时间较长。这类弹丸宜采用非直线运动式后坐保险机构。此类机构在后坐力较大但持续时间较短的情况下不解除保险，而在后坐力虽然不大但持续时间较长的情况下解除保险。

6.2.2 直线运动式后坐保险机构

直线运动式后坐保险机构分单行程的和双行程的两种类型。单行程后坐保险机构在惯性零件（如惯性筒等）从装配位置下降到一定距离时就解除保险，即在膛内就解除保险，所以一般只用作引信的辅助保险机构，主要起平时保险作用。这种机构比较简单，一般由惯性筒、惯性筒簧、钢珠等零件组成（见图 6-1 (a) ～ (c)），也可由裂环等刚性零件组成（见图 6-1 (d)）。

图 6-1 (a) 为惯性触发机构的保险机构。惯性筒在后坐力作用下，下沉后释放钢珠，使击针座解除第一道保险。这时，击针座在扭力簧（图中未示）作用下旋转一个角度，使其上的凸台与保险半环错开，于是击针座解除第二道保险。到此，发火机构处于待发位置。图 6-1 (b) (c) 分别为回转体（转子）和滑块的保险机构。当惯性筒下沉并释放钢珠后，转子与滑块才可能向解除隔离位置运动。图 6-1 (d) 也是惯性触发机构的保险机构。裂环在后坐力作用下下沉后释放惯性火帽座解除保险。在飞行过程中，火帽座由中间保险弹簧限制其运动。

双行程保险机构（见图 6-2）与单行程的区别是：惯性零件（如惯性筒、惯性杆等）需经过下沉和上升的往返运动后机构才解除保险。所以解除保险所经历的时间较长，一般在出炮口后解除保险，因而能保证膛内安全。这种机构广泛应用于高加速度弹药引信。图 6-2 (a) 为某引信的发火机构的保险机构，图 6-2 (b) (c) 分别为隔爆机构的保险机构。

6.2.3 惯性制动式保险机构

由于后坐过载系数 K_1 值较小的火箭弹（K_1 值一般为 20～200）、无坐力炮弹和某

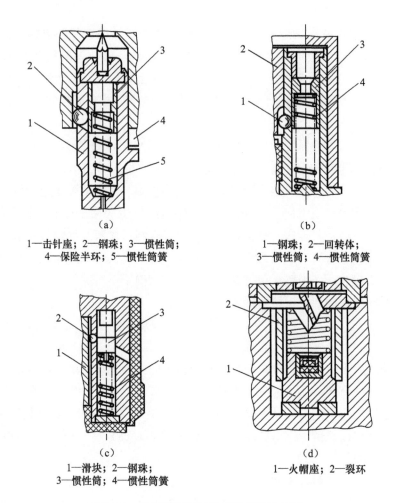

（a）

1—击针座；2—钢珠；3—惯性筒；
4—保险半环；5—惯性筒簧

（b）

1—钢珠；2—回转体；
3—惯性筒；4—惯性筒簧

（c）

1—滑块；2—钢珠；
3—惯性筒；4—惯性筒簧

（d）

1—火帽座；2—裂环

图 6-1　单行程直线运动式后坐保险机构

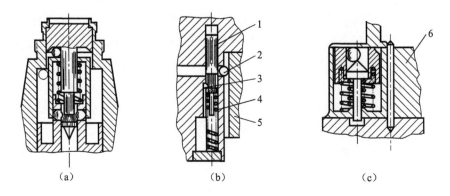

（a）　　　　　　　　（b）　　　　　　　　（c）

图 6-2　双行程直线运动式后坐保险机构

1—惯性杆；2—上钢珠；3—下钢珠；4—惯性杆簧；5—滑块；6—转子

些迫击炮弹的引信在发射时所受的后坐力接近甚至小于落下时所受的惯性力，所以采用直线运动式后坐保险机构很难解决安全和可靠解除保险之间的矛盾。但是这些弹丸在发射时产生的后坐力作用时间较长，而落下（对钢板一类硬物目标）时的惯性力作用时间短。惯性制动式保险机构就是利用这种差别为解决安全和可靠解除保险的矛盾而设计的。

惯性制动式保险机构（见图 6-3）与带惯性筒的直线运动式保险机构在结构上有些相似，其差别是，前者的惯性筒壁上开有曲折的或螺旋的通槽，筒内的导向座上固定有导向销，导向销的自由端伸入到通槽中。在运动形式上二者的差别是，制动式的惯性筒不仅做上下的直线运动，而且也做相对转动。惯性筒做上下运动时，由于导向销和槽壁

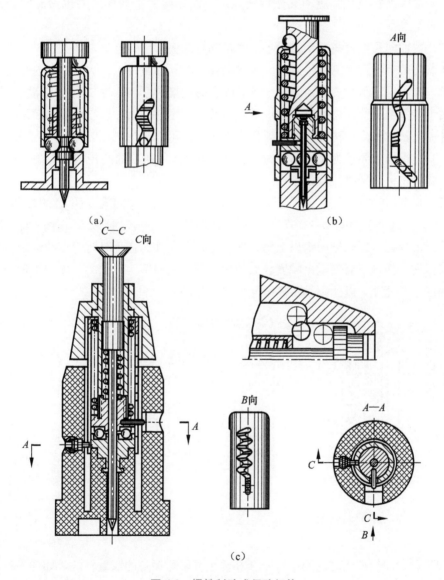

图 6-3　惯性制动式保险机构

之间的碰击和摩擦，以及惯性筒或导向座或二者同时做相对转动而获得的能量，使惯性筒下降或上升的速度减缓，从而延长了惯性筒到达解除保险位置的时间。落下时，惯性力的作用时间短，在惯性筒没有运动到解除保险位置时就消失了，惯性筒在惯性筒簧的推力作用下恢复到原来的位置，这就保证了平时的安全。发射时后坐力的作用时间较长，惯性筒可以到达解除保险位置，从而保证可靠解除保险。

惯性制动式保险机构按槽的结构分为螺旋槽式和曲折槽式（也叫蛇形槽式）两种。后者用得比较广泛，本节只讨论后者。这类机构按运动方式分为以下三种：

（1）惯性筒既做直线运动又做旋转运动，而导向销不动，如图 6-3（a）所示。

（2）惯性筒既做直线运动又做旋转运动，而导向销带动导向座也做旋转运动，如图 6-3（b）所示。

（3）惯性筒只做直线运动，而导向销带动导向座做旋转运动，如图 6-3（c）所示。

从制动效果看：第三种最好，因为导向座的转动惯量可做得大一些。这样，用较弱的弹簧，即可保证平时安全，适用于 K_1 很小的火箭弹引信；第二种的制动效果最差，因为两个零件都转动，总换算转动惯量还不及一个零件的大，所以最容易解除保险。

从曲折槽式保险机构完成的主要任务来看，又可以分为以下三种：

（1）曲折槽主要是为了提高平时安全性，如图 6-4 所示的曲折槽式保险机构，主要是用作弹簧击针的平时保险。

（2）曲折槽主要是达到远距离解除保险的目的，如 ΓK-2 引信的曲折槽机构（见图 6-5）。这个引信配用在 107 mm 无坐力炮弹上。因 K_1 值较大，平时安全性无需用曲折槽来保证，所以导向销以上为直槽。这样，惯性筒在下降时为直线运动。与直线式保险机构一样，平时安全由刚度较大的惯性筒簧来保证。下面的三段曲折槽用来限制惯性筒的上升速度，以达到远距离解除保险的目的。

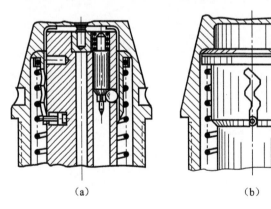

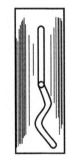

（a）　　　　　　　　　　（b）

图 6-4　用作弹簧击针保险的曲折槽式保险机构　　　　　图 6-5　ΓK-2 引信
的曲折槽机构

（3）利用曲折槽同时达到平时安全和远距离解除保险的双重目的，如图 6-3（a）所示的曲折槽机构。这种结构，由于销子平时处于槽的最下端，惯性筒下降和上升过程中三段曲折槽均参加工作。槽只有三段且短，所以解除保险的时间不长。增加槽的段数，虽然能增加解除保险的时间，但又会带来解除保险不可靠的问题。

为了解决上述矛盾，可采用导向销位于导向槽中间的曲折槽机构，如图 6-6 所示，导向销平时所处的位置越靠上，越容易解除保险。而解除保险的时间则是由整个曲折槽来保证的。这样，解除保险的时间可稍长些，能初步满足无后坐力炮破甲弹的远解要求。

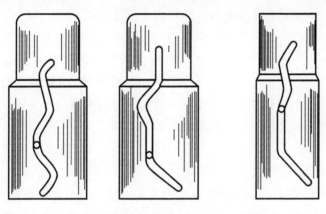

图 6-6　导向销位于导向槽中间的曲折槽机构

解决上述矛盾的另一个方法是在惯性筒两边开槽，如图 6-7 所示。两边的槽一大一小，互相错开，仅在最上端才沿直径对正。三段大槽保证平时安全，五段小槽保证远距离解除保险。导向销为一弹簧销子，平时导向销大端伸出，插入惯性筒大槽中。发射时惯性筒下沉到位时，销子的小端和小槽上端对正，导向销在其弹簧的推力下使小端插入小槽内，大端从大槽中拔出。当惯性力减小到一定程度时，惯性筒上升，这时小槽起作用。

6.2.4　后坐保险机构的特点

后坐保险机构是利用发射时的后坐力解除保险的，直接利用发射环境的后坐信息启动和后坐能量驱动解除保险。后坐保险机构技术成熟，可靠性高，已广泛应用在各类引信中，特别是炮弹引信中。目前，炮弹引信设计中后坐保险机构仍是首选保险机构。对后坐过载系数较大（$K_1 > 500$）的加农炮弹和榴弹炮弹引信，应优先采用直线运动式保险机构；对后坐过载系数较小（$K_1 < 500$）的迫击炮弹、火箭弹和无后坐力炮弹引信，可采用曲折槽保险机构、

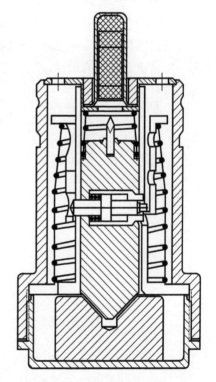

图 6-7　带双曲折槽机构德克-2 引信

双自由度保险机构或互锁卡板保险机构。

6.2.5 后坐保险机构的发展

后坐保险机构在引信中作为一种主要的保险机构，对于保障引信的平时安全性起到

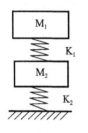

图 6-8　双自由度
后坐机构原理

很重要的作用。随着现代引信技术的发展，后坐保险机构也向着模块化、小型化以及通用化方向发展。

在低后坐过载弹药中，我国某引信采用了自成模块的双自由度后坐保险机构。该双自由度后坐保险机构主要由故障卡、上后退筒、上后退筒簧、连接杆、下后退筒、下后退筒簧以及堵螺构成，自成合件。双自由度后坐机构原理如图 6-8 所示。其中 M_1 为起保险作用的保险销。在短时冲击下，M_1 的位移较小，实现平时安全性；发射时持续存在的后坐力确保 M_1 移动解除保险位置，释放引信转子，解除后坐保险。

美国理想班组支援武器（OCSW）保险机构，其中后坐保险机构为减小空间体积，结构比传统的后坐保险机构有了变化，主要区别是后坐簧采用片状弹簧，大大减小了所占高度空间，如图 6-9 所示。

美国 M787 迫弹引信带曲折槽的后保险销保险机构在后坐销上开了曲折槽而不是一般开在惯性筒上，在后坐销侧面有与引信固连的导向销，如图 6-10 所示。这样，在有限空间内解决了低后坐过载弹药的后坐保险的安全性与可靠解除保险的矛盾。另外，有的引信后坐保险机构设计很弱，但又可恢复以保证平时安全，发射时由离心力控制反恢复实现可靠解除保险。

图 6-9　OCSW 保险机构

1—后坐销；2—后坐弹簧

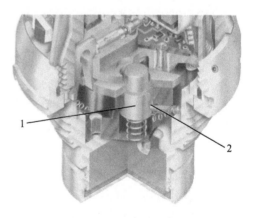

图 6-10　M787 迫弹引信带曲折槽的
后坐保险销保险机构

1—后坐销；2—曲折槽

6.3　离心保险机构

离心保险机构是利用弹丸高速旋转产生的离心力解除保险的保险机构，也是一种常用的惯性保险机构。由于勤务处理中弹丸可能得到的转速远低于发射时的转速，所以离心保险机构的安全性优越于后坐保险机构。离心保险机构分为离心子保险机构、离心板保险机构、离心爪保险机构和软带保险机构。

6.3.1　离心子保险机构

最常用的离心保险机构是螺旋簧保险的平移离心子保险机构，图 6-11 所示是这种保险机构的两个例子。图 6-11（a）所示的离心子用来保险惯性发火机构中的惯性击针。离心子平时靠弹簧固定在保险位置。发射中当弹丸转速达到一定值时，离心子在离心力作用下克服弹簧抗力，向外飞开。当离心子运动一定距离（解除保险距离）后，释放惯性击针，使机构解除保险。

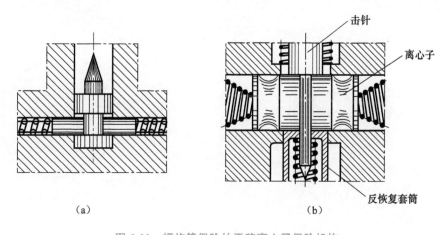

击针

离心子

反恢复套筒

（a）　　　　　　　　　　（b）

图 6-11　螺旋簧保险的平移离心子保险机构

为减少径向空间，螺旋簧可做成锥形，如图 6-11（b）所示。为了防止随弹丸转速衰减或碰目标时离心子复位影响发火可靠性，可设计离心保险机构的反恢复装置，如图 6-11（b）中的反恢复套筒。

在小口径弹药引信中，由于径向尺寸比较小，可用环状簧替代螺旋簧作为保险机构的抗力元件设计离心保险机构。图 6-12 所示是这种保险机构的例子。图 6-12（a）是用两个离心子将击针固定在保险位置，而离心子靠环状簧箍住。发射后，弹丸转速达到一定值时，离心子飞开释放击针，同时让开钢珠上移通道。待弹丸飞至后效期以后，钢珠在爬行力的作用下上移至图中虚线所示位置，击针则在钢珠和击针座系统离心力的合力作用下向右移动，使击针进入待发位置。图 6-12（b）是用四个离心子将球形雷管座固定在隔离位置。离心子飞开后，靠球形雷管座的转正过程来延迟解除保险时间，以保证发射时的安全性。

环状簧多用磷青铜制造，也有用黄铜或钢制造的。其断面为矩形。一般不超过两圈。图 6-12 （c）是环状簧的自由状态。

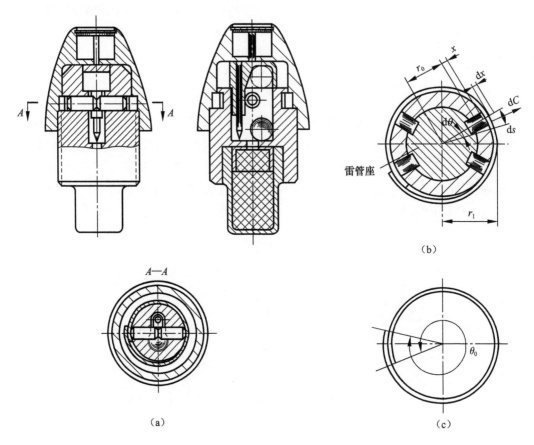

雷管座

（b）

A—A

（a）

（c）

图 6-12 环状簧保险的平移离心子保险机构

环状簧保险的平移离心子保险机构可靠解除保险的条件是：当离心子运动到释放解除被保险零件的位置时，环状簧所储存的势能和离心子环状簧系统所获得的动能之和应小于或至多等于运动过程中系统所受诸力所做的功。若忽略离心子环状簧系统的动能，即假定离心子运动到释放被保险零件位置时，离心子和环状簧正好不再运动。这样求得解除保险时所需得转速比机构实际解除所需的转速要小。

6.3.2 离心板保险机构

离心板保险机构利用一组离心板作为保险件，主要用于对发火机构的保险。图 6-13 所示是这种机构的一个例子。它用于双动触发机构中，同时保险瞬发击针和活动火帽座。离心板是靠环状簧箍住的。发射后在离心力作用下，离心板克服环状簧抗力后绕各自转轴产生旋转。为了保证发射时的安全性，要求机构在后效期以后才解除保险。离心板保险机构延期解除保险的实现主要是依靠离心板之间互锁，只能依次飞开来实现的，其中第一块离心板平时还受后坐销的约束。

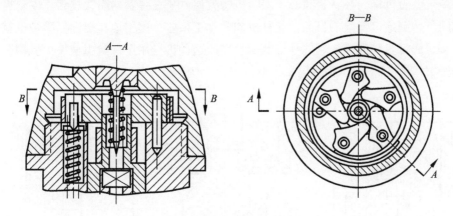

图 6-13　离心板保险机构

6.3.3　离心爪保险机构

离心爪保险机构主要用于对转子的约束，利用扭簧驱动或离心力驱动的水平回转转子在离心爪的约束下不能回转，保障引信的安全。当离心力出现后，离心爪克服自身扭簧的抗力旋转，释放转子，转子在相应驱动力矩作用下回转，解除引信的隔爆。

离心爪一般也是成对出现的。图 6-14 所示为中大口径引信保险机构，其离心保险为一对扭簧约束的离心爪，其回转体转动受离心爪约束，并且回转过程受无返回力矩钟表机构控制。

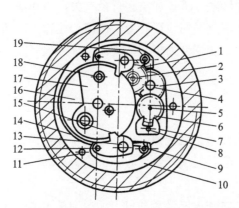

图 6-14　水平布置的无返回力矩钟表机构控制的保险机构

1—第一过渡轮片；2—第一过渡轮轴；3—第二过渡轮片；4—第二过渡轮轴；5—擒纵轮轴；6—擒纵轮片；
7—摆；8—摆轴；9—扭簧轴；10—回转体座；11—螺钉；12—小轴；13—定位销；14—右旋扭力簧；
15—离心爪；16—回转体；17—中心轮片；18—铆钉；19—左旋扭力簧

6.3.4 软带保险机构

软带保险机构属于保险带机构的一种，保险带机构分为弹性保险带和塑性保险带。弹性保险带保险机构与环状簧离心子保险机构类似，只是弹簧的圈数较多，以延迟解除保险时间，达到炮口保险的目的。此种机构常见于某些德国引信。塑性保险带也就是软带，由软金属带盘绕而成，它的外形类似盘簧。这种机构用于保险引信发火机构、隔爆机构和开关。图 6-15 所示为保险发火机构的几个例子。

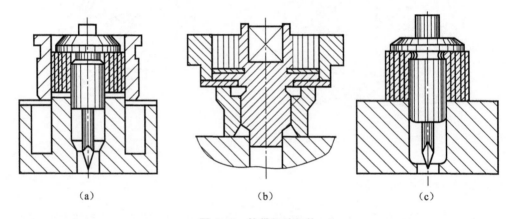

(a)　　　　　　　　　(b)　　　　　　　　　(c)

图 6-15　软带保险机构

软带保险带通常由紫铜、黄铜或铝制成，厚度为 0.14～0.18 mm，带长为 100～250 mm，为了保证平时安全，其外部可用惯性筒或环状簧箍住。发射时，惯性筒下沉或环状簧张开，出炮口后，在离心力作用下软带逐渐甩开，直到完全贴于外腔，释放被保险的零件。这种机构适用于高转速弹丸，这种弹丸的最低转速约为 1 200 r/min。软带提供的延迟时间与炮弹转速、带长和空腔直径有关，为几毫秒到 0.5 s。

软带的缠绕方向应考虑其受切线惯性力的作用，在膛内时切线惯性力矩有迫使软带绕紧的趋势，飞出炮口后切线惯性力矩又能有助于软带展开。

6.3.5 离心保险机构的特点

离心保险机构具有如下特点：

（1）离心保险机构主要用于旋转弹，也可用于非旋转弹。在后一种情况下，它的空气动力保险机构配合在一起，组成风翼离心子机构。总之，离心保险机构要求引信零件要有足够的离心力。

（2）离心惯性力在炮口和火箭弹主动段末才达到最大值，属于"发射周期内开始运动后"乃至"发射周期后"的环境力，是 GJB 373A—1997 提倡使用的。用于中大口径旋转火箭弹时离心保险结构具有远距离解除保险功能。

（3）离心保险机构的离心销通常成对、成组配置，提高了引信安全性，任何方向的震动、冲击都不致使其同时解除保险，而且外力小到一定值后可以复位。

6.4 后坐-离心保险机构

后坐-离心保险机构解除保险过程中利用后坐力与离心力同时作用的效果，可延迟保险件解除保险的时间，保障出炮口后才能解除保险。其主要形式有倾斜配置离心子、利用后坐惯性筒及离心子保险件共同作用等。

6.4.1 利用惯性筒的综合保险机构

图 6-16 所示的保险机构同时利用了后坐力和离心力的作用，所以它是一个后坐-离心保险机构。其由上卡管、下卡管、保险簧、离心销及活击体组成。在后坐力作用下，上卡管下沉，限制离心销不能飞开。后坐力减小到一定值后，上卡管上升，释放离心销。若在炮口处章动力较大时，下卡管上升，也限制离心销。章动力减小后，下卡管下沉，释放离心销。在离心力作用下，离心销飞开，机构解除保险。这里，上卡管和下卡管均为双行程的后坐保险机构。

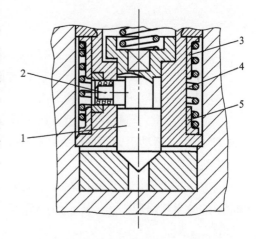

图 6-16 利用惯性筒的综合保险机构
1—活击体；2—离心销；3—上卡管；
4—保险簧；5—下卡管

6.4.2 倾斜配置离心子的保险机构

由于离心子倾斜布置，后坐力 F_s 的分力将阻滞离心子飞开，如图 6-17 所示，从而延迟解除保险时间。

根据离心子的受力分析，如图 6-18 所示，可列出其运动微分方程为

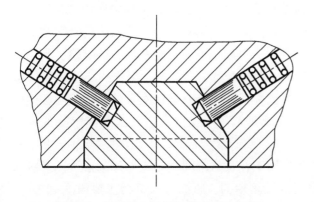

图 6-17 倾斜离心子后坐-离心保险机构

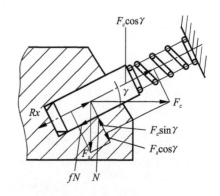

图 6-18 倾斜离心子受力分析

$$m_1 \frac{\mathrm{d}^2 x}{\mathrm{d}t^2} = F_c \cos\gamma - F_s \sin\gamma - fN - R'(\lambda_0 + x)$$

由于压力

$$N = F_c \sin\gamma + F_s \cos\gamma$$

所以

$$m_1 \frac{\mathrm{d}^2 x}{\mathrm{d}t^2} = F_c(\cos\gamma - f\sin\gamma) - F_s(\sin\gamma + f\cos\gamma) - R'(\lambda_0 + x) \qquad (6.1)$$

而当离心子水平放置时，有

$$m_1 \frac{\mathrm{d}^2 x}{\mathrm{d}t^2} = F_c - F_s f - R'(\lambda_0 + x)$$

式中　F_c——离心力；

$\quad\quad F_s$——后坐力；

$\quad\quad \gamma$——离心子倾角；

$\quad\quad R'$——弹簧刚度；

$\quad\quad m_1$——离心子弹簧系统的换算质量；

$\quad\quad \lambda_0$——离心子预压变形。

可见，离心子倾斜配置后，运动动力减小，且由于摩擦系数 f 一般较小，当后坐力 F_s 较大时运动阻力明显增大，确保了膛内离心子不能移动，确保膛内保险机构处于保险状态。

应该指出，这种只有用在 K_1 值较大的弹丸上时，才能收到明显的延迟离心子启动时间的效果。当用于 K_1 值小的弹丸时，延期效果不大，离心子仍有可能在膛内开始运动。

6.5　火药保险机构

火药保险机构是利用火药元件限制保险销运动的保险机构，主要由膛内点火机构、保险药管和保险销组成。平时被保险的零件如滑块、转子、击针等由保险销限制，保险销由保险药管中的保险药管限制不能运动。发射时膛内点火机构作用，保险药柱开始燃烧。当药柱燃烧完之后，保险销在弹簧抗力、离心力等作用下运动到保险药柱原来所占据的位置，从而释放被保险零件。利用药柱燃烧过程所需的时间实现延期解除保险，达到远距离解除保险的目的。

膛内点火机构用于在发射瞬间利用发射过载击发点燃首级火工元件，进而点燃延期药。膛内点火机构主要组成有击针、保险簧和火帽，结构如图 6-19 所示。

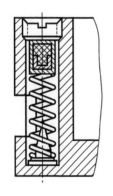

图 6-19　膛内点火机构

按照保险销运动的动力，火药保险机构可分为两类：一类用于旋转弹引信，利用离心力使保险销（离心子）运动，如图 6-20（a）所示；另一类用于非旋转弹引信，保险销在弹簧推力作用下运动，如图 6-20（b）所示。

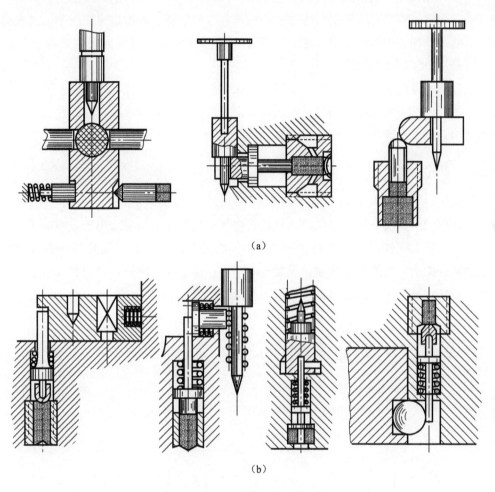

（a）

（b）

图 6-20　火药保险机构

火药保险机构中，保险药柱的燃烧时间的散布应满足要求，燃完后应无熔渣或熔渣松软，以免影响保险销的运动。采用有气体药剂作为保险时，必须容许火药气体膨胀的自由空间或泄气孔道，以防止火药气体压力过大而影响机构的作用。

火药保险机构结构简单、价格低廉。火药保险机构利用保险药柱燃烧所需的时间可实现延期解除保险，但其延期解除保险时间散布受延期药柱特性以及环境条件等影响，另外火药长期储存可能变质，保险药柱经运输震动等可能碎裂，所以火药保险机构的应用越来越少。

6.6 空气动力保险机构

利用弹丸飞行中引信零件受到的空气动力作解除保险原动力的保险结构，称为引信空气动力保险机构。对于发射后坐过载小的弹丸（火箭弹、迫击炮弹）引信，或投掷式弹药（航空炸弹、子母弹子弹）引信，为了解决平时安全与发射时可靠解除保险的矛盾，可采用空气动力保险机构。

空气动力保险机构分为活塞式空气动力保险机构及风翼式或涡轮式空气动力保险机构。活塞式空气动力保险机构直接利用迎面空气压力作用解除保险，在现代引信中几乎不再使用，这里主要介绍风翼式以及涡轮式空气动力保险机构。

6.6.1 风翼式空气动力保险机构

弹丸飞行时，风翼式空气动力保险机构的风翼在迎面气流作用下相对引信产生旋转，从而驱动解除引信的一道保险。风翼式空气动力保险机构只适用于亚声速飞行的引信。主要有风翼螺杆式和风翼离心子式两种，如图 6-21 所示。风翼螺杆式通过风翼旋转带动螺杆旋出，解除引信保险。风翼离心子机构通过风翼旋转，带动装有离心子的离心子座旋转，离心子受离心力撤出，解除引信的保险。

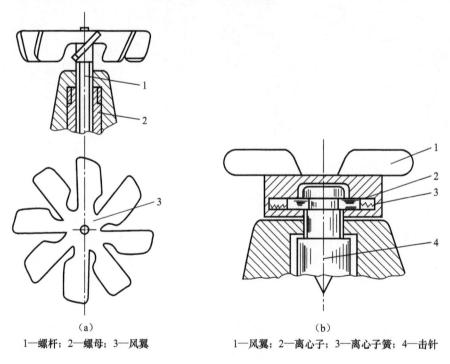

（a）   （b）

1—螺杆；2—螺母；3—风翼   1—风翼；2—离心子；3—离心子簧；4—击针

图 6-21 风翼保险机构

（a）风翼螺杆式；（b）风翼离心子式

为了实现延期解除保险，风翼机构一般与减速轮系配合，以延长对保险件的释放时间。也有将风翼机构与其他机构合用，以延迟风翼的启动，从而实现延期解除保险功能。图 6-22 所示为航空炸弹引信用旋翼控制器，以延迟风翼的启动，达到延期解除保险的功能，确保投弹飞机的安全。

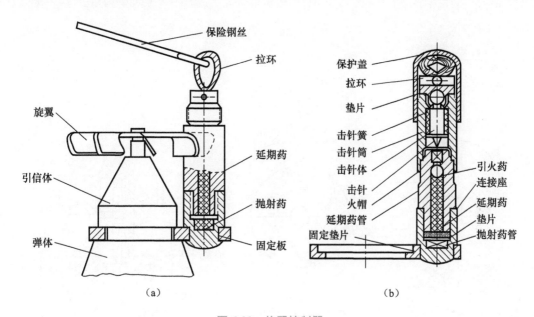

图 6-22　旋翼控制器

（a）旋翼控制器安装示意图；（b）旋翼控制器典型结构

6.6.2　涡轮式空气动力保险机构

涡轮式空气动力保险机构的工作原理与风翼式保险机构相同，也是利用空气动力引起涡轮旋转工作的，但是涡轮式空气动力保险机构的体积小、强度高，因而对弹道影响较小，适用于高速火箭弹引信、迫击炮弹引信以及高速飞行式投掷的航空炸弹引信。涡轮叶片的构造主要有轴流式和辐流式两种，如图 6-23 所示。涡轮保险机构主要有涡轮螺杆式、涡轮离心子式以及涡轮发电机式三种。

涡轮发电机式保险机构是利用涡轮发电机在弹道飞行中发电，通过电路工作控制引信解除保险的保险结构，属于机电式保险机构。

虽然涡轮螺杆式空气动力保险机构利用了弹道环境，但是一般在飞出炮口后很快就会解除保险。为了实现引信的延期解除保险，在涡轮螺杆式保险机构中一般与各种减速传动轮系相组合，以实现引信的延期解除保险功能。

图 6-24 为涡轮机构与差动轮系构成的具有延期解除保险功能的空气动力保险机构。其击针杆作为保险件约束隔爆件转正。工作过程为：弹道飞行中涡轮高速旋转，带动击

针杆高速旋转，与击针杆由导向销、传动筒径向约束的上齿轮片通过轴齿轮带动下齿轮高速旋转，由于上、下齿轮相差1个齿，因此，上、下齿轮产生相对旋转，使得击针从与下齿轮片固连的螺母中缓慢旋出，从而达到延期解除保险的目的。

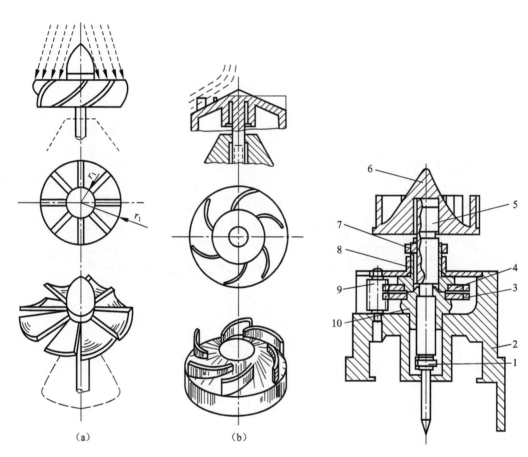

图 6-23　涡轮叶片构造

（a）轴流式涡轮；（b）辐流式涡轮

图 6-24　涡轮机构与差动轮
系构成保险机构

1—销钉；2—支座；3—下齿片；

4—上齿片；5—击针杆；6—涡轮；

7—导向销；8—传动筒；

9—轴齿轮；10—螺母

6.6.3　空气动力保险机构的发展

空气动力保险机构是利用飞行中的迎面空气压力而工作，其勤务处理安全性好，易实现延期解除保险。但是空气动力保险机构结构相对复杂，对外弹道性能也会产生影响。为了减小对弹道的影响，出现了内置涡轮式保险机构，如图 6-25 所示；近年来，为了与头部目标探测系统相容，又出现了侧进气涡轮发电机机构等，如图 6-26 所示。

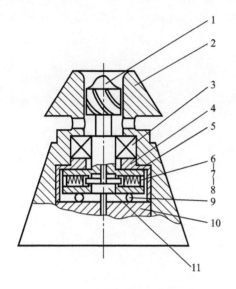

图 6-25　内置涡轮式保险机构

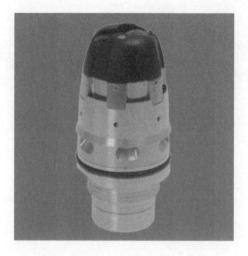

图 6-26　侧进气涡轮机构的 PX581 引信

1—涡轮；2—引信体；3—滑动轴承；4—轴承支架；
5—旋转体；6—离心销；7—离心销簧；8—堵塞；
9—滚动轴承；10—轴承支座；11—保险杆

6.7　钟表保险机构

钟表保险机构是利用钟表机构工作实现对解除保险过程控制的保险机构，引信钟表保险机构分为无返回力矩钟表机构控制的保险机构、带飞轮的钟表机构控制的保险机构和有返回力矩钟表机构控制的钟表机构。

6.7.1　无返回力矩钟表机构控制的保险机构

无返回力矩钟表机构控制的保险机构一般包括原动机、齿轮系和调速器（骑马轮、卡瓦摆）三部分。被保险的零件或机构（如装有雷管的转子）一般是固连在驱动齿轮或齿条上，驱动力矩可以由弹簧（多为扭簧）或弹丸运动时的惯性力来产生。

图 6-27 所示为一种无返回力矩钟表机构控制的保险机构。回转雷管座固连于驱动轮上，随驱动轮一起回转，直至接通起爆电路和对正导爆药。

无返回力矩钟表机构控制的保险机构一般多与其他保险机构合用，以达到远距离解除保险的要求。这种保险机构有两种典型结构：一种是垂直布置结构如图 6-28 所示，其回转雷管座由扭簧驱动，驱动轮为一扇形齿弧，与雷管座固连在一起，通过齿轴将力矩传递给骑马轮，骑马轮的转动由板状卡瓦摆所控制；另一种是水平布置结构如图 6-29所示，扭簧驱动的齿弧通过齿轴将力矩传递给骑马轮，骑马轮的传动受到卡瓦摆的控制，齿弧上有一销钉，平时挡住回转雷管座，当齿弧回转到位后，销钉释放雷管座，从

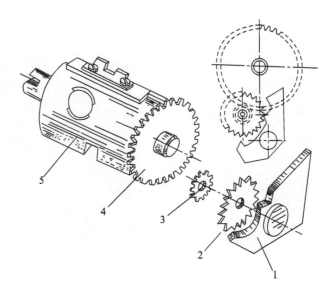

图 6-27　无返回力矩钟表机构控制的保险机构

1—卡瓦摆；2—骑马轮；3—中间齿轮；4—驱动轮；5—回转雷管座

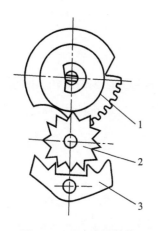

图 6-28　垂直布置结构

1—驱动轮；2—骑马轮；3—卡瓦摆

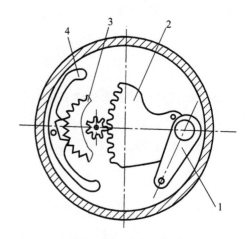

图 6-29　水平布置结构

1—回转雷管座；2—齿弧；3—骑马轮；4—卡瓦摆

而解除保险。该机构具有解除隔爆锐启动特性，在延期解除保险过程中隔爆距离不模糊。

图 6-14 是另一种水平布置的无返回力矩钟表机构控制的保险机构，驱动轮与装有雷管的回转体固连，回转体在离心力产生的回转力矩作用下旋转并带动钟表机构作用，弹丸飞出炮口 50～200 m，隔爆机构解除保险。

无返回力矩钟表机构控制的保险机构由于调速器中没有弹性元件，因此没有固定的周期，其振动周期随回转力矩而变化，振动频率变化较大，解除保险时间精度不高，一般只用于对时间精度要求不高的引信，并多与其他保险机构合用来实现引信的延期解除保险。

6.7.2　带飞轮的钟表机构控制的保险机构

带飞轮的钟表保险机构控制的保险机构是利用飞轮的惯性控制齿轮系和惯性齿条或离心齿弧的运动，实现引信延期解除保险的机械保险机构，又称飞轮积分仪。从原理上可分为直线惯性力驱动的飞轮积分仪和离心力驱动的飞轮积分仪两种形式。前者结构如图 6-30（a）所示，在其惯性齿条上可连接某一执行机构，当齿条运动到位后，机构即解除保险。后者结构如图 6-30（b）所示，离心齿弧经过三对中间齿轮将力矩传给飞轮轴。离心齿弧本身可以是一个回转雷管座，或者在其上连接某一执行机构，离心齿弧回转到位后，机构即解除保险。

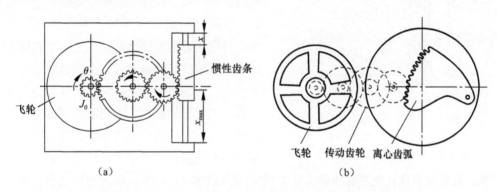

（a）　　　　　　　　　　　　（b）

图 6-30　飞轮积分仪

飞轮积分仪的突出特点是具有自动调节延期解除保险距离的功能，对不同的推力加速度曲线和不同温度的发射药，均可得基本不变的延期解除保险距离。

6.7.3　有返回力矩钟表机构控制的保险机构

有返回力矩的钟表机构控制的保险机构由于自身调速器具有弹性元件提供回转力矩，因此具有比较固定的振荡周期，计时精度高。有返回力矩的钟表机构控制的保险机构更多是用于钟表时间引信的发火控制、自毁等。在某些钟表计时及钟表自炸的引信中，为了实现触发机构的远距离解除保险，可利用引信自身的钟表机构实现延期解除保险功能。

关于有返回力矩钟表机构介绍见第 8 章"引信自毁机构"。

6.8　准流体保险机构

准流体保险机构是实现延期解除保险的又一种保险机构，利用直径较小的固体颗粒的流动特性实现对被保险件的缓慢释放。准流体保险机构可用于中大口径榴弹引信，主要有两种，分别为适用于旋转弹引信的旋转式准流体保险机构和适用于非旋转弹引信的非旋转式准流体保险机构。

6.8.1 旋转式准流体保险机构

旋转式准流体保险机构利用离心力控制准流体的流出。主要组成有活塞缸、活塞、微径玻璃珠、泄流塞、保险套筒、保险销及回转体等，如图 6-31 所示。其主要特点是以离心力为原动力。它的作用原理是：在勤务处理时，微径玻璃珠像刚性保险器一样挡住活塞，活塞限制回转体，使回转体中的雷管处于隔离状态，从而保证了引信平时的安全。发射时，保险销在离心力作用下首先释放保险套筒，使保险套筒解除保险，保险套筒在离心力作用下外撤打开泄流孔道，微径玻璃珠在活塞所受离心力的推动下及微径玻璃珠自身所受离心力作用下开始泄流，直到活塞尾部全部撤出回转体槽中，此时回转体解除保险。回转体在离心力或扭簧抗力作用下由保险位置转到待发

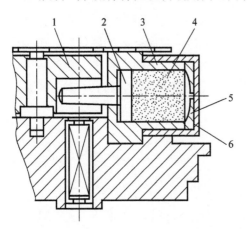

图 6-31　旋转式准流体保险机构
1—回转体；2—活塞；3—活塞缸；4—微径
玻璃珠；5—泄流塞；6—保险套筒

位置，微径玻璃珠从泄流孔中所流出的时间即为远解隔离时间，从而达到远解目的。

6.8.2 非旋转式准流体保险机构

非旋转式准流体保险机构通过发射后坐力释放准流体，再通过预压簧抗力控制准流体的流出。主要组成有惯性筒、惯性筒簧、活塞、活塞簧、微径玻璃珠、闭锁钢丝、钢珠、回转体、扭力簧、分流塞等，如图 6-32 所示。其主要特点是以内储能为原动力。它的作用原理是：在勤务处理时，惯性筒在惯性筒簧的推动下挡住泄流孔道，使微径玻璃珠不能外泄，微径玻璃珠控制活塞使活塞不能上升。活塞挡住钢珠，钢珠锁住回转体，使回转体不能转正，保证了平时的安全。发射时，在膛内后坐力的作用下，惯性筒克服惯性筒簧的抗力后坐，当惯性筒后坐到预定位置时，闭锁钢丝闭锁，使惯性筒不能上升，从而打

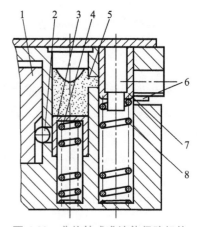

图 6-32　非旋转式准流体保险机构
1—回转体；2—钢珠；3—活塞；4—微径
玻璃珠；5—活塞簧；6—闭锁钢丝；
7—惯性筒；8—惯性筒簧

开泄流孔，同时，在后坐力作用下微径玻璃珠与活塞一起在后坐力作用下后坐，挡住钢珠，钢珠锁定回转体保证了膛内的安全。出炮口后，后坐力消失，活塞簧推动活塞，活塞推动微径玻璃珠使其外泄，当活塞上升到一定位置时，钢珠脱落释放回转体，回转体在扭力簧的作用下回转到位，此时准流体保险机构解除保险。

6.9　热力保险机构

热力保险机构利用弹药作用过程中的热特性解除保险。利用的热特性可分别来自高速飞行中的气流摩擦热能和火箭弹引信火箭发动机热能，因此对应有两种保险机构。

6.9.1　利用气流摩擦热能的热力保险机构

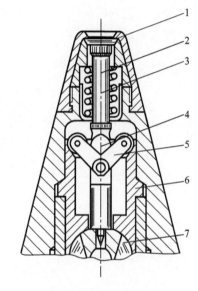

这种热力保险机构利用气流摩擦产生的热能使某个构件熔化而释放保险。在发火机构或隔爆机构的适当部位填装易熔合金，引信在飞行中受高速气流摩擦而产生的热能使易熔合金熔化后，机构即解除保险。易熔合金有伍德合金、罗捷合金等，易燃体有火药、赛璐珞等。瑞士 35 mm 高炮引信就是利用易熔合金固定击针，而击针在固定球形雷管座内，如图 6-33 所示。发射后，弹丸（初速 1100 m/s）受高速气流的摩擦，头部温度升高，使引信上的易熔合金熔化而解除保险。

图 6-33　热力保险机构
1—易熔合金；2—击针；3—弹簧；4—加重子；5—铰链；6—支筒；7—球转子

设计这种保险机构时，必须注意所选择的易熔合金的熔点、弹丸的初速和引信头部结构，才能达到要求的解除保险时间。对于解除保险的时间，目前尚不能列出方程来求得，只能通过试验来确定。该保险一般用于高速飞行的小口径高炮弹药引信。

6.9.2　利用燃烧室热能的热力保险机构

这种机构利用火箭弹燃烧室的热能使保险机构的易熔合金熔化，或使易燃体燃烧而解除保险。其工作原理与利用气流摩擦热能的热力保险机构的弹头引信一样，只是主要应用于火箭弹的弹底引信。

6.10　燃气动力保险机构

燃气动力保险机构是借助发射药气体的压力而解除保险，有活塞式和小孔式两种。

活塞式是借助燃烧室火药气体的压力直接推动活塞运动而完成解除保险的动作。小孔式则是使火药气体通过引信底部的调节孔较缓慢地流入引信内的气室，当气室内的压力足以克服保险器的抗力时，机构解除保险。

气室内压力变化规律与燃烧室火药气体的压力、气室的容积以及小孔的尺寸有关。

可以通过改变气室的容积、调节小孔的尺寸以及保险器的抗力来达到所需的解除保险时间。

图 6-34 所示是小孔式燃气动力保险机构的一个示例。开始，火箭燃烧室内的火药气体通过调节孔流入气筒的容气室，使气室压力达到一定值。主动段末，燃烧室压力急剧下降，气室内的剩余气体压力破坏气筒与引信体的连接螺纹，从而使气筒脱离引信体，释放钢珠，引信解除保险。

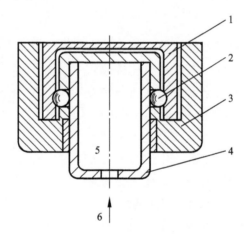

图 6-34　小孔式燃气动力保险机构

1—被保险零件；2—钢珠；3—引信体；4—气筒；5—气室；6—调节孔

6.11　化学保险机构

化学保险机构是利用化学作用达到解除保险的目的。图 6-35 所示是一种长延期化学保险机构的示例。弹体着地时，装有化学溶剂的玻璃瓶被打碎，溶液开始溶解赛璐珞片。当赛璐珞片足够软化时，释放保险钢珠而解除保险。同时，击针在弹簧力作用下刺发火帽使引信发火。这种机构除具有保险与解除保险功能外，由于化学反应速度可进行控制，所以也是一种化学定时机构。可以用改变赛璐珞片的厚度或改变溶液的浓度或配比来达到所需要的延期时间。常用的溶液有环氧乙烷、丙酮、乙二醇二甲醚以及乙二醇二甲醚与石油酸的混合液等。

化学保险机构的另一种例子是利用酸来溶解金属丝，金属丝固定被保险零件如击针等，如美国 M1 化学延期引信即采用此种机构。玻璃瓶被打碎后，化学溶液溶解金属

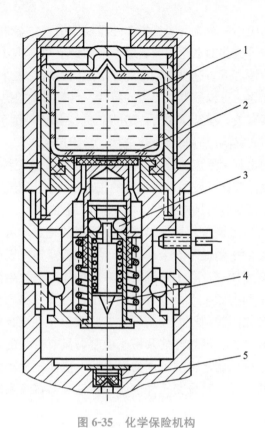

图 6-35　化学保险机构

1—化学溶剂玻璃瓶；2—赛璐珞片；3—保险钢珠；4—击针；5—火帽

丝，金属丝被溶解到一定程度时，就被弹簧的伸张力拉断，从而释放击针。同时，击针在弹簧力作用下刺发火帽。所以，它也是一种化学定时机构。

化学保险机构的解除保险时间与周围的温度有极大的关系，时间散布较大，只适用于对时间精度要求不高的场合。

6.12　磁流变保险机构

新材料和新技术的采用往往会对武器性能的提高起到推动作用，引信技术发展的一个特点是其具有很好的包容性，能够紧密跟踪新技术的发展，并且积极采用各种新技术，在此基础上不断创新，形成自身的特色。磁流变体是一种功能独特的智能材料，本节探讨磁流变智能材料技术在引信安全系统中的应用研究，为引信安全系统的设计提供一种新的技术实现途径。

6.12.1　磁流变智能材料及其特性

早在 20 世纪 40 年代，J. Rabinow 首次发现了磁流变现象，近几年由于在材料方面取得突破，得到了广泛应用。磁流变液是指在外磁场作用下黏滞性质会发生显著变化的悬浮体系，由在磁场中可极化的悬浮微粒、载体液和稳定剂三部分组成，是一种智能材料。磁流变体的流变特性可以通过改变磁场的方法加以控制，在外加磁场的作用下，液体的黏度发生很大的变化，可以呈类似固体的特性，具有很大的抗剪切力，其变化的大小与电场和磁场的强度有关，使其作为力传递的介质；当外加磁场撤去时，磁流变体又恢复到原来的液体状态，其响应时间仅为几毫秒，易于控制。

磁流变技术研究的是利用磁流变体在外磁场作用下改变流变特性这一特点，开发各种用途的元件。利用磁流变体开发的许多新型的汽车零部件已经进入实用阶段，根据上述特点设计的磁流变减振器具有结构紧凑、功耗低、阻尼力大、动态范围广、响应速度快等特点，且阻尼力通过调节外加的电流大小控制的特点，可用于车辆悬挂系统的半主动控制，提高汽车的平顺性和安全性。此外，磁流变体可以制作磁流变刹车、离合器、减振器等磁流变元器件，利用磁流变体在磁场作用下发生固化的特性，可对形状复杂的工件进行定位和夹紧，以便进行机械加工，可开发出磁流变夹具；利用磁流变效应可开发各种流量控制阀和压力控制阀，这些液压元件没有相对运动的阀芯，制造成本低、无磨损、寿命长、可靠性好及易于控制，具有较大的市场前景；在建筑结构领域，利用磁流变体可以制造阻尼可调的阻尼器，以实现振动的半主动控制，用于桥梁和土木工程结构的抗震，磁流变元件也应用在健身器械及家用电器如洗衣机的减震上。

6.12.2　磁流变技术在引信延期解除保险机构中的应用

液体延期解除保险装置在引信中的研究是 20 世纪 60 年代开始并逐渐发展起来的一项新技术，把液体控制技术引进到引信中来，从而产生液体介质引信。与同类引信相比，由于液体介质引信具有设计新颖、结构紧凑、构造简单、控制容易、作用可靠等优点，故得到了西方许多国家引信界的高度重视，各国竞相开展该类引信研究，发表了许多研究性文章和报告。例如，美国曾将该机构用于 M125A1 传爆管上。此外，XM218 和 XM224 引信中也都做过采用液体延时解除保险机构的尝试。我国在 20 世纪 80 年代才在消化国外资料的基础上开始了液体装置在引信中的应用研究，在 1983 年第二届引信学术年会中景宗明曾提出过离心式液体远解机构的理论研究，后来由于没有非常合适的液体材料而没有继续做更加深入的研究，也未见液体装置应用于引信设计中的报道。

具有流体性质的某些固体微粒称为准流体。利用准流体通过小孔缓慢流动而达到延期解除保险的称为准流体延期解除保险机构，但准流体在贮存期间受潮易板结，造成弹丸发射时的哑火。

随着磁流变液体智能材料引起人们越来越多的重视和深入的研究，已发现磁流变液体具有其他液体无法比拟的优点，可以满足液体引信的设计需要。开展磁流变体智能材料在引信中应用研究属于创新性研究，南京理工大学和北京理工大学在2005年12月大连引信年会上分别介绍了各自在把磁流变智能材料用于引信安全系统上的研究工作，表明我国在把磁流变体智能材料控制技术运用于引信中工作具有创新性和我们自己的特色。除此之外，国内没有把磁流变体智能材料应用于引信中的报道。

　　利用磁流变体本身特性在外加磁场作用下可改变的特点把磁流变体应用于引信安全保险机构中。在磁场作用下发生固化特性，当外加磁场撤去时，磁流变体又恢复到原来的液体状态，时间仅为几毫秒。在实际应用中，采用永久磁铁产生磁场，把磁流变技术应用在引信的安全保险机构中，主要用于延期解除保险机构。用于引信安全系统，适用于单兵作战武器、火箭，也可用于中大口径火炮。

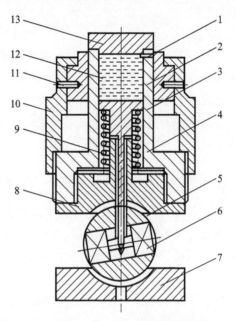

图6-36　离心式磁流变液体延期解除保险机构
1—泄流孔；2—瓦形磁钢；3—导筒；4—活塞击针；
5—垂直转子；6—雷管；7—转子座；8—导向座；
9—弹簧；10—保险筒；11—保险销；
12—磁流变体；13—活塞

　　离心式磁流变液体延期解除保险机构如图6-36所示，该引信体由延期解除保险机构、保险机构、发火机构、隔爆机构和传爆管等组成。其中内套筒内装有磁流变液，永磁体由保险销定位，磁流变液内的磁场来源于永磁体。

　　离心式磁流变液体延期解除保险机构的具体工作过程如下：

　　（1）平时，由于磁流变液体的流动方向与磁场方向垂直，在垂直于磁流变液体流动方向上形成极化链，磁流变液体呈现类似固态形式，使流体的屈服应力增加，黏性增加，阻碍了击针的运动。从而，使得弹簧处于压缩状态。泄流孔被活塞堵住。此时，击针插在雷管座的盲孔内，雷管与击针和传爆药均错开一个角度。除击针将雷管座限制在隔离位置外，雷管座还受两侧的离心销的限制。

　　（2）发射时，磁钢在后坐力的作用下切断保险销后跌落，磁流变液体转变为流动性良好的液态，同时，底座-钢珠座合件压缩后座簧后座，由于膛内初速度弹丸角速度较小，离心子不能飞开，雷管座不能转动而且用于防止磁流变液泄流的活塞也不能上移。同时，击针下移，而用于支撑击针的弹簧也被压缩。在膛内时，击针仍然插在雷管座的盲孔中，引信处于安全和隔爆状态。

　　（3）出炮口后，在离心力的作用下，延期解除保险机构上的活塞被甩开，打开泄流孔，在弹簧弹力及离心力的作用下，磁流变液被排出，击针上移，从而起到延期的作用，此时后坐簧处于接近全压缩的状态。在击针自雷管座的盲孔拔出之前，两个离心子已释放雷管座，雷管座转正，引信处于待发状态。

磁流变保险机构正处于研究阶段，还有一些技术问题需要解决。相信随着材料技术的发展以及相关研究的开展，磁流变引信保险机构将会得到应用。

6.13 MEMS 保险机构

MEMS 保险机构是通过 MEMS 技术加工的，用于引信安全与起爆控制的新型保险机构。在 MEMS 保险机构方面由于与传统引信爆炸序列以及隔爆机构的保险机构不同，因此设计方法与应用场合有所不同。MEMS 引信保险机构在小口径弹药引信方面有其独特的优势，具有较好的应用前景。以下就目前出现的几种典型 MEMS 保险机构进行简单介绍。

6.13.1 电磁解保式 MEMS 引信保险机构

此 MEMS 引信是美国专利中最新提出的设计思想，适用于非旋转弹药。它利用电磁驱动力来解除保险，可以配用在子弹药、迫击弹和枪榴弹上，具有体积小、高可靠性等优点。由于采用电解保方式，容易与传感器阵列相结合，充分利用各种环境信息来解除保险，提高了弹药系统性能。MEMS 引信由保险组件、锁销、电路板、锁销电磁作动器、起爆药组件、输入药组件和输出药组件等组成，如图 6-37（a）所示。

保险组件包括：滑块，内装有滑块磁体、传爆药；锁销，内装有锁销磁体，框架以及滑块弹簧和锁销弹簧，如图 6-37（a）（c）所示。保险组件采用金属材料构成，由光刻掩膜技术和蚀刻技术制造，所有的组件采用一体化制造，无需装配。其中弹簧的厚度比结构中滑块和锁销的厚度要薄，以获得低的弹簧刚度，从而与小的电磁驱动力兼容。平时锁销头卡在滑块的保险卡槽中，阻止滑块运动，保证平时安全。

起爆药组件包括起爆药、电桥丝、起爆药板。其中起爆药为敏感性装药（如叠氮化铅），它直接与电桥丝接触；电桥丝与起爆电路相连，当有外部传来的起爆信号后，电桥丝接电后产生足够的温升引爆起爆药。随后逐级引爆爆炸序列，起爆主装药。

爆炸序列由起爆药、输入药、传爆药、输出药组成。这些传爆元件的敏感度逐级降低，输入药与输出药采用轴向错位式设计（见图 6-37（b）中 C_1），防止输入药偶然作用后引爆输出药。只有在解保状态时（见图 6-37（b）中 C_2），滑块运动到位后，传爆药分别与输入药和输出药对正后才能传递爆轰输出。

电路板组件包括锁销电磁作动器、滑块电磁作动器及引信控制电路。锁销电磁作动器与锁销中的磁体相互作用，来控制锁销头进入或退出滑块卡槽。滑块电磁作动器用来克服弹簧抗力使滑块运动到解保位置。一个单独的电磁作动器的执行特征由几个因素控制：磁体和作动器之间的距离；作动器和磁体之间的净磁力；运动件质量和弹簧刚度。

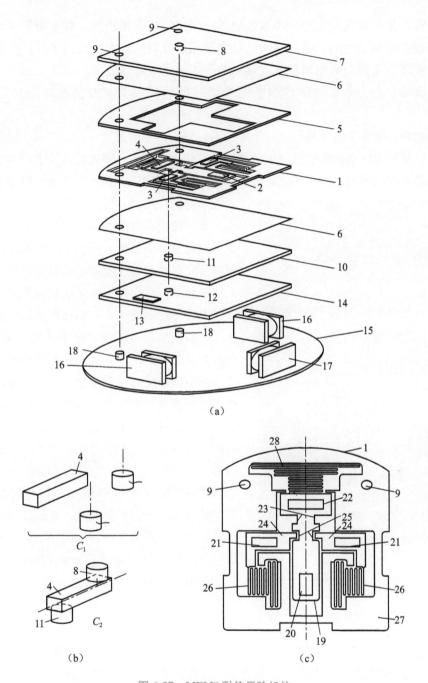

图 6-37　MEMS 引信保险机构

1—保险组件；2—滑块磁体；3—锁销磁体；4—传爆药；5—隔板；6—密封板；7—输出药板；8—输出药；9—销孔；10—输入药板；11—输入药；12—起爆药；13—电桥丝；14—起爆药板；15—电路板；16—锁销电磁作动器；17—滑块电磁作动器；18—定位销；19—滑块；20—滑块磁体孔；21—锁销磁体孔；22—传爆药容腔；23—解险卡槽；24—锁销；25—保险卡槽；26—锁销弹簧；27—框架；28—滑块弹簧

此外，作动器由弹簧刚度的大小可以设计成闭锁的或非闭锁的。对于闭锁作动器，安装弹簧的磁体和断电的作动器之间的吸力要超过弹簧恢复力，使磁体保持在移位（全行程）位置，直到受到作动器有足够大的作用力克服磁体吸力。相反，对于非闭锁作动器，弹簧恢复力要超过磁体和断电作动器之间的吸力，迫使磁体回到它未动作位置。

发射时，加速度传感器响应后坐冲击后，发出第一解保信号给其中一个锁销电磁作动器，锁销电磁作动器接电后与锁销磁体相互作用，使一个锁销从保险卡槽中退出，解除第一道保险；当感受第二环境的传感器响应解保环境输入后，发出第二解保信号给另

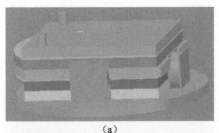

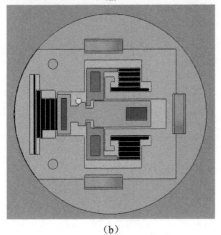

图 6-38 MEMS 引信实体模型

一锁销电磁作动器，使另一锁销从保险卡槽中退出，此时锁销在电磁作动器的作用下保持在与保险卡槽相脱离的位置，当引信计时电路设定的延时时间结束时，滑块电磁作动器开始动作，它与滑块磁体相互作用使滑块运动到解保位置，此时锁销电磁作动器断电，锁销在弹簧的恢复力作用下卡入滑块解保卡槽中，把滑块锁入解保位置，此时传爆药分别与输入药和输出药对正。

当引信电路发出起爆信号时，起爆药组件中的电桥丝接电后被加热，引爆起爆药，起爆药引爆输入药，输入药把爆轰输出传递给滑块中的传爆药，传爆药引爆输出药，从而引爆弹体主装药。

此电磁解保式 MEMS 引信的主要特点是没有直接利用环境力解除保险，而是采用传感器探测解保信息，灵敏度高、解保环境多，解决了非旋弹第二解保环境难以设计的问题。MEMS 引信实体模型如图 6-38 所示。

6.13.2 美军理想单兵战斗武器用引信安全保险机构

理想单兵战斗武器（Objective Individual Combat Weapon，OICW）已经由美国陆军正式命名为 XM29，它是为"陆地勇士"开发的单兵战斗武器，也是陆军的"未来战斗系统"计划的一个重要组成部分。OICW 的火控系统在动能武器上的表现还不太明显，但在高爆弹武器上长处就显现出来。通过火控系统还可以让高爆弹以几种模式起爆：

（1）在"空炸模式"下，将瞄具修正为高爆弹在目标上空 1 m 处爆炸，对付壕沟中的敌人非常有效，如果是隐藏在掩体后的敌人，还可以设置距目标 1 m 后起爆的

"超越射击"。

（2）在"瞬发模式"下，高爆弹精确地命中在光点停留的那一点上爆炸，用以对付车辆或器材。

（3）在"延期模式"下，引信会短暂延迟，可以使高爆弹射穿一扇门后再爆炸。

（4）在"窗式模式"下，能使高爆弹在穿过窗户后在室内引爆，在未来的战场，尤其步兵巷战中 OICW 武器将大显身手。

美军 OICW 弹用引信安全保险机构主要由悬臂挡块、后坐滑块、命令制动器、旋转滑块等组成，如图 6-39 所示。它具有两个独立环境解除保险功能，依靠发射环境的力将起爆器从安全位置推到解除保险的位置，安全保险失效率低于 0.01%，面积约为 1 美分硬币面积的 38%。与传统引信相比，MEMS 安全保险机构体积可以做得非常小。同时，它能包含传统引信的所有功能，并且能与引信电路集成在同一块模块上。

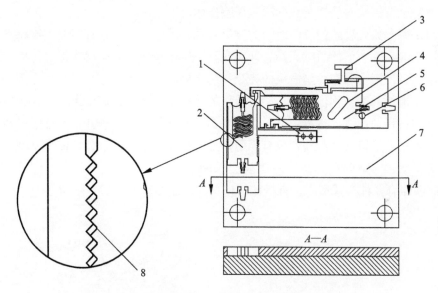

图 6-39　美军 OICW 弹用引信安全保险机构

1—悬臂挡块；2—后坐滑块；3—命令制动器；4—旋转滑块传爆药槽；5—旋转滑块；
6—底板传爆药孔；7—芯片板层；8—Z 字齿形结构

引信的解除保险必须按照一定的逻辑顺序进行：

弹丸发射时，后坐滑块沿着轴向向下运动，首先解除顶部对旋转滑块的约束；在继续下滑的过程中，后坐滑块的侧壁的 Z 字齿形结构与滑槽壁 Z 字齿形结构发生碰撞与摩擦，其速度曲线如图 6-40 所示。

通过 Z 字齿形的后坐延时特性，保证了平时勤务处理的安全性，即只有在后坐冲击达到一定的持续时间和冲击强度之后，后坐滑块才能运动到位。平时勤务处理时的振

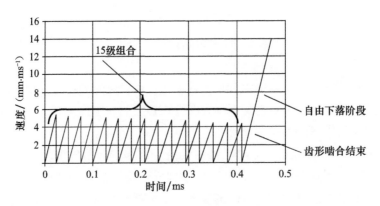

图 6-40　后坐滑块动态特性图

动结束后，后坐滑块的移动将在弹簧的拉力作用下恢复到原来的状态。后坐滑块的运动到位将解除悬臂挡块对旋转滑块的限制保险作用。

同时平时勤务处理致使旋转滑块的过早实现，后坐滑块的顶部将受到旋转滑块的限制约束，不能实现向下的后续运动，即实现不了旋转滑块的完全解除保险。旋转滑块的解除保险当且仅当实现在后坐滑块的完全作用之后。

在后坐滑块的运动到位解除了旋转滑块的运动限制之后，旋转滑块将在膛内离心力的作用下向右移动，移动过程中又将受到 3-命令制动器的保险作用。3-命令制动器的作用是保证引信的炮口安全距离，只有当引信处于炮口安全距离以外，命令制动器在引信的控制之下运动，解除引信最后一道安全保险，引信处于待发状态，如图 6-41 所示。3-命令制动器有多种实现形态，有机械杠杆型、电磁驱动型、燃气驱动型等。

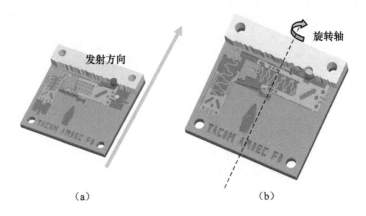

图 6-41　美军 OICW 弹用引信安全保险机构发射前后对照

后坐滑块和离心旋转滑块的两端设有棘爪机构，初始时，前两端用于固定滑块机构；终了时，后两端用于反恢复作用。

引信作用的工作流程图，如图 6-42 所示。

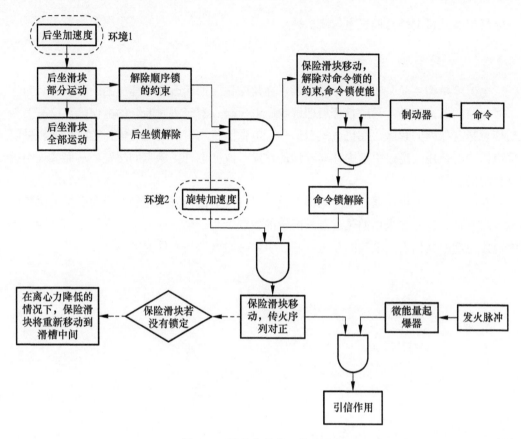

图 6-42　引信作用的工作流程图

6.14　其他保险机构

在引信保险机构中，除占大多数的机械式保险机构采用外，随着引信技术的发展，出现了一些机械与电子组合的保险机构。以下简单介绍几类其他保险机构。

6.14.1　引信指令保险机构

该类保险机构接收引信以外制导系统或武器平台发出的控制信号解除保险的装置。由接收装置、控制电路和执行元件组成。控制电路有逻辑电路或数字电路；执行元件有继电器、作功火工品、电磁转换开关等机构。当解除保险控制信号到来时，控制电路控制执行元件运动，解除对隔爆机构的保险。指令保险机构多用于导弹引信、地雷、鱼雷以及核武器引信中。

指令保险机构与一般引信保险机构的区别是以指令信号（一般是电信号或转变为电信号）的形式作为保险的输入，其输出控制则以内储能或化学能的释放实现解除保险的驱动，广泛采用远解电路，导通电火工品或电作动器驱动零件移动解除隔爆。引信指令保险机构多是机电结合的机电保险机构。

6.14.2　电保险机构

电保险机构主要是实现电路的通断，在解除保险前后改变电开关的通断状态。对于平时短路的电火工品，短路打开后即解除了电保险；对于平时断开的电保险，电开关接通即意味着保险的解除。在机电式引信中，电保险机构有时也与机械保险机构或机械隔爆机构同时作用，通过引信中移动零件的移动，改变电开关触点的位置，从而实现引信电保险的控制。

在电引信中，由电路控制的电保险也可以实现引信的安全控制，成为引信电保险的重要组成部分。一般采用的是通过晶闸管的控制端高低电平的转换实现保险的解除。控制对象包括对引信发火电容的充电控制、引信保险电做功元件的控制等。

第7章 引信延期机构

7.1 引 言

引信的一项主要功能是实现对战斗部的适时起爆。适时起爆是指在相对于目标最有利位置或时机起爆弹丸主装药，以充分发挥弹丸战斗部的威力。引信延期起爆是实现适时起爆的一种主要方式。例如：当用爆破弹摧毁敌人工事时，要求弹丸钻入目标适当深度爆炸；当用穿甲弹对付坦克等装甲目标时，要求弹丸穿透装甲后爆炸；当用小口径榴弹对付飞机时，要求弹丸钻进飞机蒙皮内爆炸。上述几种弹丸的共同特点是，要求引信在弹丸碰目标后延迟一段时间再引爆弹丸。这段时间称为引信的延期时间。在引信内部控制这段延期时间的机构，称为延期机构。

为了实现引信的延期功能，在引信内可通过对发火控制系统或爆炸序列进行相关设计以实现延期起爆控制。与此对应引信延期有两种原理：一是碰目标发火，依靠侵彻过程中的惯性前冲力持续存在与侵彻穿透后前冲力的迅速消失，可控制爆炸序列在传火通道中的燃速率或通断，实现自调延期功能；二是依靠侵彻过程中的惯性前冲力解除保险，利用侵彻过程中的惯性前冲力持续存在，约束发火控制系统不发火，当穿透目标后，释放控制发火控制系统，实现自调延期发火。

引信中常用的延期机构有火药延期机构、小孔气动延期机构、火药自调延期机构、机械自调延期机构以及综合自调延期机构。

7.2 火药延期机构

火药延期机构是通过对爆炸序列的起爆时间延迟起作用的。火药延期机构的延期药柱作为爆炸序列的一级，利用延期药柱的燃烧来延迟火帽火焰向雷管传递时间。这种机构常用于爆破弹引信中，当引信装定为延期作用方式下可实现一定时间的延期作用。该方式下引信的延期时间取决于延期火药的延期时间，其时间是固定的。

时间药盘是引信中出现最早的延期元件。其结构是在铝制（或塑料）圆盘的上、下两面开环形沟槽，槽内压装延期药，通过延期药的燃烧来延迟时间。时间药盘主要用于延期精度要求不高的特种弹和小口径弹引信的自毁机构。近年来，随着兵器技术的发展，引信的可靠性指标明显提高，时间药盘的延时精度已达不到要求，当延期时间不够时就会引起引信弹道炸。

7.2.1 延期管

火药延期管是一种典型的火药延期机构，其结构如图 7-1 所示。其药剂由引燃药、主延期药柱以及接力药柱组成。

延期机构设计的内容包括：药剂的选择；延期药柱的设计；管壳的设计。

1）药剂的选择

引信的火药延期机构中大多用 684 型有烟药，这是因为有烟药易于压装和点燃，易于得到各种粒状结构和性能。但是，这种药剂在燃烧时要产生相当数量的热气体。因此，采用这种药剂时，引信必须留有相当容积的集气室。当引信设计不允许留有较大的集气室时，最好选择微烟药，以免生成气体的压力影响延期时间的一致性。

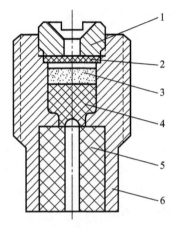

图 7-1 延期管的典型结构

1—调节螺；2—纸垫；3—引燃药；
4—主延期药柱；5—接力药柱；6—管壳

如果将延期药完全密封，则延期时间比较一致，并且可改善长期储存性能。因此，目前有一种完全密封延期机构的趋向。在这种情况下，采用微烟药更为必要。

对于那些密封性能不好，或不能密封的引信，最好采用耐水药，以保证长期储存的稳定性。

2）火药延期机构设计中应注意的问题

（1）为了得到密度较为均匀的药柱，药柱的厚度不应大于直径的 1.6 倍。药柱的直径一般取为 3～6 mm。

（2）药柱的厚度和密度应在压药卸载后经过一段时间再测定。这是因为火药的弹性使得卸载以后的厚度与压制过程中的厚度有所不同，厚度的变化量可达 10%～16%。

（3）为减小延期时间散布，提高时间精度，除在工艺严格控制外，在引信中可设置两个相同的延期药柱。

（4）当延期时间很短，所需药柱厚度很小时，为保证药柱有足够强度，而不致被惯性力剪断或火帽燃气冲坏，不宜将药柱厚度缩得太小。况且厚度太小，也不易压制，并且会降低燃时精度。为此，可将药柱设计成较厚而中心带小孔的形状。

7.2.2 延期组合件

由于延期药柱易受潮失效，将延期药进行密封设计是一种提高延期机构性能的主要方式。近年来出现的一种延期组合件就采用全密封形式。延期组合件是由点火管、延期索、接力管进行密封连接的一种新型延期元件，该结构被应用于某式 50 mm 榴弹弹射器杀伤弹引信，代替时间药盘，提高了自毁机构的延期精度。其结构示意如图 7-2 所示。

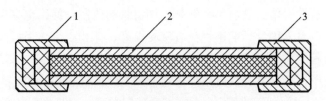

图 7-2　延期组合件结构示意

1—点火管；2—延期索；3—接力管

点火管是输入端，按其发火方式可将延期组合件分为针刺型和火焰型两种基本形式。延期索是延期件，由金属管内装入延期药拉制而成，具有一定的柔性，能弯曲盘绕。接力管是输出端，能输出火焰或爆轰波。针刺型延期组合件的点火管兼有火帽功能，能接受击针从轴向或径向 360°任意方向的戳击，故在装入延期机构中可省去上一级针刺火帽。

点火管应具有合适的感度和足够的点火能力，在外界能量的作用下可靠发火并点燃延期索。延期索是延期组合件的核心部件，应具有均匀的燃速和一定的柔性。延期索由金属管（如银、铅锑合金管）内装入延期药经多次过模拉细而成，能够保证装药密度的一致性和外表的密封性。燃速快的延期索可拉成多个药芯，以提高延时精度；燃速慢的延期索可拉成单芯，能增大燃烧层面，防止断火。延期索的燃速主要由延期药的性质决定，并且与装药密度、金属管的材料和尺寸有关。常用的延期药是微气体延期药。它由金属和金属氧化物组成，其特点是产生的气体少，受环境压力影响不大。其燃速由药剂成分、粒度、掺和物决定。微气体延期药的发火点较高，点火比较困难，必须借助点火管内的过渡药来点燃。微气体延期药燃烧后产生高温残渣，输出为接触点火。接力管应被延期索可靠点燃，并输出适合下一级火工品的点火或起爆能量。通常，在管壳内装入点火药、起爆药或猛炸药，用于点燃火焰雷管、耐水药柱、传火管或起爆针刺雷管、炸药柱、推动或切断销钉等。

延期组合件的结构设计突破了传统药盘的思维方式，采用金属管内装延期药控制，既保证了装药密度，又起到了密封作用。同时，增设的点火管和接力管分别具有点火过渡和输出放大功能，有效地提高了延期精度和作用可靠性。

7.2.3　延期雷管

延期雷管也可归于火药延期机构中。由于小孔气体动力、机械及综合自调延期机构存在机构复杂、占据空间较大、可靠性差等问题。随着武器设计和技术水平的提高，西方国家的小口径制式弹药引信开始选用具有自身密封性的小型针刺延期雷管，我国在这方面也有延期雷管型号出现。这类雷管结构一般从输入（针刺）端到输出端顺序装有针刺药、延期药、起爆药和猛炸药。延期时间是通过延期药的作用过程获得的。如西方某式小型针刺延期雷管于 20 世纪 70 年代研制、80 年代装备使用，它由铝管壳、铝盖片及点火药、延期药、起爆药氮化铅、主装炸药组成，延期时间为 0.25～2 ms，配用于小口径对空榴弹触发引信。国内小型针刺延期雷管的研制和使用也有很大进展，在一些新研制的引信上也有采用。延期雷管具有密封性好、体积小、作用可靠等特点。

国外已经将延期雷管配用在手榴弹、地雷、火箭弹、子母弹、榴弹、航弹、迫弹、小口径弹等引信中。延期雷管的最小外形尺寸仅为 ϕ2.86 mm，延期雷管的延期时间从 0.25 ms 到几十秒。按作用方式可分为撞击型延期雷管、电延期雷管和针刺延期雷管。

7.3　小孔气动延期机构

小孔气动延期机构是根据气体动力学原理设计的一种延期机构，图 7-3 所示为其一种形式。这种延期机构的工作过程如下：火帽发火，火药气体在火帽所在空室膨胀后穿过两个小孔 1 进入第一空室 V_1。气体在 V_1 室中再次膨胀后，又经斜孔 2 传到第二空室 V_2。当 V_2 室集聚有足够热量和足够压力的火药气体时，雷管即被引爆。待空室及通往雷管的小孔的气流温度和压力升高到足以使雷管爆炸时，已过了一段延滞时，因而起到了延期的效果。

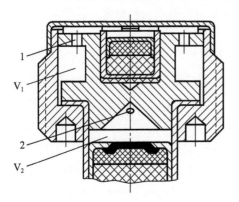

图 7-3　小孔气动延期机构
1—小孔（两个）；2—斜孔；
V_1—第一空室；V_2—第一空室

火药气体在空室中的膨胀和经过小孔的流动，即可延迟火帽向雷管传递足够的热量和压力的时间。所延迟的时间与小孔直径、数量、上下孔的相对位置、空室容积以及膨胀次数等因素有关。一般来说，孔越小，空室容积越大，以及上、下孔错开角度越大，则延期时间越长；反之延期时间就越短。

小孔延期机构难以得到 1 ms 以上的延期时间，一般在 0.3～0.8 ms 范围内，可保证对 100 m 及稍远距离的铝合金靶板射击，弹丸在靶后 0.3～0.8 m 内爆炸。这一时间（或距离）正是小口径榴弹引信所需要的延期时间，所以，在以往设计生产的小口径对空榴弹引信中采用小孔气体动力延期机构的较多。这种延期机构的延期时间散布较小，随目标强弱的变化也不明显。不足之处是：引信的传爆系统必须选用火帽与火焰雷管，自毁机构通常采用药盘式，密封防潮性差，并且机构复杂、体积大、可靠性差。

目前，小孔气动延期机构基本上是凭经验和试验的方法进行设计。设计中可采取以下措施：

（1）为保证延期作用可靠，可在气流通道上同时设置并列的两个孔道，这样即使有一个孔道被火帽生成物堵塞，火帽的火焰气体仍可通过另一个孔道流到下一个空室，从而保证引信延期机构正常作用。

（2）为了增长延期时间，可增大气流膨胀空间或增加膨胀次数（即经过两次或三次膨胀）。

7.4　火药自调延期机构

由于引信攻击目标的介质属性不同，着速、着角的变化等因素的影响，破坏效果除取决于自身的爆炸威力外，还取决于适时调整引爆的最佳炸点深度。火药延期机构和小孔气动延期机构的延期时间不能根据弹目交会速度与目标厚度等的变化而变化，属于固定延期时间的延期机构。为了适应作战情况及不同目标，出现了自调延期机构。自调延期机构一般利用弹丸碰击目标时引信零件所受惯性力的急剧变化，来达到自动调整延期时间的目的。配有自调延期机构的自调延期引信是以弹体或引信直接与目标接触，经过适当的延期时间再引爆战斗部的触发引信。它主要配用于穿甲弹引信以及各种侵彻爆破弹上，用来破坏坚固目标，如机场跑道、机库、隐蔽部、军械弹药库、坦克、油库等重要的军事目标。它以摧毁作战支援保障阵地为主攻目标，因此，多配用在远程火炮、舰炮、航空爆破弹以及战术导弹子母弹的子弹等武器系统中。自调延期引信的延期时间可以根据目标的厚度等特性自动调整：目标厚，延期时间变长；目标薄，延期时间变短。

目前，自调延期机构大致分为火药式自调延期和机械式自调延期机构。

7.4.1　火药式自调延期机构

火药式自调延期机构是利用控制火药平行层燃烧速度的原理来获得延期时间。火药自调延期机构中的火药密度、燃烧截面随前冲力的变化而变化，作用时间也随之变化。典型的火药式自调延期机构如图 7-4 所示。这种机构的作用原理是：弹丸碰击目标时，惯性发火机构发火，其火焰通过惯性片上的点火孔点燃延期药。但是，此时的弹丸仍处于装甲板之中，惯性片在惯性力作用下紧压在延期药柱上，由于小孔的孔径很小（0.5 mm），又不在惯性片中心，所以只有小孔附近的药面燃烧，不易向外扩展，因而燃

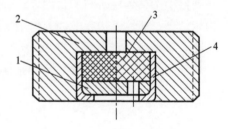

图 7-4　火药式自调延期机构
1—惯性片；2—延期管座；
3—延期药柱；4—延期药管壳

得很慢。经过很短一段时间之后，弹丸穿透目标（如装甲），阻力显著下降，惯性片对延期药柱的压力消失，延期药燃面迅速扩展，燃速加快，通过传火孔引爆雷管，从而达到自动调整延期的目的。这种机构的延期时间为 3～15 ms，可以保证弹丸在穿透装甲后的一段距离处爆炸。穿甲爆破弹用甲-1 引信即是采用这种自调延期机构。

7.4.2　机械式自调延期机构

机械延期通常利用弹丸命中目标后，击发机构或击针的运动行程长或前冲惯性力的

存在来获得一定的延期时间。某些引信作用时间小于 50 μs，对地面轻型装甲车目标和空中目标射击容易形成弹丸"表炸"。某些引信头部装有撞击杆，平时，撞击杆与击针间有一定距离，引信撞击目标时，撞击杆高速撞击击针，击针在引信体中经过约10 mm行程，然后戳击雷管，使引信的作用时间延长到 100～270 μs，实现了延期作用。机械延期属于自调延期，它会随碰击目标的强度或厚度而变化，当目标的厚度或强度增加时，延期时间会随之减小。这种机构复杂或存在浪费引信内腔空间的问题。机械式自调延期机构有直线运动式、综合式和阻尼式三种。

1) 直线运动式自调延期机构

直线运动式自调延期机构是利用前冲惯性力和支撑簧的抗力之间的关系实现自调延期。当前冲力大于支撑簧的抗力时，发火机构不能动作。当前冲力小于支撑簧的抗力时，支撑簧推动击发体撞击击针发火。

图 7-5 所示为捷克 4.7 cm M35 弹底引信的机械式自调延期机构。其作用是：发射时，环形簧在离心力作用下飞开，但保险筒因有支耳支撑，仍将保险钢珠挡住，击针不能刺着火帽。碰目标时，保险筒在惯性力作用下，克服支耳抗力前冲，释放钢珠。钢珠落下后，放开击发体，机构解除保险。穿甲过程中，击发体的前冲惯性力大于弹簧的抗力，击发体抵住螺筒的下部；击针仍刺不着火帽。穿透装甲后，前冲惯性力消失，击发体在弹簧作用下下沉，击针戳向火帽。

2) 综合式自调延期机构

综合式自调延期机构一般是利用弹丸碰击目标时，零件所受惯性力的急剧变化，来达到自动调整延期时间的目的。综合式自调延期机构是将小孔气动延期和机械阻塞式机构相结合。惯性机构在前冲力作用下堵塞传火孔，使延期药产生的气体不能引爆雷管，前冲力减小到一定程度，打开传火道，高温气体经膨胀室后再通过小孔传到雷管，实现自调延期作用。榴-1 综合式自调延期机构如图 7-6 所示。

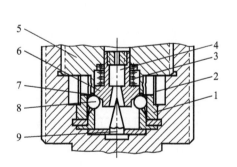

图 7-5 机械式自调延期机构

1—保险筒；2—环形簧；3—弹簧；4—火帽；5—螺筒；
6—击发体；7—支耳；8—钢珠；9—击针

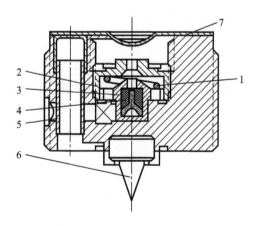

图 7-6 综合式自调延期机构

1—弹簧；2—套筒；3—延期药座；
4—延期药柱；5—滑动筒；6—击针；7—金属片

综合式自调延期机构用于某些穿甲弹引信，能保证弹丸在穿过厚度范围变化较大的装甲之后，在一定距离处爆炸，以毁伤装甲后的有生力量和设备。图 7-6 所示即为这种机构。此机构由机械式自调延期机构和小孔气动延期机构组成。在发射时和弹道上，延期机构各零件均不产生相对运动。碰目标时，火帽座（图中未示出）前冲，火帽被击针刺发。同时，滑动筒向前运动到位，打开横传火道，火帽产生的火焰气体点燃延期药柱。延期药座在惯性力作用下压缩弹簧向前运动，其锥面堵住套筒的中间锥孔，因此延期药火焰气体传不到雷管处。弹丸穿出装甲后，前冲惯性力显著下降，延期药座后退，打开火焰通道。火焰气体通过套筒孔进入空室膨胀，然后通过金属片上的小孔传到雷管。小孔气动延期机构，使弹丸在穿透装甲后的一定距离爆炸，从而能更有效地杀伤坦克乘员，炸毁坦克设备。

图 7-7 所示为某引信综合式自调延期机构，由活塞、延期体、弹簧和垫片组成。延期体肩部与引信体台阶相接触，当头部火帽发火时，火焰由延期体上两个横孔传入，经活塞与延期体锥面之间的间隙，再通过活塞底部的传火槽，最后由垫片的中心孔传出。整个传火道长而曲折，因而获得一个固定的延期时间。当引信碰到目标时，弹丸受阻而减速，活塞在惯性力作用下向前冲，压缩弹簧，使活塞与延期体锥面密合而堵塞传火道，火帽火焰在瞬间受阻而不能下传，当弹丸过靶后，惯性力消失，作用于活塞顶部的火药气体压力及弹簧的抗力推动活

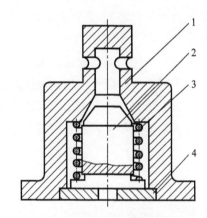

图 7-7　综合式自调延期机构
1—活塞；2—延期体；3—弹簧；4—垫片

塞向后移动，打开传火道，火焰继续下传点燃火焰雷管。此延期时间的长短与活塞获得的惯性力大小有关，当弹丸以不同的着速击中不同厚度、不同材质的目标时，活塞将获得不同的惯性力，因而引信的延期作用时间也随之变化，故具有自动调整延期时间的功能。综上所述，本机构实质上是固定延期和自调延期的综合，弹丸对不同厚度的目标射击时，固定延期和自调延期将各有主次。对刚性较弱的目标，活塞前冲惯性小，自调延期时间很短，固定延期时间起着主导作用；当对刚性较强的目标射击时，自调延期时间随之增大，固定延期相对处于次要地位。综合式自调延期机构同样存在零件多、机构复杂、占据空间大及可靠性差的问题。

3）阻尼式自调延期机构

侵彻爆破弹侵彻目标时，利用流体（气体、流体或准流体）控制引信零件（如击发机构）在前冲力作用下的运动速度，延迟发火时间。由于不同着速前冲加速度值不同，速度高时前冲加速度大，作用时间短；反之则长。这样可以使侵彻行程随弹着速变化较小，即着速对获得炸点的位置影响小。这种机构目前尚未见具体应用。

7.5 延期机构的发展

随着现代军事目标防护技术的发展，引信延期机构特别是自调延期机构近年来得到了重视并有了一定的发展。

在现代引信中，引信的炸点控制技术在原来机械敏感的基础上，发展成为机电集合，集复合探测、智能控制于一体的目标探测与起爆控制子系统。现代目标采用的防护包括钢筋混凝土、空穴间隙、多层防护等。与此对应的有以下两种引信延期技术：

（1）可装定延期技术。采用电子延期技术，引信可存储作用所需的延期时间，通过单片机控制预定延期后精确起爆。使用前通过对目标特性的预先判断，根据战斗部的侵彻能力给引信装定预定起爆点对应的延期时间，作战时根据碰目标后到达延期时间起爆。

（2）智能探测与起爆技术。采用"传感器＋智能控制电路"模式，利用抗高过载加速度传感器获取侵彻过程的加速度信号，根据侵彻过载判断穿透目标的层数，在预定层内起爆。图 7-8（a）所示为其控制战斗部在地下工事的最低层起爆效果图，图 7-8（b）所示为加速度传感器获取的过载曲线及处理信号。

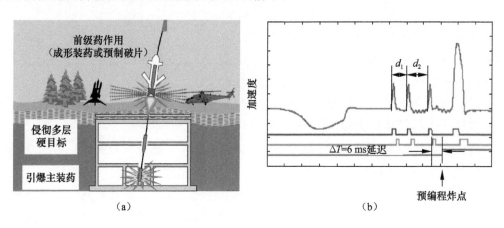

图 7-8　多层侵彻起爆引信

第8章 引信自毁机构

8.1 引　言

自毁机构（又称自炸机构）是某些弹药引信的一种辅助机构，其作用是使战斗部（含弹丸）在未命中目标或工作不正常失去战机时自行销毁。自毁机构用于以下场合：

（1）高射炮榴弹引信。高射炮榴弹主要用于城市和野战防空。由于对付的目标是飞机，作战特点多是用密集的火力封锁阵地上空。为了避免未命中目标的战斗部落在我方阵地，危及地面人员和设施的安全，引信必须设置自毁机构。

（2）航炮榴弹和航空火箭引信。这类弹药属于机载武器，主要用于空空作战。当飞机在我方阵地上空作战时，为了避免未命中目标的战斗部落在我方阵地，危及地面设施和人员的安全，引信应设置自毁机构。

（3）对于某些导弹武器，为了避免武器完整地落入敌人手中而泄露机密，也必须设置自毁机构。

8.1.1 确定自毁时间的基本原则

分析战术技术要求可知，自毁机构与引信选择最佳炸点一样也要确定自毁的时机，即确定自毁时间的最小值和最大值。确定自毁时间的基本原则如下：

（1）自毁时间最小值的确定。对高射炮榴弹引信来说，为了保证战斗部在有效范围内毁伤敌机，自毁时间的最小值就大于战斗部飞至有效射高的最长时间，即弹道降弧段的起始时间。对于空对空榴弹或火箭弹引信来说，自毁时间的最小值除应满足最大攻击距离要求外，还要保证发射弹药的载机不受自毁破片的威胁。

（2）自毁时间最大值的确定。引信自毁时间的最大值应能保证战斗部在以最小安全射角射击时自毁高度大于或等于安全高度。所谓安全高度，是指不危及地面设施和人员安全的条件下，距离地面的最低高度。一般安全高度为战斗部杀伤半径的 6～8 倍。

应该指出，以上给出的两点仅是确定自毁时间的基本原则，实际问题往往是比较复杂的，不但要考虑战术要求，而且要考虑实施的可能性。在确定自毁时间时，这就需要一个协调战术指标的过程。

8.1.2 自毁机构的类型

引信自毁机构由定时器和起爆部件，或由环境敏感装置和起爆部件组成。属于时间控制的自毁机构有火药式、钟表式和电子式等；属于敏感战斗部转速衰减而起作用的自毁机构有离心式自毁机构。自毁机构类型见表 8-1。

表 8-1　自毁机构类型

自毁机构	时间控制型	火药自毁机构
		钟表自毁机构
		电子自毁机构
		化学自毁机构
		电化学自毁机构
		电源衰竭式自毁机构
	敏感环境型	离心自毁机构
		钢珠式离心自毁机构
		铰链式离心自毁机构
		卡板式离心自毁机构

8.2　火药定时自毁机构

8.2.1　结构与工作原理

火药式自毁机构是利用药剂的平行层燃烧来控制自毁时间的一种自毁机构，一般由时间药盘（药柱）和膛内发火机构组成。火药自毁机构结构简单、成本低廉，但其最大的缺点是火药的长期储存性差，因此而影响到作用的可靠性。

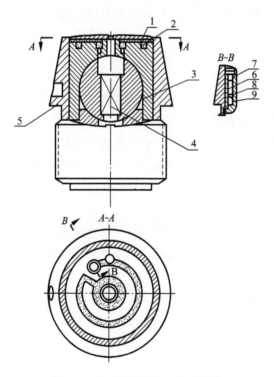

图 8-1　环形药槽式药盘自毁机构

1—纸垫；2—延期药；3—药盘座；4—雷管；5—引信体；6—传火孔；7—火帽；8—保险簧；9—击针

时间药盘一般分为引燃药、时间药和扩焰药三段。引燃药的作用是接受膛内发火机构的火焰并可靠点燃时间药段。因此，用作引燃药的药剂应火焰感度高且点火能力强。时间药段是控制自毁时间的主要药段，目前多采用微烟药作为时间药剂。扩焰药的作用是扩大时间药剂输出的火焰，以保证可靠引燃或引爆下一级火工元件。

火药自毁机构的结构形式，一般多采用环形药槽或 S 形药槽；采用单层药盘满足不了时间要求时，则可采用双层或多层药盘结构；也可采用药管和药盘相结合的形式。

图 8-1 所示是环形药槽式药盘自毁机构，药槽的首端与膛内发火机构相通，而

尾端与药盘所要点燃的下一级火工元件相通。

图 8-2 所示是药管与药槽相结合的药盘自毁机构，药槽的首端与一个药管上端衔接在一起，而药管的下部引燃药与膛内发火机构相通，药槽尾端与另一个药管上端衔接。

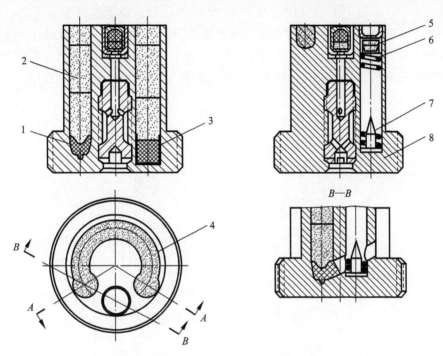

图 8-2 药管与环槽相结合的药盘自毁机构

1—引燃药；2—药管；3—扩焰药；4—药盘；5—火帽；6—弹簧；7—击针；8—药盘座

该药管的底部管槽组合式药盘自毁机构的工作原理是：发射时，膛内发火机构开始工作，火帽在后坐力作用下克服弹簧抗力后坐与击针相碰发火，火焰点燃药管中的引燃药，经药盘再引燃药管中的延期药直到扩焰药，最后引燃下一级火工元件（如雷管），进一步达到战斗部爆炸自毁。

8.2.2 典型引信火药式自毁机构

图 8-3 所示为 Б-5 引信自毁机构。苏 Б-5 是隔离火帽型空空火箭弹引信，配用于 57 mm 杀伤火箭。自毁机构是由保险簧、侧击针、火帽和装有时间药剂的药盘组成。

发射时，惯性筒在后坐力作用下克服惯

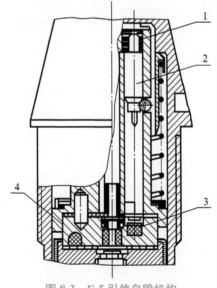

图 8-3 Б-5 引信自毁机构

1—保险簧；2—侧击针；3—火帽；4—药盘

性筒簧的抗力下沉到位，释放保险钢珠，侧击针在弹簧的作用下刺发火帽，其火焰点燃自毁药盘中的时间药剂。若火箭弹未命中目标，在发射后，约 10 s 后自毁药盘燃烧完毕，最终使火箭弹自毁。

图 8-4 所示为榴-1 引信（Б-37 引信）。该引信是隔离雷管型的弹头引信，配用于 37 mm 高射炮榴弹。榴-1 引信的自毁机构包括膛内发火机构和自毁药盘。自毁药盘在隔爆机构下面，它为铜制（或锌合金压铸件），盘上有环形槽，内压微烟延期药剂，药剂的起始端压有引燃药，有孔与膛内发火机构相通，药剂终端与导爆药相接。

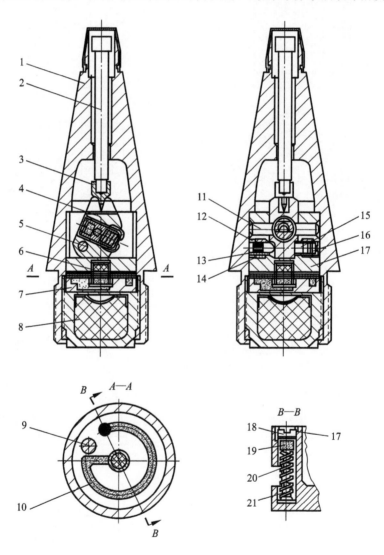

图 8-4 Б-37 引信

1—引信体；2—击针杆；3—击针尖；4—雷管座；5—限制销；6—导爆药；7—自毁药盘；8—传爆药；
9—定位销；10—自毁药；11—转轴；12—离心子；13—保险黑药；14—螺筒；15—离心子；
16—离心子簧；17—U 形座；18—螺塞；19—МБ-8 火药；20—弹簧；21—点火击针

发射时，膛内发火机构的火帽在后坐力的作用下向下运动压缩弹簧与点火击针相碰而发火，火焰点燃自毁药盘起始端的引燃药。发射后 9～12 s，若战斗部未命中目标，在弹道的降弧段上，自毁药盘药剂引爆导爆药，进而引爆传爆药，使战斗部自毁。

Б-37 引信虽然有隔爆机构，但自毁药盘药剂点燃的不是雷管而是导爆药。因此，当某种偶然因素使膛内发火机构发火时，雷管虽然尚未解除隔离，自毁药盘药剂仍可直接引爆导爆药，使战斗部发生意外爆炸事故。可见，此引信的自毁机构设计是不合理的。

8.3　离心自毁机构

离心自毁机构是利用旋转弹在弹道上转速逐渐衰减的规律控制自毁时间的一种机械自毁机构。离心自毁机构与其他类型的自毁机构相比具有下述优点：

（1）它是利用战斗部在外弹道飞行中转速逐渐衰减的规律来控制自毁时间的，而战斗部转速的衰减又随射角不同而变化。在高射角发射时，要求引信的自毁时间长，而在这种情况下，战斗部高空飞行，空气稀薄、阻力小，因而转速衰减得慢；在低射角发射时，要求引信的自毁时间短，而在这种情况下，战斗部在低空飞行，空气密度大、阻力大，因而转速衰减得快。可见，离心自毁机构具有某种程度的自动调整自毁时间的作用。这一优点是火药和钟表定时自毁机构所不具备的。

（2）离心自毁机构可以同时兼有膛内保险机构和远距离解除保险机构的功能，而且发火和自毁可兼用一套击针与雷管系统，便于设计多用机构。这对设计结构简单、性能完善的引信以及缩小引信体积等都有好处。

（3）与药盘自毁机构相比，其长期储存性能较好。但是这种机构只能适宜于高转速战斗部的引信，对于低转速战斗部来说，机构的可靠作用与平时安全性之间的矛盾很难解决。至于非旋转弹，根本无法采用这种机构。因此，设有这种机构的引信通用性较差。离心自毁机构可分为钢珠式离心自毁机构、卡板式离心自毁机构和铰链式离心自毁机构等。

8.3.1　结构与工作原理

1）钢珠式离心自毁机构

图 8-5 所示为瑞典 40 mm 高射炮榴弹用 FZI 04 引信的自毁机构。其工作原理是：击针受击针簧的抗力作用，滑套受滑套簧的抗力作用，两者共同紧压在离心子

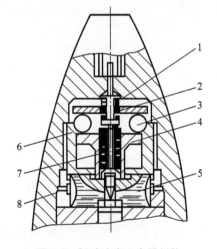

图 8-5　钢珠式离心自毁机构

1—击针簧；2—击针；3—钢珠；4—滑套；
5—离心子；6—支螺；7—滑套簧；8—环形弹簧

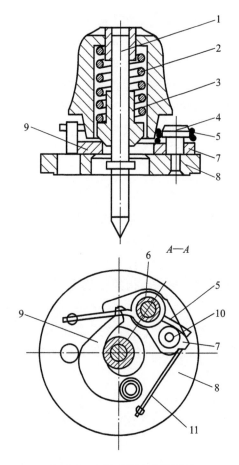

图 8-6　卡板式离心自毁机构

1—击针；2—自毁弹簧；3—自毁簧座；4—扭簧轴；
5—扭簧；6—套管；7—解脱杠杆；8—压板；
9—离心板；10—加重子；11—片状簧

上，保证引信平时安全。发射时，由于击针、滑套和离心子在膛内受到后坐力的作用，钢珠虽受离心力作用，仍不能沿支螺的斜面移动，所以可保证引信膛内安全。在后效期内，后坐力减小，钢珠在离心力作用下，沿支螺斜面外移，将滑套抬起。滑套簧受压而推动击针，击针又压缩击针簧，共同抬起到待发位置，释放离心子。离心子在离心力的作用下，克服环形弹簧的抗力飞开，让开击针通道，完成解除保险过程。若弹丸未命中目标，在弹道的降弧段，随着弹丸转速的下降，离心力减小。当钢珠对滑套的支承力小于滑套簧和击针簧的联合抗力时，滑套将钢珠收入孔中并一起下降，推动击针，戳击雷管，使弹丸自毁。

2）卡板式离心自毁机构

卡板式离心自毁机构的敏感元件是卡板（离心板），典型结构如图 8-6 所示。该机构在德国 20 mm 自动高射炮杀伤燃烧榴弹引信中应用。其工作原理如下：

（1）平时，预先压缩的自毁弹簧向下压自毁簧座，而自毁簧座受离心板阻挡，不能向下移动。同时，离心板还部分盖住压板上的中心孔，该孔直径大于自毁簧座的外径。离心板被解脱杠杆勾住，不能转开。扭簧的左端固定在压板上，右端抵住装在解脱杠杆上的加重子，因而扭簧的力矩可以使解脱杠杆释放离心板，但解脱杠杆又被片状簧顶住。

（2）发射时，片状簧受离心力作用向外弯曲，释放解脱杠杆。但解脱杠杆及其加重子受到离心力和切线惯性力作用所产生的力矩克服扭簧的力矩，使解脱杠杆保持在装配位置不动。弹丸出炮口后，离心板仍保持在被锁住的状态。

（3）未命中目标时，在弹道的降弧段，弹丸转速衰减，扭簧克服解脱杠杆和加重子的离心力矩，使解脱杠杆做顺时针转动，从而释放离心板。在离心力和自毁弹簧通过自毁簧座传递的推力的分力作用下，离心板飞开。同时，自毁簧座在自毁弹簧的推动下碰击击针的凸缘，使击针下移戳击雷管，使引信作用，弹丸自毁。这种自毁机构比钢珠式离心自毁机构的加工性能要好，但它的结构较复杂。

3）铰链式离心自毁机构

铰链式离心自毁机构是利用带离心加重子的铰链来控制击针运动的机械自毁机构，其典型结构如德国 40 mm 高射炮榴弹引信的自毁机构，如图 8-7 所示。引信的击针中部有一扁平部，其上铆有两根活动铰链，铰链的另一端各连一个可以滚动的加重子。其工作原理是：平时，击针尖插在球转子的盲孔内，在弹簧的抗力作用下，击针肩部紧压住球转子。在击针顶部孔内压有易熔金属，使击针固定在保险位置，并使球转子处于隔离状态。当弹丸飞出炮口一定距离后，易熔金属被熔化，让出击针上升的空间，加重子在离心力作用下沿斜面滚动，带动铰链将击针抬起，释放球转子，球转子转正，完成解除保险过程。弹丸未命中目标时，在弹道的降弧段，转速减小。当加重子的离心力对击针所造成的升力小于弹簧的抗力时，击针在弹簧的推动下向下戳击雷管，使弹丸自毁。

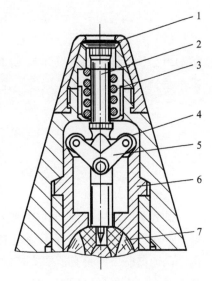

图 8-7　铰链式离心自毁机构
1—易熔金属；2—击针；3—弹簧；4—加重子；5—铰链；6—支筒；7—球转子

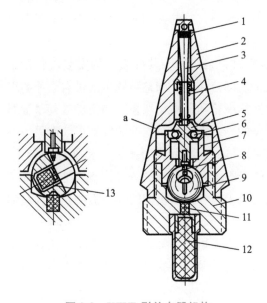

图 8-8　KZVD 引信自毁机构
1—易熔合金；2—引信上体；3—击针杆；4—击发弹簧；5—击发体；6—自毁钢珠；7—导筒；8—击针尖；9—雷管座（球转子）；10—引信下体；11—导爆药；12—传爆药；13—雷管；a—引信上体的薄弱环节

8.3.2　典型引信离心式自毁机构

图 8-8 所示的瑞士 35 mm 高射炮榴弹 KZVD 引信自毁机构是钢珠式离心自毁机构。其工作原理如下：

（1）平时，击发弹簧紧压着击发体。击发体又紧压着球形雷管座，同时击发体上装的击针尖锁在球形雷管座的孔内，因而雷管座不能转动。发射时，弹丸在炮管内加速运动，击发体和击针锁住球形雷管座（球转子）保持不动，弹丸在飞离炮口之后达到最大转速。由于动压的作用，弹丸的顶端产生了阻滞温度（520℃），使易熔合金在短时间内熔化，被熔化的合金很快被向前运动的击针杆和击发体推开。离心钢珠在离心力作用下，向两侧飞开，沿导筒斜面上升，并抬起击发体，击发弹簧进一步受压缩储能。击发体及击针上升，释放球转子，当转到与击针和传爆管对正的位置时，引信进入待发状态。

（2）弹丸未命中目标时，在飞行过程中转速不断减小，钢珠的离心力使击针杆向上运动力小于被压缩的击发弹簧的抗力。结果，击发弹簧推动击发体向下运动，使击针尖戳击雷管而发火。这种自毁发生在弹丸飞行 9～13 s 的弹道降弧段。

8.4　钟表定时自毁机构

8.4.1　结构与工作原理

钟表定时自毁机构是利用钟表机构控制自毁时间的一种机构，一般由原动机、齿轮系、调速器和执行机构等部分组成。原动机既可以是发条原动机，也可以是离心原动机。调速器既可以是有返回力矩的，也可以是无返回力矩的，由于自毁机构的时间精度要求不高，应尽量采用无返回力矩的调速器。执行机构视引信不同而异，机械引信可能是弹簧击针或击针打击杆，电引信则可能是接电开关。

与其他类型的自毁机构相比，钟表定时自毁机构的结构复杂、体积较大，因此在小口径高炮榴弹的引信中很少采用。但它的计时精度高、作用可靠，所以大中口径炮弹的无线电引信中，钟表自毁机构一般除自毁作用外，还有远距离解除保险的作用。

钟表自毁机构与火药自毁机构一样，有时间自毁机构的共同弱点，即用于低射角射击时，不易保证安全炸高。

图 8-9 所示为德国 37 mm 弹头引信钟表定时自毁机构，其钟表机构安装在各种不同厚度和形状相同的夹板之间。钟表机构的主动部分和速度调整装置包括带有齿弧的离心板和离心板轴，齿弧通过四对齿轮和齿轴同擒纵轮和轮轴相联系。平衡摆以其联轴器自由地套在作为旋转轴的击针上。平衡摆弹簧的一端固定在平衡摆的联轴上，而另一端插在夹板 5 上的狭缺口里。平衡摆凸起部的折弯端（a）形成同擒纵齿相啮合的卡子，勤务处理中钟表机构的全部零件被板状保险弹簧固定，而弹簧的一端固定在零件夹板 3 上，另一端同擒纵轮相啮合。主动离心板固定销子插入钟表机构的离心板的孔中，在弹丸沿炮膛运动时，它将离心板固定住。

自毁机构的解脱机构由解脱杆和压缩的击发弹簧组成，解脱杆的下端支撑在套于离心保险器轴上的离心保险器上，不能向下运动，离心保险器的凸起部被主动离心板的弧形缺口所阻，但并不妨碍离心板的旋转。

发射时，固定离心扉的销子及主动离心板固定销子下沉，将相应的零件固定，而板状保险弹簧受离心力作用解除对擒纵轮的约束。

出炮口后，离心扉飞开，离心板开始转动，钟表机构即开始走动，齿轮 37 的转动使固定板的缺口很快地对正离心保险板上的销头时，离心保险板旋转即释放击针，实现远距离解除保险，当碰到目标时，击针即戳击雷管，使引信起爆。未命中目标时，离心

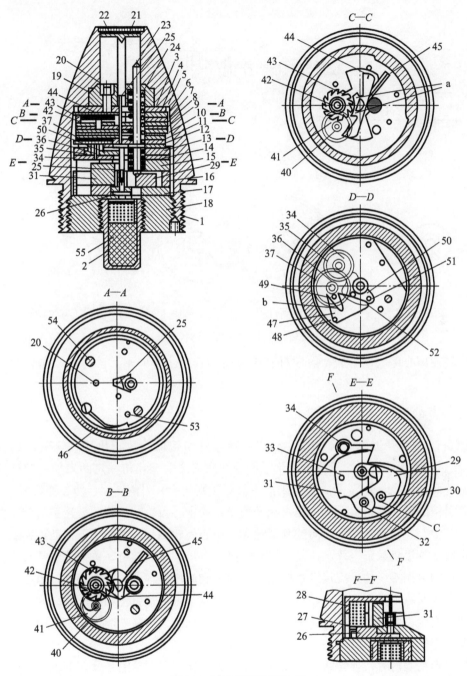

图 8-9 钟表定时自毁机构

1—引信体；2—传爆管；3~17—夹板；18—底螺；19—固定螺；20—螺钉；21—击针杆；22—盖箔；23—解脱杆；24—击发弹簧；25—击针；26—离心扉；27—销子；28—销子弹簧；29—离心保险器；30—离心保险器轴；31—主动离心板；32—主动离心板轴；33—主动离心板固定销子；34~41—传动齿轮及轴；42—擒纵轮轴；43—擒纵轮；44—平衡摆；45—平衡摆弹簧；46—板状保险弹簧；47—固定板；48—固定板轴；49—固定板销；50—离心保险板；51—离心保险板轴；52—销头；53，54—固定螺钉；55—传爆药

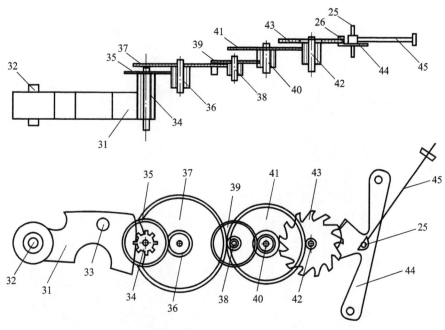

图 8-9　钟表定时自毁机构（续）

板的旋转使离心保险器解脱，解脱杆在弹簧抗力作用下，向下运动并带动击针戳击雷管，实现自毁。

8.4.2　典型引信钟表定时自毁机构

图 8-10 所示是美国"响尾蛇"空空导弹红外引信保险执行机构（含引信自毁机构）。该引信的保险及自毁机构是用于保证导弹发射之后离飞机一定距离使引信处于待发状态。而当在 21～28 s 后，导弹未命中目标，则会引起引信作用，使导弹自毁。

该引信的钟表定时自毁机构是由盘簧所带动的中心齿轮轴、传动齿轮系与调速器所组成。在中心齿轮轴上旋有定向的升降螺套，中心齿轮轴旋转只能上下移动，在塑料罩上固定有长方形接触黄铜片，在其上用螺帽固定有可调接触螺钉，黄铜片经常与塑料罩上所固定的黄铜接线柱保持接触，接线柱与导线和起爆电容器的正端相连，因此，该导线到此即成断路，不与地相连，只在升降螺套上有与可调螺钉接触的通路。为了保证勤务处理的安全，则用制动叉将钟表机构固定，而制动叉又与多功能作用架上的三角底塑料套管相连接。

当导弹在发射时，惯性活机体在直线惯性力的作用下，压缩弹簧而下沉，从而释放了偏心半轮与多功能作用架，此时偏心半轮在直线惯性力的作用下，绕其轴而转动，由于带动有传动齿轮架与调速器，因而能保证偏心半轮以一定速度转动。当偏心半轮转到使接触销与多功能作用架凸出部分接触时，推进器的电路被接通而作用，使多功能作用架带动制动叉、压缩弹簧向左移动，并使其凸出部分让开接触销，偏心半轮在惯性力作用下继续转动，当其上的孔快要与电雷管相对正时，绝缘断路切断销便将电雷管旁路的

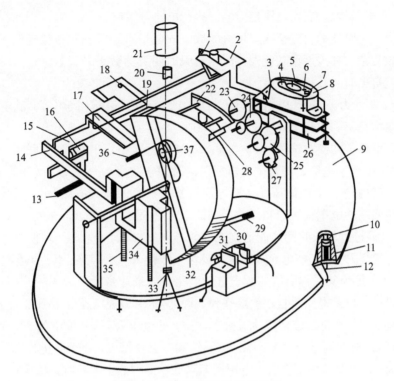

图 8-10　美导弹引信的执行机构

1—塑料套管；2—制动叉；3—塑料罩；4—螺套；5—中心齿轮轴；6—接触螺钉；7—黄铜片；8—接线柱；
9—支架底盘；10—惯性销；11—弹簧；12—触点；13—压缩弹簧；14—挡板；15—多能作用架；16—火药
推进器；17—滑板压片；18—触点；19—火焰雷管；20—传爆管；21—扩爆管；22—齿弧；23～25、27—钟
表机构；26—钟表自炸机构；28—切断销；29—弹簧；30—定位销；31—保险丝；32—偏心半轮；
33—电雷管；34—惯性活机体；35—弹簧；36—接触销；37—制动滑轮

保险丝打断，从而使电雷管处于待发状态，以后继续转动，直到电雷管与装第一传爆管的孔对正，并为定位销将其固定为止。

由于多功能作用架在推进器的作用下向左移动，于是释放了自毁开关的钟表机构，中心齿轮轴在盘簧作用下以一定转速旋转，由于中心齿轮轴的旋转便使升降螺套上升，当螺套上升到与可调节螺钉相接触时，即使起爆电容的正端接地，从而使起爆电容通过电雷管放电，使电雷管起爆，通过一系列爆炸元件而引起导弹战斗部爆炸。其自毁时间为 22 s 左右，在此时间以前，如果导弹接近目标，同时在有效的距离以内，引信会由于目标辐射的红外线而引起非触发爆炸。

8.5　电子定时自毁机构

8.5.1　结构与工作原理

在导弹、火箭弹和航空炸弹等弹药所配用的电引信中，常配用电子定时自毁机构

（简称电子自毁机构），它由电子定时器、执行电路等组成。

使用电子定时器的自毁机构，可分为数字式电子自毁机构和模拟式电子自毁机构。前者结构较复杂，在采用微功耗器件时，自毁时间可达数天乃至数月；后者结构简单、成本低，但自毁时间较短。

图 8-11 所示为苏 Б-21 引信的电子自毁电路，该引信配用于 C-21 航空火箭弹上，既可攻击空中目标，也可攻击地面目标。在图 8-11 中，K_1 为充电开关，R_2、C_3 分支为补充充电电路。在参数选择时 $C_3 < C_2$，$R_2 < R_1$。这相当于对 R_1 并联了一个小电阻，对 C_2 串联了一个小电容，使整个充电回路的时间常数变小。因此，当开关 K_1 接通后，在很短的时间内，C_2 上的电压即达到电点火管（12）的发火电压 U_E，引信解除保险。同时，支路两端的电压很快饱和。此后，C_1 上要是通过 R_1 向 C_2 充电，由于时间常数 R_1C_1 很大，需经过较长时间才能达到充气放电管（8）的触发电压，使电点火管发火，引信自毁。惯性开关 K_2 使电点火管在主动段末才接入点火回路。K_3 为碰炸开关。

图 8-12 所示为某炸弹引信的电子自毁电路。如果炸弹投下后 4～5 个月的时间内，没有出现目标，自毁电路将自动引爆炸弹。图 8-12 中 D 是 7 V 的稳压二极管，电源的正常电压是 9 V。平时二极管呈导通状态，其上的电压是 7 V。剩下的 2 V 通过电阻 R_2 产生晶体管 G_1 的偏置基极电流，并使 G_1 饱和。晶体管 G_2 处于截止状态，G_2 的射极输出电压为 0。电源长期工作后，电压逐渐降低，降到低于 7 V 时，稳压管 D 截止，G_1 的基极电流等于 0，G_1 截止，G_2 导通，G_2 的射极变成高电位，通过或门推动执行装置，引爆炸弹自毁。

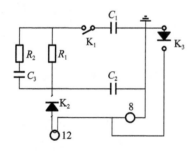

图 8-11　苏 Б-21 引信电子自毁电路

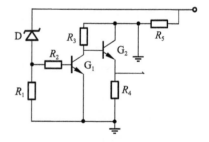

图 8-12　某炸弹引信电子自毁电路

8.5.2　典型引信电子定时自毁机构

Б-21 引信通过两个电容 C_1C_2 以及相关电路设计，可实现短时间内达到电雷管的起爆电压，长时间后达到开关管的触发电压，以分别实现远距离保险和电自毁。图 8-13 所示为苏 Б-21 引信的实际结构，其开关装置包括充电开关及电发火管惯性接电开关两部分。充电开关 K_1 由充电杆、软钢索、压紧钢索的衬套、弹簧、扭力弹簧和带导线的螺钉组成。钢索一方面用作导线使充电电容器 C_1 充电，另一方面又将充电杆固定，使弹簧处于压缩状态。充电完毕后，火箭弹飞离发射架，钢索自引信内拔出，留在载机

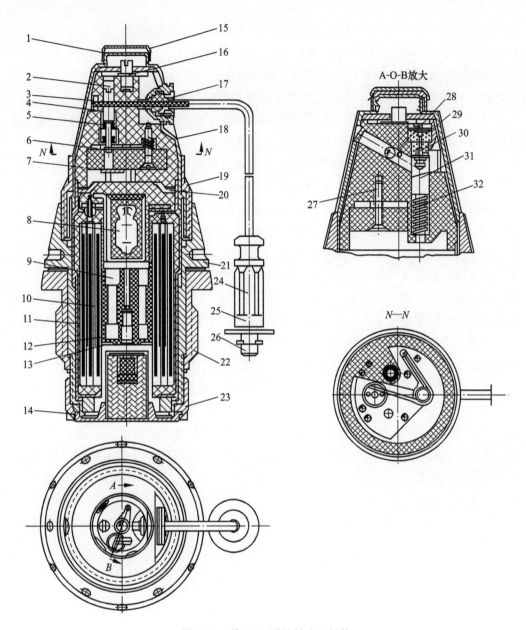

图 8-13　苏 Б-21 引信的实际结构

1—盖箔；2—充电杆；3—软钢索；4—衬套；5，32—弹簧；6—扭力弹簧；7—充电接线体；8—充气放电管；
9—接线体；10—电阻；11—电容器；12—电点火管；13—支撑垫圈；14—底板；15—保险罩；16—螺钉；
17—塞子；18—罩子；19—活动衬套；20—垫圈；21—引信体；22—螺纹衬套；23—底版衬套；24—杆头
衬套；25—接触器接线体；26—接触器；27—接触螺钉；28—钢珠；29—衬套；30—接触杆；31—惯性销

上。充电杆在弹簧作用下上升，使充电电容器 C_1 与外部电源断开；被释放的扭力簧则
与接触螺钉接触，使充电电容器 C_1 接入引信电路。钢索伸出罩子的地方用橡皮衬套和
塞子密封。钢索的自由端有个杆头，由接触器、接触器接线体和杆头衬套组成。杆头衬

套上有两个定位器，利用它可将钢索杆头固定在发射装置的充电设备上。

惯性接电开关 K_2 由惯性销、接触杆、弹簧及钢珠组成。惯性销和接触杆平时断开，使电点火管与点火电容的电路断开。钢珠放在充电接线体的斜孔内，钢索正好阻止其向惯性销和接触杆间方向移动，由盖箔和螺钉组成触发开关。充放电装置的电容器 C_1、电容器 C_2 放在引信下体内。在电容器的中央衬套内有支撑垫圈，装有电点火管、电阻的接线体和充气放电管，垫圈是用来固定导线的。

平时，充电杆使扭簧开关开路。因此，钢索没有离开充电杆之前，充电电容器 C_1 与引信其他电路是断开的。发射前应将保险罩摘掉。

发射时，火箭弹沿滑轨运动，机上电源通过钢索接触器，充电杆和扭簧向充电电容器 C_1 充电。在火箭弹运动过程中，钢索被拉紧，拉力超过 290 N 时，钢索从引信内拨出。充电杆在弹簧作用下向上运动并放开扭力簧臂，扭簧开关即把充电电容器 C_1 接到与引信电路连接的接触螺钉上。这时，点火电容器 C_2 上的电压开始增长。在钢索从引信内拨出的同时，钢珠被释放。惯性销在后坐力作用下（只要后坐加速度不小于 $36g$ 即可）压缩保险弹簧并下沉，打开斜通道。此时，钢珠也在后坐力的作用下，进入惯性销的孔中。主动段末，后坐力消失，惯性销在弹簧作用下与钢珠一起上升。使惯性接电开关导通，电点火管与电容器 C_2 相连，引信处于待发状态。

碰击目标时，盖箔在目标反作用力作用下变形，使触发开关 K_3 闭合：此时电点火管直接与点火电容器 C_2 相连，从而使引信爆炸，如果火箭弹未碰着目标，则在点火电容器 C_2 的电压上升到充气放电管的工作电压时，放电管导通，电点火管发火使引信爆炸。显然，不同的充电电压 U_0 对应不同的自炸时间。因此，Б-21 引信实际上可作为空炸时间引信使用。

第9章　引信辅助机构

9.1　引　言

引信辅助机构是在保障引信完成基本功能的前提下，为提高引信的性能而设计的。引信辅助机构一般为提高引信的作战效能而设计，如为确保引信发火可靠性的闭锁机构、为对付多种目标而实现不同作用方式的装定机构、为延长封锁/作用时间的防排/防拆卸机构等。也有些辅助机构是为引信自身保险性能而设计的，如手动保险销、引信保护帽、航空炸弹的旋翼控制器等。

引信辅助机构按其所在位置可分为引信内辅助机构和引信外辅助机构。引信内辅助机构平时与引信装配在一起，在引信使用过程中为确保引信的安全性及作用可靠性发挥作用。引信外辅助机构则在使用前对引信进行相关操作后，发射时不与引信随弹丸发射出去，还可继续对其他引信发挥作用，如引信装定器等。

随着引信技术的发展，引信辅助机构也在发展，种类也逐渐增多，功能也越来越全。有的引信辅助机构已与武器系统的火控系统相关联，如瑞士的双 35 mm 高炮武器系统，其引信的装定器同火控系统的测速、火控计算机相结合，均是为最终提高引信炸点精度控制而设计的。该系统从某种意义上讲属引信辅助机构，但已突破了辅助机构的概念，成为武器系统提高作战效能的关键一环。

9.2　引信装定机构

引信装定机构主要应用于时间引信或多选择引信，在发射前或发射过程中乃至发射后弹道飞行过程中对引信的作用时间或作用方式进行装定，以满足高精度空炸或对付不同目标的作战需求。

引信依所装定参数的不同，可分为时间装定、作用方式装定、其他参数的装定等。时间引信装定通过装定确定引信的作用时间；多选择引信的装定通过装定机构实现对作用方式的选择；其他参数的装定可包括水下定深引信起爆深度的装定、侵彻引信侵彻层数的装定等。

依装定机构的作用方式不同，可分为机械式手动装定、接触式电装定、线圈式感应装定、无线电指令装定以及光学指令装定等。机械式手动装定主要通过装定器拧动引信外部的装定环、装定栓等部件，通过对机械约束的变化或相对装配位置的变化来实现对引信的装定；接触式电装定通过装定器上的信号及电源触点与引信内部电路接通，装定器给引信电路供电并发送装定信息，接触式电装定还包括通过引信上的装定按钮进行装定；线圈式感应装定通过装定器上的发送线圈与引信内部的接收线圈之间的电磁耦合，将装定信息通过调制后以高频信号发送到引信中，再经过引信内部的解调解码电路将装定信息处理储存。无线电指令装定和光学指令装定一般用于对发射后的引信进行远距离遥控装定。

对装定机构的要求如下：

（1）装定确实可靠，且在发射时不应因外力作用而改变装定；

（2）装定精度高，装定分划细；

（3）装定快速，装定力矩小；

（4）装定容易，便于操作，装定器工具简单；

（5）装定机构本身结构简单，易于加工；

（6）密封性好，特别是对于火药时间引信；

（7）容易识别，最好是适于全天候作战。

9.2.1　时间引信的装定机构

时间引信是指利用定时装置来控制发火控制系统作用，而实现点火或起爆的引信。时间引信一般用于在目标上方或弹道某点上空炸，以实现某些特定功能（如母弹开舱、点燃照明或烟雾剂等），在小口径高炮中也可用于对目标的近程拦截。装定机构是时间引信必不可少的一部分，用于在发射前根据目标位置、战技要求等将引信的作用时间装定在特定值。

时间引信根据其计时原理的不同，可分为药盘时间引信、钟表时间引信、电子时间引信等，随之需要不同的计时装定原理，也就出现了不同的装定机构，主要包括：调节药盘燃烧时间的装定机构；钟表时间引信的装定机构；化学时间引信；电引信，如改变电阻值的电引信装定机构和装定脉冲宽度的装定机构。

1. 药盘时间引信及其装定机构

药盘时间引信依靠延期火药的燃烧时间实现对引信起爆或点火控制。发射时膛内点火机构点火，引燃延期药盘，药盘燃烧一定时间后输出给下一级火工品，实现定时作用。药盘时间引信为实现较长的作用时间，一般采用平行层药盘。

该类装定机构一般包括装定器、引信上的装定环、引信上的装定固定机构等。图 9-1 所示为苏联 T-5 药盘时间引信的局部剖视图，共三个平行药盘。该引信的装定是通过装定器拧动引信体上的装定环，引信的中间药盘固定，上、下药盘运动随装定环运动，控制药盘的有效长度，可控制引信的作用时间。

2. 钟表时间引信及其装定机构

钟表时间引信通过钟表机构计时，其引信的作用时间装定主要是装定钟表机构的释放机构，一般采用风帽装定机构。

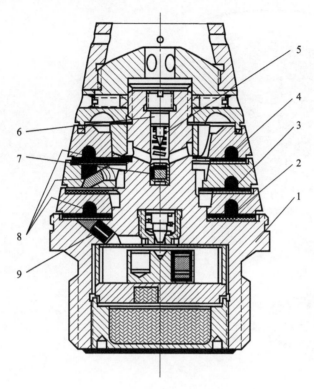

图 9-1　T-5 药盘时间引信

1—引信体；2—下药盘；3—中药盘；4—上药盘；5—击针簧；
6—击针；7—火帽；8—时间药剂；9—黑火药

风帽装定机构通过装定扳手拧动引信的风帽来装定，下面以时-5引信为例进行介绍。

该装定机构分为内、外两部分，内部包括钟表机构主轴上秒针和装定帽，装定帽同引信风帽连接，其顶盖上有一形状与秒针相似并能容秒针从顶盖下面跳出的缺口如图9-2中 a 所示。秒针跳出后释放保险勾，发火机构立即作用。因此，可以通过调整秒针和装定帽顶盖上缺口的错开角度来确定释放秒针的时间。

装定时拧动引信的外风帽就调整了秒针和装定帽顶盖上缺口的错开角度。具体结构如图9-2所示。

3. 电子时间引信装定机构

电子时间引信是时间引信的一种（见图9-3），计时采用电子器件。电子时间引信是20世纪70年代发展起来的一种新型时间引信，目前向遥控装定电子时间引信方向发展。

电子时间引信主要含引信和与之配套的装定器两部分。

电子时间引信的装定有手工装定、接触式发送数据装定、感应装定三种主要方式。

1) 改变电阻值的电子时间引信装定机构

通过改变引信电路中电阻值，实现电路的不同工作时间。

一般采用引信体上有多个平行的装定环的方式，每个装定环与引信内部有若干触

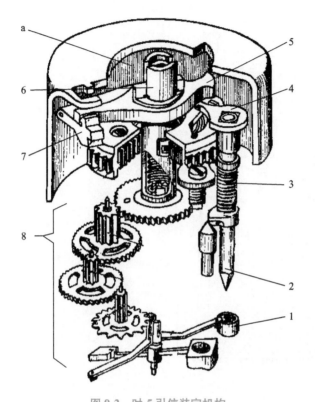

图 9-2 时-5 引信装定机构

1—火帽；2—击针；3—击针簧；4—保险勾；5—秒针；
6—中心轮轴；7—启动杠杆；8—钟表机构；a—缺口

图 9-3 M9813 电子时间引信

点，通过拧动装定环，引信电路的不同触点之间进行短路选择，电路中的电阻值发生变化，装定到特定的工作时间。一般用 3 个装定环，可实现较小的时间装定分划。

该方式装定时引信无需电源，类似于药盘时间引信的装定。

2）导线接触式发送数据装定

装定器采用 3 根插头与电子时间引信接触，3 根插头分别代表电源、地和信号端。装定时需要装定器的电源给引信相关部分供电，并将时间数据写入引信的存储器中。

3）感应装定

（1）装定脉冲宽度的装定机构。通过发送装定波形到引信中，根据规则，引信控制电路在特定的时间作用。对电子时间引信的装定器的主要要求如下：

① 在准备装定阶段，装定器能不断地接收并暂存火控系统送来的每个时间数据，并在接收到新的数据时冲掉以前的数据。

② 当接收到装定命令时，装定器输出装定脉冲给引信，根据引信电路的要求，装定脉冲个数不同。

③ 脉冲的宽度与所要装定的时间相关。

④ 脉冲输出后会经过一段时间发回一个回答脉冲，确认装定是否正确。

装定器的组成包括主控单元、同步控制单元、脉冲产生单元等。各个部分电路功能如下：

① 主控计数器和主控电路组成主控单元：主控计数器是十进制计数器，每执行完一条程序计数器加 1。根据主控计数器的状态，主控电路控制其他各部分电路按一定程序工作。

② 由同步计数器和同步控制电路组成同步控制单元：同步计数器计算同步脉冲的个数，同步控制电路根据同步脉冲的个数控制有关电路按一定程序工作。

③ 时钟脉冲和输出脉冲产生单元：时钟脉冲产生器是一个晶体振荡器，产生频率稳定的正弦波，经过整形得到矩形脉冲。振荡频率、分频比和装定间隔三者兼顾，选择合适的数值。输出脉冲从时钟脉冲中产生并输出。

④ 寄存器及控制电路：寄存器把指挥仪送来的数据寄存起来。寄存器控制电路控制寄存器存数或封锁。

⑤ 主计数器：把"数"转换为"时间"的转换部件。把火控系统送来的数转换为与时间对应宽度的方波。

⑥ 计数控制及补充计数单元：计数控制电路控制主计数器和补充计数器计数。当主计数器计满但引信无回答信号时，补充计数器开始计数，补充计数器的作用是引信没有回答脉冲时不影响装定器正常工作。

⑦ 检查及显示电路：检查引信装定的时间是否正确。

（2）数据编码的装定。

将时间数据进行编码并调制到发送波形中，通过电磁耦合方式发送到引信电路，经过解调与解码，引信得到时间数据并存储。

该方式可实现高精度数据装定，但电路复杂，装定器及引信均需要供电才能完成装定。该装定机构主要通过电路功能体现，在此不再详细讨论。图 9-4 所示为两种感应装定器。

　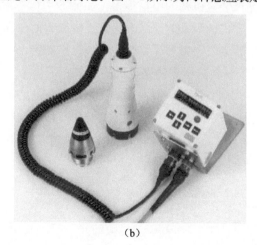

（a）　　　　　　　　（b）

图 9-4　手持式感应装定器

9.2.2 多选择引信的装定机构

多选择引信是指有两种或两种以上作用方式的引信，一般用于中大口径榴弹中，用于对不同种类目标的攻击。目前，多选择引信作用方式一般包括碰炸（含瞬发与惯性作用）、延期、近炸和定时四种体制或其中几种体制的复合。具有多种作用方式的多选择引信目前已成为引信的重要发展方向。一般多选择引信的出厂默认作用方式为瞬发作用，使用前可根据目标情况进行装定，实现相应的作用方式。

从多选择引信的定义可以看出其中两个同样重要的因素：一是要有多种作用方式；二是能进行装定选择。装定技术是多选择引信的关键技术之一。

传统的装定方式为手工机械装定。手工机械装定是最原始的引信装定方式，技术成熟，成本低廉，在引信中应用广泛。主要不足是：必须先装定后发射，无法适应火炮高射速的要求；装定后的引信装定参数不能随战场的时机或目标的变化而修改；自动火炮等武器系统的弹丸在发射前已处于供弹系统中，无法用装定器或手工进行装定。

手工机械装定包括的主要形式有对引信瞬发作用的屏蔽、对传火通道通/断的装定、对延期机构的装定等。

1. 引信帽装定机构

这是一种最简单的装定机构，它可以得到瞬发和惯性两种装定。凡具有瞬发和惯性两种作用的引信均有引信帽；要获得瞬发作用时，就拧掉引信帽；要获得惯性作用时，不需拧掉引信帽。

该种装定机构通过引信帽的设计，碰目标时引信帽存在则将目标反力屏蔽，通过引信帽和引信体承受，发火系统的击针杆头部不受外力，引信依靠弹丸减速，装有火工品的活机体前冲，实现惯性作用；反之，当去掉引信帽射击时，引信的发火主要依靠击针杆碰目标反力向后运动刺发首级火工品，实现瞬发作用。

采用该装定机构的引信很多，如榴-5引信等。

该装定机构默认装配状态为惯性发火，对于多数情况下需要瞬发作用，则需拧掉引信帽射击，多了一道程序，影响作战反应时间。

2. 通/断传火通道的装定机构

在多选择引信中，瞬发、惯性、延期都是控制引信感受到目标或指令信息后到起爆战斗部的时间，在多选择引信中最常用的装定方式是通过对传火通道的通/断来实现的。其结构原理如图9-5所示。

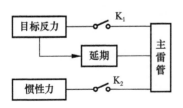

图9-5 多选择引信原理图

设引信的作用时间瞬发时为 t_1，惯性时为 t_2，延期时为 t_3，则 $t_1 < t_2 < t_3$。引信最终的作用方式由对传火通道的开关控制实现。多选择引信控制关系见表9-1。

表 9-1　多选择引信控制关系

K_1	K_2	作用方式
通	任意	瞬发
断	通	惯性
断	断	延期

对传火通道的控制可以有不同的方式，在机械引信中一般通过对传火通道的机械堵塞来实现对引信的装定，主要有调节栓式、阻火杆式、堵螺式等。

1）调节栓式装定机构

调节栓式装定机构通过调节栓对引信传火通道的控制实现多种作用方式的选择。采用调节栓的引信装定机构可使引信装定为瞬发、惯性、短延期、长延期等作用方式。

调节栓的作用原理是用一个径向开有通孔的调节栓来打开和封闭不同的传火通道，以使火焰通过不同的道路传给不同的延期药或雷管。该装定机构一般只需一套发火机构就可实现多种作用方式，结构相对简单。

如有几种延期时，最长的延期不一定通过装定机构，可装在引信体的专用通道上。若只有一个延期，可在调节栓上只钻一个通孔作为传火通道，只要使调节栓体转 90°关闭瞬发传火道就能得到延期。

调节栓可分为锥形的、柱形的、带缺口并凹槽的三种。

图 9-6 所示调节栓是圆锥形的，一端有半圆形台阶，固定在引信体内的限位销压在台阶上，限制调节栓只能转动 90°，另一端切成 D 形与装定扳手相吻合。榴-4、迫-4、箭-1 式等引信的调节栓就是这样设计的。

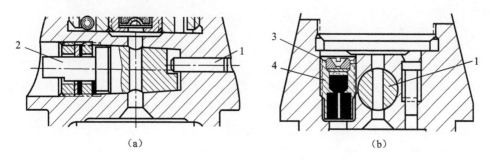

（a）　　　　　　　　　　　　（b）

图 9-6　调节栓式装定机构

1—定位销；2—调节栓；3—调节螺；4—延期管

调节栓设计成 7°锥形，可通过装配弥补加工误差，提高气闭性，保障可靠堵火。该机构的不足是为了保障可靠阻火，需增大装定力矩，这不利于装定操作。

2）阻火杆式装定机构

阻火杆式装定机构是通过控制阻火杆的运动，实现对传火通道的控制，一般需要与调节栓联合使用，通过装定调节栓实现对阻火杆的控制。

阻火杆式装定机构一般包括阻火杆、阻火杆簧、调节栓以及装定扳手等，如图 9-7 所示。

阻火杆受调节栓或阻火杆簧的作用确保静止状态下传火通道的关闭，对提高引信的安全性起到一定的作用。装定的过程实际上是装定是否允许阻火杆退出，打开传火通道的过程。

当装定为瞬发时，阻火杆与阻火杆簧对正，在引信发射后，阻火杆在离心力的作用下压缩阻火杆簧外撤，打开瞬发传火通道，引信碰目标时瞬发作用；当装定为惯性或延期时，阻火杆与阻火杆簧不对正，在引信发射后，阻火杆受调节栓的约束无法外撤，不能打开瞬发传火通道，引信碰目标时另一套发火机构作用，实现惯性或延期作用。

阻火杆式装定机构典型应用于美国的 M739 引信。

为确保膛内阻火杆不飞开及碰目标时可靠飞开，阻火杆与调节栓的轴线一般不是与引信轴垂直，而是外侧向上倾斜一定的角度。

该装定机构需要加工不中心对称的调节栓，工艺性不好。该机构不能用于非旋弹。

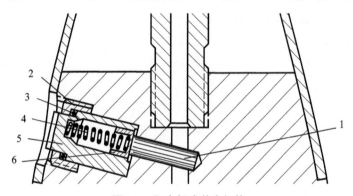

图 9-7　阻火杆式装定机构

1—阻火杆；2—调节螺栓；3—弹簧圈；4—阻火杆簧；5—调节栓；6—簧座

3）空心装定栓与阻火杆式装定机构

阻火杆装定机构由于阻火杆是运动件，既要运动可靠又要保障装定惯性或延期时堵火作用可靠，设计比较难。图 9-8 所示的空心装定栓与阻火杆式装定机构可解决以上矛盾。

空心装定栓与阻火杆同轴，一起深入到引信体中，共同对传火通道实现控制。空心调节栓径向同样开孔，内装可移动的阻火杆。

装定的过程是：通过装定扳手拧动调节栓，使得调节栓的径向孔与引信体上的传火通道对正或错位，而阻火杆始终可以在离心力的作用下飞开，打开调节栓的径向孔。当装定为瞬发时，调节栓的径向孔与引信体上的传火通道对正，在引信发射后，阻火杆在离心力的作用下压缩阻火杆簧外撤，打开瞬发传火通道，引信碰目标时瞬发作用；当装定为惯性或延期时，调节栓的径向孔与引信体上的传火通道错位，在引信发射后，阻杆虽然可压缩阻火杆簧外撤，但由于调节栓的作用，传火通道不能传火，引信碰目标时另一套发火机构作用，实现惯性或延期作用。

该方式也是阻火杆与调节栓的轴线一般不是与引信轴垂直，而是外侧向上倾斜一定的角度。

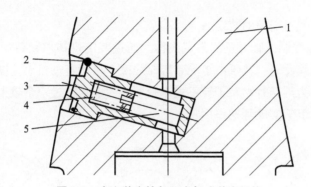

图 9-8 空心装定栓与阻火杆式装定机构

1—引信体；2—弹簧定位圈；3—调节栓；4—滑柱簧；5—滑柱

该机构工艺性好，装定作用可靠性高。该机构也不能用于非旋弹。

4）堵螺式装定机构

该方式通过堵螺的调节实现对传火通道的堵塞，从而引信装定在特定的作用方式。

苏联 ВДВ 航空炸弹引信采用了堵螺的引信装定方式，如图 9-9 所示，实现瞬发、短延期与长延期的工作方式。该引信有短、长调节螺各一个，与大、小药柱各一个相结合，通过对堵螺的旋入与旋出，控制引信传火通道分别通过瞬发通道、小药柱和大药柱以实现三种作用时间。

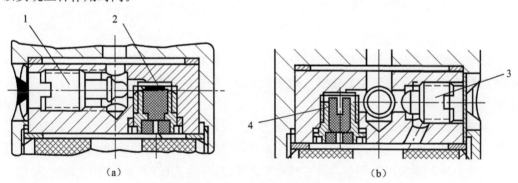

图 9-9 ВДВ 航空炸弹引信装定机构

1—长调节螺；2—小药柱；3—短调节螺；4—大药柱

该引信的堵螺装定机构需要分别对两个堵螺进行调节，且堵螺调节比较慢，装定所需时间较长。该装定机构一般用于航空炸弹等大型炸弹，装定是为了满足不同弹种安全距离的需要而设计，在使用前进行装定。

3. 控制发火控制系统的装定机构

在多选择引信中，有的具有多套发火控制系统，通过控制不同的发火控制系统起作用，也可实现多选择引信的装定。包括单击针，多首级火工品形式；多击针，多首级火工品形式等。

1）控制对正雷管的装定机构

通过对水平回转子的约束，控制转正的角度，可实现不同的雷管对正到发火系统的击针下方，即可实现对引信的装定。

图 9-10 所示为控制雷管对正的装定机构。通过装定机构控制转子解除保险后的转正角度，当装定为瞬发时，转子由于受装定栓约束，只能转过较小角度，瞬发雷管位于击针下方；当装定为延期时，转子转正过程中不受约束，转过一个较大的角度，延期雷管位于击针下方，引信实现延期作用。

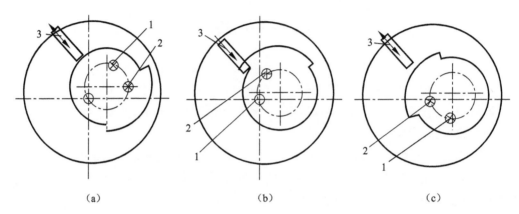

图 9-10 控制雷管对正的装定机构

（a）安全；（b）瞬发；（c）延期

1—瞬发雷管；2—延期雷管；3—装定栓

2）控制击针的装定机构

该装定机构通过引信头部的旋转控制两套发火机构。引信头部有两根并排的延期和瞬发击针：延期击针位于中心轴线，始终对正位于中心的延期雷管；瞬发击针通过信头部旋转，可与瞬发雷管对正或错位。

装定过程只需拧动引信头部即可：当装定为瞬发时，瞬发击针与瞬发雷管对正，碰目标时两套发火机构同时作用，引信实现瞬发；当装定为延期时，瞬发击针与瞬发雷管错位，碰目标时瞬发击针刺空，只有延期发火机构作用，引信实现延期作用。

该装定机构使用方便，通过引信头部的旋转实现装定，不需专门的装定工具，装定位置由引信头外部的刻划线确定。

9.2.3 装定机构的发展

随着武器系统对全天候作战能力、快速反应能力等的需求，传统的装定方式已不能满足现代作战的需要，对装定机构提出了新的要求。现代电子技术、计算机技术和通信技术的发展，又为装定技术的发展带来了动力。目前，装定技术主要向遥控、感应装定方向发展。

引信遥控装定方式主要有导线式、射频无线电式、电磁感应式、光学、X 射线、超声等。其中，技术最为成熟的为前三种。

导线式装定最为简单、可靠，但只适用于低速的火箭弹等。

射频装定响应时间快，装定精度和可靠性高，不需对火炮系统做大的改装。但它的弱点是抗干扰能力差：一是我方的雷达、通信设备辐射出高能电磁场的干扰；二是敌方的电子压制干扰。

电磁感应方式进行炮口感应装定，接收部分在装定后立即关掉，不受外界的电磁干扰，发送线圈不向外辐射电磁波，所以电磁兼容性好。其不足之处是：需要对火炮武器系统做适当改进，传输速率低，装定窗口小。

目前，在装定方式上有两个发展方向：一是便携式手持感应装定器，可用于迫击炮弹引信、单兵班组武器榴弹引信等；二是与火控系统结合的炮口、弹链、底火等感应装定器，可应用于防空反导的小口径高炮、舰炮等武器系统，底火装定作为坦克炮装定方式在国外已经开展研究并得到初步应用。

9.3　引信防雨机构

小口径高炮榴弹引信和对付地面暴露目标的榴弹用瞬发触发引信等对目标射击时要有比较高的灵敏度。但在雨中射击时引信解除保险后会在弹道上由于与雨滴碰击，使引信头部开关闭合或发火机构发火，发生弹道早炸，影响引信对目标的作用有效性。

为满足全天候作战需要，提高引信作战效能，需要在引信中设计防雨机构，保障引信在弹道飞行中受到雨滴作用时不误触发。引信的防雨机构主要是通过头部特殊的设计，将雨滴能量分散或转移到发火件以外的零件上承受，如引信体等。

9.3.1　防雨栅式防雨机构

该种防雨机构通过防雨栅的高速旋转，将雨滴打碎，避免雨滴直接作用于引信的发火机构。该方式的典型应用在图 9-11 所示的 M739 引信中。

该防雨机构组成包括：头部的雨帽、5 根横向交错排列的防雨栅杆、4 个排水孔。雨帽起一定的防雨作用，5 根横向交错排列的栅杆在弹丸高速旋转状态下可将雨滴打碎，被打碎的雨水在栅杆座底部在离心力作用下从 4 个排水孔排出。

该机构避免了引信的击针头直接承受来自雨滴的作用力，具有较好的防雨效果。该机构碰目标时，防雨机构被目标反力击溃，引信发火。引信触发机构的灵敏度由于防雨机构的存在会有所降低。

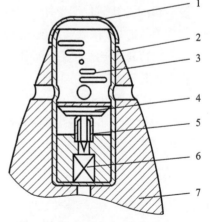

图 9-11　M739 引信

1—雨帽；2—栅杆座；3—防雨栅杆；4—击针；
5—支筒；6—雷管；7—引信体

9.3.2 防雨筒式防雨机构

该防雨机构通过防雨筒的设计，将雨滴的作用力转移到引信体上或通过防雨筒底部的薄片缓冲掉，同样起到防雨效果。

该机构的典型应用在图 9-12 所示的 FZ104 引信中。该引信为瑞典的小口径高射炮榴弹引信。防雨机构主要包括防雨筒、引信体、套筒、击针、横销等。

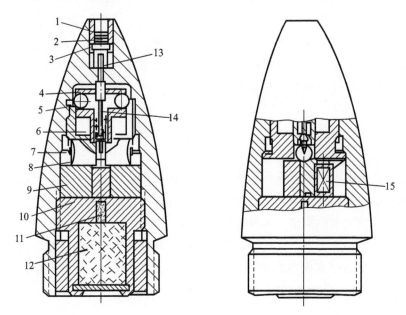

图 9-12 FZ104 引信

1—防雨筒；2—击针帽；3—横销；4—自炸簧套筒；5—钢珠；6—自炸弹簧；7—环状弹簧；
8—离心子；9—滑座；10—雷管座；11—导爆药；12—传爆药；13—击针杆；14—击针；15—雷管

该机构的击针平时不受外力，保障碰目标时有高的灵敏度。

在雨中射击时，雨滴会出现两种方式：一部分雨滴通过防雨筒的翻边作用于引信体上；另一部分雨滴进入防雨筒直接作用于筒底隔板，再通过套筒将作用力传递到引信体上。以上两种方式有效地防止了雨滴作用于击针杆，起到了防雨作用。当引信碰目标时，目标反力直接将防雨筒翻边压溃，防雨筒进入引信体头部，通过横销作用于击针，引信发火。

该机构相当于通过刚性保险件实现雨中射击的作用可靠。由于击针悬浮，灵敏度相对高，但结构相对复杂。

9.4 引信闭锁机构

闭锁机构是用于提高引信作用可靠性的一种机构。其作用是当引信解除隔离后，将雷管座固定于待发位置上。闭锁机构是为防止雷管与导爆药在弹丸飞行或碰目标时重新错开，而影响引信可靠发火或可靠起爆主装药。闭锁机构主要应用于通过惯性力驱动实现解除隔离与爆炸序列对正的引信中，而在弹簧驱动或垂直移动的空间隔爆机构一般不需要设置闭锁机构。

　　闭锁机构零件运动的动力可利用离心力、前冲力和弹簧抗力。引信中通常采用的闭锁机构有以下几种：

　　（1）离心销式闭锁机构。离心销式闭锁机构利用离心力实现闭锁。离心销式闭锁机构平时完全装于雷管座内，可随雷管座一起运动但不能伸出。当引信解除隔离后，离心销在离心力的作用下部分移出雷管座，进入与引信体固连的空间孔或槽中，从而限制雷管座的运动，起到闭锁的作用，如榴-1引信的闭锁机构。

　　（2）惯性销式闭锁机构。惯性销式闭锁机构利用直线惯性力（一般是爬行力）实现闭锁。惯性销既可设置在隔板中，也可以设置在雷管座中，如图 9-13 所示。

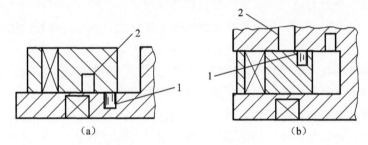

图 9-13　惯性销式闭锁机构

1—惯性销；2—惯性闭锁销孔

　　（3）离心销与惯性销联合式闭锁机构。这种闭锁机构在引信解除隔离后离心销飞开实现闭锁，惯性销在惯性力下移动再挡住离心销的退路实现对雷管座的闭锁，如图 9-14 所示。

　　（4）弹簧销式闭锁机构。弹簧销式闭锁机构的闭锁依靠弹簧抗力，闭锁比较可靠。图 9-15 所示的雷管座在雷管座簧抗力下右移，需要克服闭锁销簧产生的阻力，当移动到位后闭锁销进入闭锁销槽，引信可靠地处于待发状态。

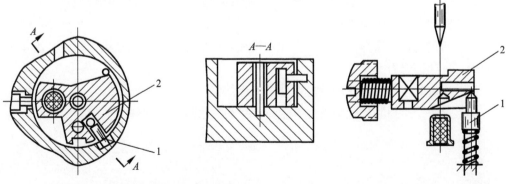

图 9-14　离心销与惯性销联合式闭锁机构　　　图 9-15　弹簧销式闭锁机构

1—闭锁销；2—惯性销　　　　　　　　　　　1—闭锁销；2—雷管座

9.5 引信自失能与自失效

为了减少未爆弹药的危害，对于集束子弹药提出了引信"三自"技术，即自毁、自失效与自失能。引信中自毁技术出现较早，在对空弹药中已经广泛采用。第 8 章对自毁机构有专门讲述，本节结合引信"三自"技术对自失效与自失能的概念及实现进行分析。

集束弹药未爆弹造成的对人道主义危害是目前国际社会关注的热点之一，对于《集束弹药议定书（草案）》已经基本达成共识，草案中提出了集束子弹药加装自毁、自失效、自失能装置。

自失效装置是指一种内置的自动作用机构，以使内置此机构的弹药无法起作用。对于自失效其核心概念为通过内部机构使引信不能作用的过程，不强调永久不能作用。自失能是指通过一个对弹药作用至关重要的部件，如电池，不可逆转地耗竭而自动使弹药无法起作用。引信绝火属于引信自失能的一种，使引信起爆能量不可逆转地消失。

引信自失效的技术路线包括起爆首发爆炸元件技术和恢复保险技术。起爆首发爆炸元件是在引信首发爆炸元件未按预定条件爆炸序列对正的前提下，经一定延时后或者其他方式（如离心衰减等）起爆首发爆炸元件的过程。该方法可以理解为未解除保险条件下引信爆炸序列的局部自毁，使爆炸序列整体对外失去起爆能力。恢复保险技术是指在引信解除保险后，设置一定时间或空间的窗口内引信可以发火，当越过该窗口后引信如未能正常作用，则采用特殊机构恢复引信的保险，使引信失效。

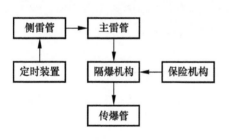

图 9-16 利用侧雷管实现自失效结构原理

在子弹引信中有通过侧雷管定时起爆实现自失效工作的设计，原理如图 9-16 所示。当保险机构与隔爆机构正常作用，主雷管未能被正常击发的情况下，定时装置驱动的侧雷管控制引信自毁；当保险机构未能解除或隔爆机构自身原因未能解除隔爆，则通过侧雷管控制引信主雷管起爆，实现引信自失效。

引信实现自失能的技术包括：

（1）通过电首发爆炸元件电源失能、机械发火爆炸元件的机械能量释放，使首发爆炸元件失去起爆能力。

（2）通过欠压激发、化学反应等使首发爆炸元件失去爆炸能力。

（3）通过定时控制或化学反应等使爆炸序列失去爆轰传递能力。

第 10 章 引 信 电 源

10.1 引 言

引信电源给引信电子线路和引爆电雷管提供电能，是电引信中不可缺少的重要部件。在武器弹药系统向信息化、智能化、微型化发展的过程中，引信电源发挥着关键的作用。

电引信使用的电能可以由发射平台如通电的火炮、航炮在弹药发射时通过向引信上的储能电容器充电来获得。但从安全性、实用性及引信本身的需要考虑，一般不考虑采用外部电源。除大型导弹，其控制、导引、制导部分备有电源，引信电源可以与其合二为一以外，绝大多数的电引信都采用单独的自备式电源。

10.2 引信电源的分类及技术要求

10.2.1 分类

引信电源按其类型可分为化学电源和物理电源两大类。早期的引信电源以化学电源为主，20 世纪 60 年代后由于新材料、新工艺的出现，各种类型的物理电源在引信中的应用有了很大的发展。

将物质的化学能通过电化学氧化还原反应产生电能的装置称为化学电源。化学电源在引信电源中至今仍然占有很大的比例。最早的引信化学电源曾使用过干电池和可充电的二次电池，但这些电池不便于长期储存。目前，电引信中使用的化学电源主要是自带激活机构的储备式一次电池，其按储备和作用方式可分为液态储备式电池和固态储备式电池两类。

物理电源则是将引信在膛内或弹道上遭遇到的环境能源转换为电能的一种装置，如涡轮发电机、磁后座发电机、压电晶体、射流发电机、热电堆等。如射流发电机是将引信在弹道上遇到的大气压力转换为声能，再将声能转换为机械能，再由机械能转换为电能的。而炮口发电机是利用弹丸通过炮口时磁场发生突变将机械能直接转换成电能的。物理电源多数具有双重环境保险的特性，符合引信安全性设计准则，因而深受引信设计者的重视。

10.2.2 引信电源的战术技术要求

引信电源的战术技术要求是在引信战术技术要求的基础上提出来的，主要有以下几方面：

（1）提供额定工作电压与工作电流。这一要求实质上是对电源工作电压和电流的要求。所需电压和电流的大小，主要取决于引信电路、电路所用的元器件以及电起爆装置所需的能量。过去，引信电路中使用电子管器件，开关使用充气管器件，电雷管的起爆能量高，因此要求电源提供的电压很高。随着低压固体器件和低压电雷管的出现，特别是微功耗集成电路的出现，引信对电源工作电压与工作电流的要求已经大为降低。电源电压为 $10 \sim 15$ V，甚至 10 V 以下，电流为 $1.5 \sim 10$ mA 以及 $10 \sim 50$ μA 的水平。

（2）耐冲击与抗旋转。引信电源作为引信的一个装置，有的既要经受强大的冲击与震动，又要经受高速度的旋转环境。电源在这些环境作用下不应损坏或改变其电性能，以及不应产生足以使引信早炸的干扰信号；否则，引信将发生瞎火或早炸。表 10-1 列出了不同弹种引信电源所经受的典型环境参数。

表 10-1 典型的环境参数

名　称	后坐加速度/g	转速/($r \cdot s^{-1}$)
导弹引信	25	30
火箭引信（非旋转）	$100 \sim 1\ 000$	30
火箭引信（旋转）	$100 \sim 1\ 000$	$600 \sim 1\ 800$
炮弹引信	$10\ 000 \sim 70\ 000$	$600 \sim 12\ 000$

（3）工作温度范围广。引信电源应在较广的温度范围内满足引信的使用要求，可靠供电。对地面弹药，温度范围为 $-40\ ℃ \sim +50\ ℃$，对于航空弹药则为 $-50\ ℃ \sim +50\ ℃$。可见温度范围是很宽的，一般民用电源很难经得住这种温度环境的考验，特别是低温环境。

（4）工作寿命符合战术要求。电源的工作寿命是指它能输出额定电压与电流的时间。这个时间的长短决定了引信的工作时间。由于引信是一次使用的产品，因此对引信电源也只要求能保持引信一次使用有效即可。引信电源工作寿命要略大于引信工作寿命，不同种类的引信对引信电源工作寿命的要求也不同：一般的炮弹、火箭弹、战术导弹引信的工作寿命最长为 $3 \sim 4$ min；小口径航弹引信为 $10 \sim 20$ s。对于地雷引信、可布撒雷的电引信，要求布雷后 $3 \sim 6$ 个月甚至 1 年以上的时间内能工作，所以地雷电引信电源工作时间最长，负担最重。

（5）激活时间短。引信电源平时不工作，不供电。因此，引信电源工作时都有一个激活过程。激活时间是指引信电源受激活冲量作用后到达输出额定电压或电流的时间历程。此历程的长短取决于电源的结构和材料的性质以及环境温度。对于触发引信和无线电引信，激活时间应小于战斗部在最小攻击距离上飞行的时间。而对于高精度的电子时间引信，激活时间的快慢将会严重影响引信的计时精度。目前，引信电源的激活时间有小于 25 ms、$25 \sim 100$ ms、$100 \sim 200$ ms 和 $1 \sim 20$ s 多挡。

（6）电源储存寿命长，价廉，易生产。军用弹药的贮存期限为 $15 \sim 20$ 年，所以，对于整装弹药的引信电源，也要求能贮存 20 年而不改变性能。

10.3　化　学　电　源

10.3.1　液态储备式电池

液态储备式电池在常温下进行电化学反应，电介质为液体状态。为了满足长期储存要求，平时将电介液储放在专门的密封容器如玻璃瓶、金属瓶、塑料瓶内，使电解液与电极隔离，不发生放电现象。只有当密封容器破碎后，电解液接触电极才会发生电化学反应。因此，为了击破密封容器，必须设置专门的激活机构。液态储备式电池是用得最普遍、最早的一个种类，有很多品种。

1）电池结构

液态储备式电池一般为叠层式，主要由电池组、电解液瓶、电池激活机构等组成。此外，还有插头、插座、外壳等零部件。

电池组由多个单元电池串联或并联组合而成，如图 10-1 所示。单元电池由电极片、电解液、塑料垫片等组成。电极的正、反两面是两种不同的材料，构成电极的正、负极。电极通常做成环形片和半环形片，如图 10-2 所示。两电极片之间夹有塑料垫片，如图 10-3 所示。塑料垫片也是环形和半环形的，上面有两道或一道圆形镂空处，可以

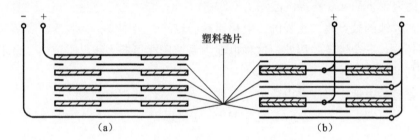

图 10-1　单元电池串联和并联示意图

（a）单元电池串联；（b）单元电池并联

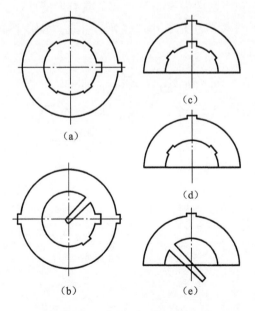

图 10-2　单元电池的电极片

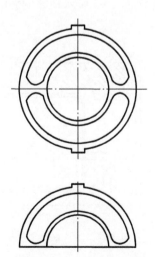

图 10-3　单元电池的塑料垫片

容纳一定量的电解液。电解液置于液瓶内，液瓶置于电极环片中间。发射时，在后坐力的作用下激活装置将液瓶击破，电解液在离心力的作用下流进电极间的空隙，即塑料垫片的圆形镂空处，电源激活。因此，液态储备电池主要适用于旋转弹药引信上。图 10-4 所示是典型的液态储备电池。

2）常用的液态储备电池

（1）高氯酸电池。高氯酸电池属铅酸系列电池，其化学式为

$$Pb \mid HClO_4 \mid PbO_2$$

电池的负极为铅（Pb），正极为二氧化铅（PbO_2），电解液的主要成分为 50％的高氯酸（$HClO_4$）。

高氯酸电池的低温性能较好，因为 50％的 $HClO_4$ 的冰点为 $-46\,℃$，所以，最低工作温度可达 $-40\,℃$；高氯酸电池的激活时间在低温 $-40\,℃$ 的条件下只需 0.5 s，比较短；功率密度大约为 $80\,mW/cm^3$；经济性好。

高氯酸电池的缺点是：正极的二氧化铅镀层较脆，强度差，易脱落；高氯酸溶液在高温下易爆炸，安全性差。因此，这种电池主要使用在早期无线电引信中，也不宜在要求快速激活的场合使用。

（2）氟硼酸电池。氟硼酸电池也是铅酸系列电池，其化学式为

$$Pb \mid HBF_4 \mid PbO_2$$

电池的正、负极材料与高氯酸电池相同，负极为铅（Pb），正极为二氧化铅（PbO_2），只是电解液为 48％氟硼酸（HBF_4）。

由于 HBF_4 的冰点为 $-78\,℃$，所以电池可以在 $-40\,℃ \sim +50\,℃$ 的温度范围内可靠工作。它的激活时间在 $-40\,℃$ 时为 0.4 s；功率密度为 $80\,mW/cm^3$。具有经济性好、工艺简单、成本低等优点，因此广泛应用于电子时间引信、小口径弹药引信、多用途弹药引信上。图 10-5 所示是氟硼酸电池的放电曲线。

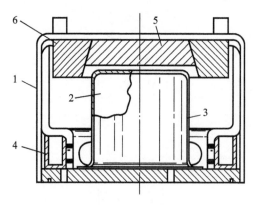

图 10-4 典型的液态储备电池

1—外壳；2—电解液；3—液瓶；4—电池堆；
5—内质量块；6—外质量块

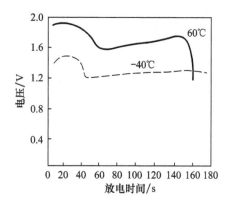

图 10-5 氟硼酸电池放电曲线

但是这种电池的激活时间比较长。利用电镀法生产的电池，20 ms 上升到 1 V，最高电压为 1.4 V；利用黏合法生产的电池，225 ms 才上升到 1 V，最高电压为 1.25 V。单节电池的激活时间要比叠层电池组短得多，因此通常使用单节电池加升压技术。对于叠层电池组电池，电压可达 30 V。

（3）液氨电池。液氨电池是用液态氨（NH$_3$）和硫氰酸盐（NH$_4$SCN）作为电解液的电池。主要使用的硫氰酸盐是硫氰化钾和硫氰化铵。正极材料一般采用二氧化铅（PbO$_2$）、二氧化锰（MnO$_2$）、间二硝基苯（Meta-dinitrobenzene）、石墨、碳（Ca）等材料。负极材料多采用镁（Mg）、钙（Ca）、锌（Zn）等。

液氨电池作为引信电源的优点是：温度范围宽，为 $-54\ ℃\sim +74\ ℃$；激活时间短，约为 0.2 s；贮存寿命长，工作寿命在 1.8 A/dm^3 时放电 7~8 min；开路电压高，约为 2.2 V。1.8 A/dm^3 放电时电压为 1.8~1.9 V。另外，液氨电池还能适应高旋转或非旋转、高过载或低过载等工作条件。但是，设计制造液氨电池存在高压液态氨容器密封困难、多节串联容易短路等技术难点。

液氨电池主要使用在导弹和航弹引信中。

（4）锂电池。锂电池是 20 世纪 60 年代发明的一种高能量密度电池，其比能量可以达到 1.22 W·h·cm^{-3}。特点是单节电池电压高。

锂电池的阳极材料是锂，负极材料常用的有五氧化二钒（V$_2$O$_5$）、二氧化硫 SO$_2$、二氧化锰（MnO$_2$）等，电解质为有机溶液，如丙烯碳酸酯或甲酸酯。这些溶液在低温下不冻结，因此，锂电池具有比能量大，放电电压平稳，低温放电性、贮存性能良好的优点。但用作引信电源时，存在电压滞后、串联结构时可能发生爆炸，只能以单节电池使用等问题。因此，锂电池仅用在反坦克地雷引信上。其在引信中的应用已经从地雷引信扩大到电子时间引信、中大口径炮弹近炸引信、多选择引信及导弹引信等。锂电池性能参数见表 10-2 所列。

表 10-2　锂电池性能参数

阳极	电解质	阴极	额定电压/V	比能量/(W·h·cm^{-3})
锂（Li）	二氧化硫（SO$_2$）	碳（C）	2.9	2.80
锂（Li）	亚硫酰氯（SOCl$_2$）	碳（C）	3.6	3.00
锂（Li）	高氯酸锂（LiClO$_4$）	氟化碳（CF）	2.8	2.00
锂（Li）	高氯酸锂（LiClO$_4$）	硫化铜（CuS）	2.1	1.35
锂（Li）	六氟砷酸锂（LiAsF$_6$）	五氧化二钒（V$_2$O$_5$）	3.5	2.70

10.3.2　固态储备式电池——热电池

热电池是 20 世纪 40 年代研制的一种新型电源，也叫作熔融盐电池。它的电解质是二元或多元熔融盐共熔体，在常规下是不导电、无活性的固体，所以电池处于非工作状态。只有在发射时火工品点火之后，把不导电的固体状态盐类电解质加热熔融，使之呈离子型导体时才发电。因此，热电池具有其他电池没有的特性和优点。

1）特点

（1）贮存期长。基本结构与液态贮备式电池相同，唯一不同之处是其电解质为固态熔融盐。电介质充满于极片之间，与电极直接接触。固体电介质贮存时，无活性、不导电、无自放电现象，发射时在火工品点火加热后融化，与电极起化学反应而发电。因而能长期贮存，最长可达 20 年。

（2）对环境适应性强。热电池的工作环境是由电池本身的加热系统决定的。一般加热温度为 500 ℃～550 ℃，所以外界的环境温度对其影响要小得多。其工作温度范围为 −50 ℃～+70 ℃，允许相对湿度为 98%。

（3）强度高、结构紧凑、坚固，能经受 15 000g 的冲击和 20 000 r/min 旋转离心环境的作用，能满足颠簸震动的要求。

（4）体积小，质量轻。如一电压为 24 V、电流为 50 mA、工作时间为 15 s 的热电池，体积为 $\phi29\times31.5$ mm，质量为 55 g。

2）单元电池

（1）结构：单元电池的结构如图 10-6 所示。中间是以纯金属钙（Ca）冲制成环形片作为负极片；上、下两面放有由无碱玻璃纤维带浸以 LiCl 和 KCl 后冲制的环形电解质片；电解质片的外面是两片由无碱玻璃纤维带浸以 $K_2Cr_2O_7$ 和 KCl 后冲制的环形正极片；单元电池的上端加上电池盖，外面包以电池壳。

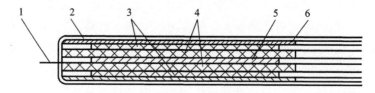

图 10-6　单元电池结构示意图

1—导片；2—电池外壳；3—正极片；4—电解质片；5—负极片；6—电池盖

（2）电介质材料：热电池中常用的电解质是溴化锂-溴化钾（LiBr-KBr）、氯化锂-氯化钾（LiCl-KCl）共熔混合物。例如，44% 的 LiCl 和 56% 的 KCl 的共熔体，在温度高于 352 ℃时，为固相；在温度高于 352 ℃时，为液相。所以，电导率与温度有密切的关系，温度下降，电导率也随之下降，温度低于 352 ℃时，电介质凝固，电池内阻增大，电压急剧下降而失效。

（3）负极材料：热电池中常用轻金属镁（Mg）和钙（Ca）为负极材料，它们的化学性质比通常用来作为负极的金属锌（Zn）更活泼，标准电极电位也比 Zn 低得多。因而用 Mg 和 Ca 作负极的电源，其电动势也高。目前热电池大多数以金属 Ca 为负极。

（4）正极材料：可以作为热电池正极的材料很多，主要有氧化铜（CuO）、三氧化二铁（Fe_2O_3）、铬酸钙（$CaCrO_4$）、铬酸锌（$ZnCrO_4$）、铬酸钾（K_2CrO_4）等。对上述正极材料的比较表明：用氧化铜（CuO）和三氧化二铁（Fe_2O_3）作正极，输出电压低；CuO 在 LiCl-KCl 中的溶解度很低，故用它作正极的电池寿命长，而 Fe_2O_3 寿命短；微熔的 $CaCrO_4$ 作正极的电池，性能最佳且输出能量最大。

（5）电池化学式：由于构成热电池的电解质、正极和负极材料是多种多样的，因而热电池的电化学体系也是多种多样的。常用的有

$$Ca|LiBr\ KBr|CaCrO_4$$
$$Ca|LiBr\ KBr|K_2CrO_4$$
$$Ca|LiCl\ KCl|CaCrO_4$$
$$Mg|LiCl\ KCl|Fe_2O_3$$

电化学体系不同的热电池，其单元电池的电压也不同。目前常用的 $Ca|LiCl\ KCl|$ $CaCrO_4$ 热电池的单元电池的电压约为 3 V。

3）单元电池组

由单元电池、加热片、绝热片等叠装在一起就构成单元电池组，如图 10-7 所示。加热片一般是由 30％的锆（Zr）和 70％的铬酸钡（$BaCrO_4$）或由 88％的铁（Fe）和 12％的高氯酸钾（$KClO_4$），掺由石棉纤维制成。加热片是用点火具点燃的，一般用火焰火帽和电点火头两种点火具。加热片和点火具组成了热电池的加热装置。当发射时点燃点火具后，加热片燃烧，在极短的时间内提供足够的热量使电解质熔融，分解成正、负离子并发生相对迁移而产生电动势。

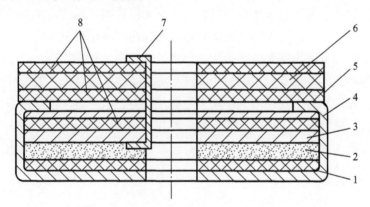

图 10-7　单元电池组结构示意图

1—正极片；2—电解质；3—负极片；4—单元电池壳；5—单元电池盖；6—加热片；7—导片；8—云母片

由于热电池具有其他电池没有的特性和优点，使它成为武器装备的理想配套电源之一，并已应用于各种制导武器、核武器、火炮弹药中。但热电池自身特点决定它也有不足之处：①工作时间短，多半在 60 s 以下；②热惯性大，激活时间长且散布比较大，不适用作电子时间引信电源；③热电池大多还是手工制造，价格较高。

10.3.3　储能电容

电容作为储能元件，可以储存一定的电能，作为引信的工作能源。引信中利用电容作为电源，需要在使用前进行感应供能或者有线传输供能。

随着武器系统以及弹药的信息化发展，与装定系统合二为一的能量与信息传输一体化技术在引信中得到应用。在发射前或发射过程中进行能量与信息的传输，可将目标信息对应的作战参数传输给引信，同时给引信内电容传输引信工作所需要的电能。

采用储能电容作为引信电源，平时引信中无电能安全性高，储能后能量体积比高，由于不存在引信自身电源激活的时间，可提供引信活弹药精确的工作起点。目前需要解决的关键技术包括充电快速性、储能电容在抗高冲击后正常工作能力。

10.4 物 理 电 源

物理电源是在一定条件下实现能量直接转换的物理器件。按能源利用技术分类，它属于新能源。

引信物理电源是随着武器系统对引信需求不断增加和满足引信对电源的需要而研制发展起来的。当前，在技术上比较成熟、在引信中使用比较多的是磁电转换和温差发电等技术。

10.4.1 物理电源的特点

物理电源与化学电源相比有如下特性：

（1）引信物理电源绝大多数都可以百分之百无损检测，因此可在实验室重复模拟与仿真；产品出厂前可以进行发电性能检验；对回收的产品也可重复使用。

（2）引信物理电源内部无变化的化学物质，容易做到长期贮存，且长贮存性好。

（3）引信物理电源通常利用引信的弹道环境来实现能量转换，能很好地保证引信的平时安全性。如后坐力、前冲力、章动力、燃气推力、电磁力等都是用来实现能量转换的各种环境力。依赖弹丸飞行速度实现能量转换的电源，膛内安全性好，全弹道发电，输出功率与飞行速度呈函数关系，同时具有速度传感、弹道顶点检测功能。

10.4.2 连续发电式磁电源

1. 涡轮发电机

涡轮发电机的结构原理如图 10-8 所示。它由转子、定子以及线圈组成。当装配有永磁体的转子旋转时，线圈内的磁场交替变化，产生感应电动势。转子的转动速度高达几十万转每分钟，所以能产生比较高的电压，向电子线路供电。这种发电机的体积不大，质量较轻，比较坚固，输出电压比较稳定；发电机平时不带电，贮存、勤务处理安全性好。

驱动转子运转的动力主要是利用弹丸飞行时头部空气流驱动涡轮或风翼旋转，也有利用火药燃气驱动的，如苏联的萨姆-7导弹所用的燃气轮机。风翼发电机的翼片外露在引信体头部，空气动力性能较差，多用在航弹和低速弹引信上。涡轮发电机现在通常使用内置式涡轮，故可在较高速度的弹上使用。风翼发电机和涡轮发电机的作用原理基本相同，只是叶片结构和空气驱动方式不同，这里主要介绍内置式涡轮发电机。根据涡

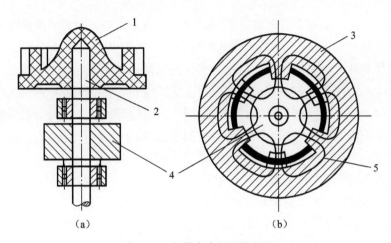

图 10-8　涡轮发电机结构原理

1—涡轮；2—转轴；3—定子；4—转子；5—磁力线

轮驱动方式，内置式涡轮的结构主要有轴流式和辐流式两种，其结构见第 6 章图 6-23。

1）轴向进气式涡轮发电机

轴向进气式涡轮发电机以美国研制用于 M734 引信的涡轮发电机为典型代表。图 10-9 所示是 M734 引信及涡轮发电机结构。

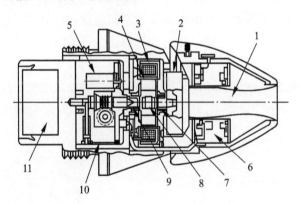

图 10-9　轴向进气式涡轮发电机结构

1—进气道；2—涡轮；3—线圈；4—定子；5—电雷管；6—电子组件；
7—轴承；8—转子；9—离合器；10—保险装置；11—传爆药

轴向进气式涡轮发电机主要由进气道、涡轮、定子、转子、线圈以及出气道组成。弹丸发射后，空气从进气道进入引信体驱动涡轮后由出气道排出引信体。气体驱动的涡轮带动涡轮轴杆高速旋转。涡轮轴杆上装有由永磁体组成的转子，转子相对定子的转动使环绕定子的线圈内的磁场交替变化而感应出交流电动势。

由于要求发电机在全弹道内给引信供电，特别是电子安全系统需要在膛内进行工作，就需要发电机具有良好的低速启动性能，在较低的速度下，涡轮能正常启动，现在一般设定弹速 30 m/s 为发电机的启动速度。另外，弹丸速度大于 300 m/s 时，涡轮转速可达 20×10^4 r/min 以上，巨大的离心力可破坏发电机结构。这就要求在弹丸高速飞行时要限制进气流量，使涡轮转速处于一定的安全范围以内。目前采取的限速措施主要有叶片切根及采用文氏进气道。所谓叶片切根，就是将涡轮叶片基座沿轴向切去一部分，使部分外端叶片与基座悬置。这样，当气流以低速作用于叶片时，此部分叶片在气流作用下发生的弯曲变形较小，仍能参与对涡轮的做功，使涡轮在低速气流作用时保持有较大的驱动力矩；而当气流对叶片的作用增大到一定程度时，此部分叶片发生完全的弯曲变形，不再参与对涡轮的做功，作用于涡轮叶片的有效作用面较低速时显著减少。文氏进气道是一种先收敛后扩张式进气道（图 10-10），通过控制设计参数，可以使管内流动的气流满足涡轮的工作要求。进入文氏进气道的气流在收敛段内加速，在扩张段内得到调理减速至出口截面处为稳定的亚声速流，使进入涡轮的气流满足空气动力学要求。

当气流马赫数 $Ma7$ 大于 1.6 时，要使用压力调节器。

涡轮发电机最初使用于飞行速度较低的迫弹、火箭弹、导弹和航弹。研究最早的是挪威，使用最多的是美国，如多用途引信 M734、电子时间引信 M769、近炸引信 FMU-113/B、电触发引信 FMU-124A/B 和 FMU-143A/B 都使用了涡轮发电机作为引信电源。

2）环形进气式涡轮发电机

环形进气式涡轮发电机是为了适应激光多选择引信及航弹调频引信等新体制引信而研制的一种新结构涡轮发电机。在这些新体制引信中，电子发射装置必须放于引信的头部，显然，轴向进气式涡轮发电机的结构形式不能适应这些新体制引信的要求，而环形进气式涡轮发电机采用侧进气方式，让出的头部位置可以满足这些引信设置发射电子器件的要求。

环形进气式涡轮发电机的基本原理与轴向进气式涡轮发电机相同，只是进气道形式不同，其结构如图 10-10 所示。图 10-11 所示是美国 PX581 多选择引信设计的环形进气式涡轮发电机。

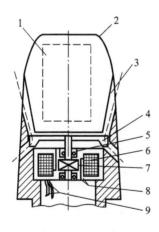

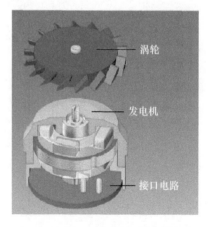

图 10-10　环形进气式涡轮发电机结构

1—探测或电子器件；2—引信体；3—侧进气道；4—叶轮；
5—发电机轴承；6—线圈；7—转子；8—定子；9—发电机输出

图 10-11　美国 PX581 多选择引信
的环形进气式涡轮发电机

3）进气压力自动调节式涡轮发电机

进气压力自动调节式涡轮发电机使用于苏联的 K-5M 导弹上。该涡轮发电机是利用超压气流驱动涡轮旋转的结构，如图 10-12 所示。它由进气道、压力调节器、涡轮、发电机外壳、端盖、永磁体和装有线包的定子、转子组成。气流自引信头部的气道进入，压力自动调节器将流入的气流压力调节到 $(0.2 \sim 0.3) \times 10^5$ Pa 超压，并以此超压气流推动涡轮，带动转子旋转。转子的转动交替地改变了定子磁路中磁感应强度的大小和方向，从而在线圈中产生出交变的感应电动势。发电机在额定超压气流驱动下，转子转速可达 $1283 \sim 1868$ r/s，获得频率 $1.1 \sim 1.3$ kHz 的交流电，再经整流后供电子线路使用。

为了获得频率稳定的输出电压，对进入进气道的气流进行压力自动调节是必要的。自动调节器的结构如图 10-13 所示，它包括外壳、进气衬套、可调出气衬套及套簧。外壳上装有两个偏心螺钉，转动它可以调节出气衬套簧的抗力，使输入到涡轮腔内的压力稳定在 $(0.2 \sim 0.3) \times 10^5$ Pa 范围之内。其调节过程是：引信在弹道上飞行时，气流经调节器的进气道 B 由进气衬套的中心孔进入气室 A 内，使气室内驱动涡轮的气流压力达 $(0.2 \sim 0.3) \times 10^5$ Pa 超压。当弹道环境变化，A 室内的压力大于 $(0.2 \sim 0.3) \times 10^5$ Pa 时，作用在可调出气衬套表面上的压力增大，受气流压力的推动而上抬，使出气口与进气口相错开，流孔的有效截面积减小，使进入 A 室的气流量随之减小，压力下降。如此反复，使 A 室的压力始终保持在 $(0.2 \sim 0.3) \times 10^5$ Pa 超压范围之内。很明显，对于在很宽速度范围内工作的发电机，为了获得稳定幅值和频率的电压输出，压力的自动调节是十分必要的。

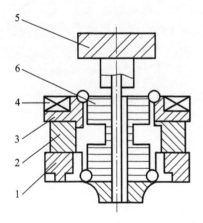

图 10-12 进气压力自动调节式涡轮发电机

1，3—轭铁；2—永磁体；4—线圈；
5—涡轮；6—转子

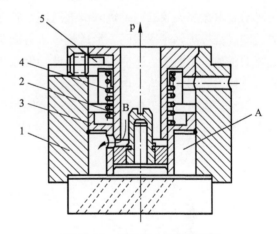

图 10-13 气流压力自动调节器

1—外壳；2—进气衬套；3—可调出气衬套；
4—套簧；5—偏心螺钉

2. 射流发电机

射流发电机与涡轮发电机一样都是利用弹道空气动力作为驱动源的物理电源，根据其运动形式又称为振动式永磁发电机，这是自 20 世纪 70 年代以来国内外大力发展的一

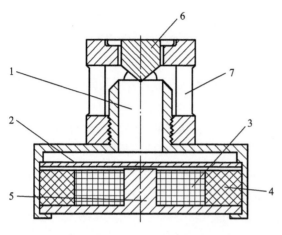

图 10-14　射流发电机的结构示意

1—谐振腔；2—金属膜片；3—线圈；4—永久
磁铁；5—铁芯；6—喷嘴；7—排气孔

种新型物理电源。它的特点之一是：内部无高速转动的零部件，而仅有高速振动的金属圆膜。由金属圆膜的振动改变磁路的磁阻，从而在线圈中感应出电动势。图 10-14 所示是射流发电机的结构示意。

射流发电机结构比较简单，主要由谐振腔、金属膜片、线圈、永久磁铁、铁芯及喷嘴等组成。带有射流发电机的炮弹飞行时，制动空气流自进气孔道经喷嘴流出，喷射在谐振腔的尖棱上。由于射流的附壁效应，气流沿着谐振腔尖棱的内壁流入谐振腔内，使气室的压力逐渐升高。当腔内的压力 p_1 高于气流外侧的压力 p_2 并达到一定值，即存在两侧压力差 $\Delta p = p_1 - p_2$ 的时候，促使射流的流向发生切变，按附壁效应沿谐振腔尖棱的外侧壁流动，并经引信体上的排气孔流出谐振腔。由于谐振腔内没有射流进入，气室压力不再升高。而且由于流出引信体的射流对腔内气体产生卷吸作用，部分气体随射流流出引信体，导致谐振腔内压力逐渐降低。当腔内压力降低到一定值时，即射流外侧压力 p_2 高于内侧压力 p_1，存在两侧压力差 $\Delta p = p_2 - p_1$ 的时候，射流的流向又发生新的切变。它再次沿着谐振腔尖棱的内壁流入谐振腔内，腔内压力再次升高，如此循环不已。这种压力变动过程极短，频率很高，形成气体压力振荡。这种振荡引起膜片振动，改变磁路中气隙的磁通，从而产生感应电动势。此种发电机又是利用气隙的变化调制磁路磁通的，所以也称为调制式射流发电机。

射流发电机可以工作在较宽的速度范围内，用于火炮弹药在 34～914 m/s 速度范围内变化时，其产生的电压值为 3～25 V，电压波形如图 10-15 所示。

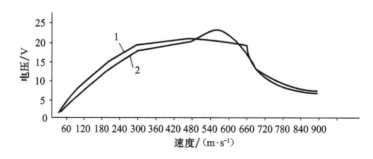

图 10-15　射流发电机电压—速度关系

1—理论计算值；2—实测值

射流发电机整体结构坚固，耐冲击，体积小，生产工艺性好；它在炮弹达到一定速度以后才发电，贮存、勤务处理安全性好，因而可作为第二环境保险器使用。

射流发电机的谐振腔、膜片的设计比较精细；加工精度要求比较高。

射流发电机已用在多种航弹、空空导弹和火箭弹引信上。

10.4.3　单次储存式磁电源

1. 后坐发电机

后坐发电机借磁钢或铁芯与线圈间的相对运动而发电，因此属于直线式永磁发电机。这种发电机已在国内外广泛用在破甲弹引信上作为触发引信的电源；也有将电能储存于电容器上作为电子时间引信的电源，供引信电路使用。图 10-16 所示是用于美国 M762 电子时间引信上的后坐发电机的结构示意。驱动铁芯运动的原动力是炮弹发射时的后坐力，故称为后坐发电机。当然，驱动铁芯的原动力也可利用碰击目标时的碰击力或前冲力，以及弹簧力、爆炸驱动力等。但是，不管利用何种力驱动磁钢做相对运动，这些力都只是脉冲力，发出的是脉冲电压。

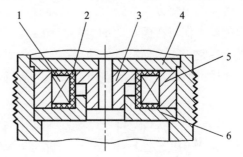

图 10-16　M762 引信的后坐发电机的结构示意
1—线圈；2—骨架；3—铁芯；4—轭铁；
5—永磁体；6—支环

后坐发电机主要由永磁体、线圈、铁芯、轭铁和支环等组成。利用铁芯相对于线圈做轴向直线运动，使闭合磁路的磁通量发生变化，从而在线圈中产生感应电流。它的作用过程是：当弹药发射时，后坐力克服铁芯与发电机轭铁之间的磁引力，使铁芯与轭铁之间产生间隙，磁路中磁阻增大，磁通量发生变化。

后坐发电机产生的电压取决于所用的磁性材料、线圈匝数、气隙尺寸和驱动力的大小。后坐发电机的特点是：激活快，从驱动力作用到产生电动势大约 10 ms；不需气流驱动，便于密封；结构简单，耐冲击性好；便于制造，价格比较便宜。

后坐发电机的缺点是：输出电压是单脉冲，能量小，作用时间短，只适宜起爆低能量电雷管及微功耗电路，且需要能量储存装置。

2. 压电发生器

压电发生器的基本原理是：根据某些物质的压电效应，利用引信的环境力，如发射时的后坐力或碰目标时的碰击力等，作用于该物质的质量块上，使其产生一个很高的脉冲电压。将此电能储存起来，就可以作为引信的电源。

物质的压电效应是指某些电介质物质具有机械能与电能相互转换的特性。这些物质在受到一定方向上的外力作用产生变形时，内部会产生极化现象，表面会积累电荷，当将外力撤去后，又重新回到不带电状态；在极化方向上施加电场，会产生机械变形。

在电引信中，常用的压电材料是压电陶瓷，如钛酸钡和锆钛酸铅等。压电陶瓷是人工制造的多晶压电材料，由无数细微的单晶体组成，压电系数比较大，因而输出能量也比较大。

在压电陶瓷的每个小单晶中，可以分成许多小区域，称为电畴。每个电畴中正、负电荷中心不重合，表现出极性，这种极化是晶格自发产生的，称为自发极化。自发极化的压电陶瓷中各单晶的极化方向是任意排列的，因此不具有压电效应，如图 10-17（a）所示。为了使压电陶瓷具有压电效应，必须进行极化处理。极化处理是在一定温度下对压电陶瓷施加强电场使极轴转动到接近电场的方向（图 10-17（b）），这个方向就是压电陶瓷的极化方向。经过极化处理后，有一部分会重新偏离极化时的电场方向，但大多数仍基本保持在极化时的电场方向上（图 10-17（c）），因而陶瓷内部存在剩余极化强度，在它原来施加电场的两个端面上会留有等量异号的电荷。但是，这些电荷不能离开电介质，所以称为束缚电荷。束缚电荷越多，压电陶瓷的极化强度越大。

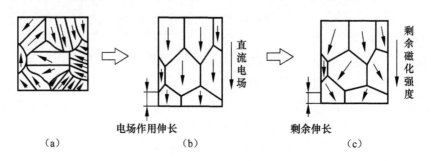

图 10-17　压电陶瓷极化处理过程

(a) 极化前；(b) 极化时；(c) 极化后

人工极化的压电陶瓷在无外力作用时不呈现带电现象，这是由于束缚电荷使陶瓷表面上吸附了周围空间的自由电荷，自由电荷与陶瓷表面的束缚电荷异号且等量，因而屏蔽和抵消了束缚电荷对外界的作用。在沿极化方向加压时，压电陶瓷内部各单晶的尺寸都要发生变化，内部原有的剩余极化强度减少，其表面的束缚电荷也相应减少，使得陶瓷表面出现了过剩的自由电荷，产生压电效应。

如果压电陶瓷两极面间接有开关 S_1 时加压，则压电陶瓷内部产生电极化增量 ΔP，表面仅有束缚电荷。如果让开关 S_1 断开后再卸载，那么力消失后 ΔP 消失，两极面间的束缚电荷被释放，成为自由电荷积累在两极面上。这两种方法分别称为加载法储电和卸载法储电。通常，利用前一种加载的方法来实现着靶前的发电，而利用后一种卸载的方法来实现膛内储电。

卸载时储电电荷的极性与加载时产生电荷的极性是相反的。

膛内储电所用的力是发射时的后坐力。卸载时，压电陶瓷的电压可表示为

$$U = \frac{d_{33}K_1 mg}{C} = \frac{4g_{33}}{\pi D^2} mhK_1 g$$

式中　m——加在压电陶瓷上的惯性体质量（kg）；

　　　d_{33}——压电陶瓷的压电常数（C/N）；

　　　C——压电陶瓷电容（F 或 C/V）；

　　　D——压电陶瓷的直径（m）；

　　　h——压电陶瓷的厚度（m）；

　　　g_{33}——压电陶瓷的电压常数（V·m/N）；

　　　K_1——惯性加速度相对重力加速度的倍数。

　　膛内储电所产生的电能在 $10^{-3} \sim 10^{-4}$ J 范围内，比较小，故只能起爆高灵敏度电雷管。

　　另外，膛内储电法所储的能量 $E = 1/2CU^2$。压电陶瓷的电容 C 为定值。只有选取电压较高时，能量才较大。设计电路和选择电雷管时必须注意该特点。

第 11 章　电子发火控制装置

11.1　引　言

与机械触发引信、机械钟表定时引信和火药定时引信等非电引信相比，电引信具有更高的瞬发度和定时精度，此外还可以实现诸如碰目标后的精确延期起爆、定距起爆、近目标起爆等复杂的控制功能。这些优异特性均得益于电子技术的发展和电子发火控制装置的使用。在电引信中，电子发火控制装置根据引信的工作方式控制起爆元件的作用，在最佳时刻引爆战斗部或者使引信内的某个机构动作，成为现代引信的重要组成部分。

本章在论述电子发火控制装置的组成和特点之后，详细讨论模拟定时、数字定时和定距控制的原理和电路组成。在执行电路中阐述电路的基本结构、常用开关器件的特性以及关键参数的设计指南。由于大规模集成电路正越来越多地用于复杂引信的设计，因此本章还论述适于引信使用的几种微控制器的类型和特性，最后论述了电子引信设计中的微功耗和可靠性技术。

11.2　电子发火控制装置的构成

一般来说，电子发火控制装置由信息处理单元、逻辑控制单元和执行单元构成。信息处理单元通过传感器敏感到的引信的外部环境状态，经信号处理后进行分析、判断，从而获取诸如弹丸出炮口时机、弹丸的飞行速度、旋转圈数、与目标的接近程度等控制信息；逻辑控制单元根据这些控制信息以及给定的装定信息，按照引信的逻辑控制要求在适当的时机给出发火控制信号；执行单元得到发火控制信号后接通发火回路，向电起爆元件输出发火能量，完成发火控制。电子发火控制装置的功能框图如图 11-1 所示。

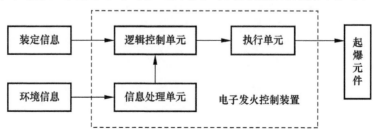

图 11-1　电子发火控制装置的功能框图

11.2.1　电子元件

电子发火控制装置各单元的功能最终要通过电子元件来实现，因此电子元件是构成电子发火控制装置的基础。现代电子技术的发展早已淘汰了原先设计中使用的真空管、冷阴极二极管和方环磁芯等电子器件，取而代之的是以具有高抗噪声性能和低功耗的互补金属氧化物半导体（CMOS）为基础的新型电子元器件。以 CMOS 为代表的半导体技术飞速发展和制造工艺水平的不断提高，使得大规模集成电路（LSIC）大量涌现并得到了广泛应用，而且正在向着更高集成度、更高性能和更低功耗的方向继续发展。与此同时，元件的封装技术也取得了巨大进步，表面贴装器件（SMD）使得电路板的设计在体积缩小的同时可靠性得到了很大提高。

不同的设计对电子元件的功能和性能要求有很大的差异，因此选用元件的类型和具体型号也具有多样性。总的来说，电子元件的选择应注意以下几点：

（1）元件的使用温度范围应满足系统使用环境温度的要求。引信的使用环境温度范围一般为−40 ℃～50 ℃，工业级器件和军品级器件可以满足要求。但军品级器件经过了更严格的力学及电性能测试，具有更长的平均故障时间，应优先选用。

（2）元件的性能应满足引信长期存储的要求。引信一般都有存储 10 年甚至更久的要求，因此选用的电子器件必须具有较好的稳定性，其性能指标不应在引信的生命周期内有显著的改变。

（3）元件的封装形式。除了功率较大，需要考虑散热的器件外，应尽量采用表面贴装器件，以便于电路的自动化焊接和检测，提高生产效率和可靠性。

（4）尽量采用高集成度的器件，减少电路的元件数目，降低系统功耗，提高工作可靠性。

11.2.2　电开关装置

电子发火控制电路中，除了电子开关器件以外，还常使用多种电开关装置，这些开关既可以作为执行级开关实现碰炸，也可以实现远距离接电，还可以向控制单元提供环境信息或作为电解除保险装置，是构成电引信的关键器件之一。从作用原理上分，常用的电开关装置有惯性开关、碰合式开关、爆炸开关等。惯性开关借助后坐、离心或撞击出现的惯性力而工作。碰合式开关利用受冲击变形闭合而工作。爆炸开关是利用爆炸气体作为动力，启动或关闭各种机械或电开关的动力源火工品。爆炸开关可以为常开开关或常闭开关，通常与电发火件固封在一起，当电发火件起爆后，火药气体推动活塞杆，使绝缘销座前移，完成开关的接通和断开功能。

11.3　模拟定时电路

模拟定时电路是利用按一定规律变化的电压或电流计时的电路，通常由电阻、电容、开关、检测器组成，如图 11-2 所示。检测器用来检测计时电容上的电压或其他器件的电流。使检测器动作的电压或电流称为检测器的阈值。所以模拟计时器的工作时间是由计时电路的参数和检测器的阈值电压共同确定的。当检测器电压或电流低于阈值电压或电流值时，电路不动作。在图 11-2 中，只有当计时电容上电压达到阈值电压时，电路才启动。

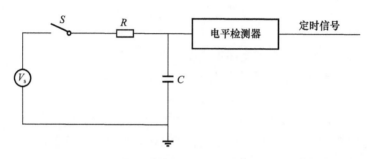

图 11-2 模拟定时电路的组成

模拟定时电路虽然计时精度不高，但电路非常简单，作用可靠性很高，在很多方面都有应用：①它可以组成低精度的，可用于航空炸弹、火箭弹、炮弹、地雷上的时间引信；②可以用它组成自炸电路替代火药自炸装置；③可以用它组成远距离解除保险电路；④可使引信在触发开关闭合后一定延期才爆炸，改变电路参数可获得不同的延期时间。由此可见，模拟定时电路在电引信中处于比较重要的地位。

模拟定时电路种类很多，概略地可分为基本 RC 电路、储能电容供电的 RC 电路、级联 RC 电路、差动 RC 电路等。当然，还有许多其他电路，但都可视为基本电路的改进与变形。

11.3.1 基本 RC 电路

最简单的用恒压电源充电的基本 RC 电路，常用于远距离解除保险、延期装定或自炸装置中，如图 11-3 所示。电路的作用过程是当发射时开关 S 闭合接通恒压电源 U_0，电路开始计时，当充电到检测器 D 阈值电压时，检测器导通，输出定时信号。

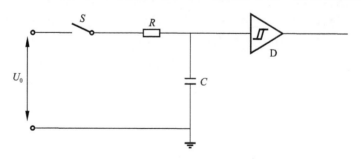

图 11-3 基本 RC 电路

在忽略电容 C 的漏电，并假定检测器导通前电阻 $R_D = \infty$ 时，有

$$U_0 = Ri + U_C \tag{11.1}$$

$$i = C\frac{\mathrm{d}U_C}{\mathrm{d}t} \tag{11.2}$$

式中　U_C——电容 C 上电压瞬时值。

$$\frac{\mathrm{d}U_C}{\mathrm{d}t} = \dot{U}_C \tag{11.3}$$

将式（11.3）代入式（11.1）得

$$U_0 = RC\dot{U}_C + U_C \tag{11.4}$$

取其拉普拉斯变换，得

$$\frac{U_0}{S} = RC(SU_C(s) + U_C(0)) + U_C(s) \tag{11.5}$$

式中　S——拉氏变量。

因 S 接通时，$U_C(0) = 0$，故

$$\frac{U_0}{S} = (RCS + 1)U_C(s) \tag{11.6}$$

$$U_C(s) = \frac{U_0}{(RCS + 1)S} \tag{11.7}$$

取其反变换，得

$$U_C = U_0(1 - \mathrm{e}^{-\frac{t}{RC}})$$

当 $U_C = U_{tr}$ 时，检测器导通，故作用时间为

$$t = RC\ln\frac{U_0}{U_0 - U_{tr}} \tag{11.8}$$

式中　U_0——电源电压（V）；

$\quad\quad U_C$——电容器电压（V）；

$\quad\quad R$——电阻（Ω）；

$\quad\quad U_{tr}$——检测器导通电压（V）；

$\quad\quad C$——电容（F）；

$\quad\quad t$——时间（s）。

故基本 RC 电路的工作时间为

$$t = f(U_0, U_{tr}, R, C) \tag{11.9}$$

改变其中某些参数可以获得不同的时间。

11.3.2　电平检测电路

电平检测器是模拟定时电路中用来检测代表某一时刻的电压的器件。对电平检测器有如下要求：

(1) 达到预定检测电平前，不应把后面的负载与被监测的电路接通，即达到检测电平前，它相当于一个开路开关。

(2) 在达到预定检测电平后，应把负载与被监测电路可靠地接通，并提供足够大的瞬时电流，以推动执行级。

(3) 电平检测器性能应稳定，即在具体电路中应有良好的重复性。

(4) 检测器性能受环境的温/湿度、电/磁场、辐射和力学环境的影响小。

(5) 价格适中。

完全理想的检测器是不存在的，实际应用中的检测器种类有很多，目前常用的电平检测器是场效应管和模拟比较器。

场效应管是一种电压控制器件，其栅源电阻为 $10^{12} \sim 10^{15}$ Ω，当电源电压为 10 V 时，栅源间的漏电流只有 $10^{-14} \sim 10^{-11}$ A，是比较理想的检测器。

模拟比较器是一种半导体集成电路，具有同相、反相两个输入端和一个输出端：当同相输入电压高于反相输入电压时，输出为高电平；当同相输入电压低于反相输入电压时，输出为低电平。因此，将同相输入端接电容电压，反相输入端接阈值电压就可以实现电平检测的功能。模拟比较器的优点是性能稳定、电压检测精确、参考电压可调。

11.3.3 模拟定时误差因素

1）电容器漏电阻

电容器的漏电阻值与电容值成反比，对于相同品种、相同工艺的电容，可认为 RC 为常数，但工作温度的变化会引起漏电阻几个数量级的变化。电容漏电阻对计时精度的影响随具体电路而变化。

2）电阻、电容值散布的影响

在生产过程中，电阻及电容值与标称值之间总会存在偏差，而且产品的成本与允许的公差成反比。允许公差越小，废品率越高，成本也就越高。减少电阻、电容值散布对定时精度的影响的方法是进行分挡选配。例如，利用 5% 精度的阻容器件，分 10 挡选配后，仅 RC 引起的计时散布可降低到 1% 以下，然而这种方法一定程度上使生产复杂化，相对提高了产品的成本。

3）检测器阈值电压散布

任何一种检测器，阈值电压都是有散布的。引起阈值电压变动的因素有：电源电压，环境温度的变化，制造工艺的波动，电场、磁场、光强的变化，以及射线是否存在等。

4）温度系数的影响

军用计时仪器要求在 $-40\ ℃ \sim +50\ ℃$ 这样极宽的温度范围内工作，电阻、电容值又会随着温度发生明显的变化。如金属膜电阻的温度系数为 $(10 \sim 250) \times 10^{-6}/℃$，温度变化 100 ℃ 时，阻值可产生 $1/1\ 000 \sim 25/1\ 000$ 的变化。电容也是一样，所以，它们对计时精度的共同影响是很大的。减少温度系数对计时精度影响的方法是进行补偿选配，即选取在工作温度范围内温度系数大小相等、符号相反，能互相抵消的电阻、电容作部件，这样就能保持时间常数 τ 值不变，采用这种补偿方法之后，在军用引信温度环境下，其相对计时误差就可减少到 0.5% 之内。

11.4 数字定时电路

数字定时电路主要由时基、分频器、计数器和预置电路构成，如图 11-4 所示。其工作原理是通过计数器对某一频率已知的时间基准信号进行计数，当计数值达到预置电路设定的数值时给出定时输出信号。

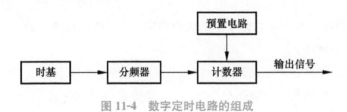

图 11-4 数字定时电路的组成

图 11-4 中，当时基频率为 F，分频系数为 N_{div}，预置电路给出的计数常数为 N_{cnt} 时，该电路的定时时间为

$$T_{\text{cnt}} = \frac{1}{F} N_{\text{div}} N_{\text{cnt}} = \frac{N_{\text{div}} N_{\text{cnt}}}{F} \tag{11.10}$$

11.4.1 时基电路

时基振荡器是电子定时电路的标准脉冲信号发生器，由它产生时基脉冲，它的频率精度决定引信的计时精度。对振荡器的要求如下：

（1）频率稳定性高。时基误差是数字定时误差的主要来源，时基的频率稳定性直接决定数字定时电路的定时精度。

（2）振荡器的起振时间短。电子时间引信是自振荡起振，并送出时基信号后才开始计时的，那么，起振时间的长短及时间散布就成为引信时间与散布的组成部分。只有这种装定后振荡器一直在振荡，但时基脉冲信号在发射后才送入计数器的引信，可不考虑振荡器起振快慢的问题。所以对于具有断电存储功能的引信，在选择振荡器类型时必须考虑起振时间。

（3）振荡器尺寸与功耗小。现代电子时间引信，计时、分频、时序控制逻辑都已采用大规模集成电路，它的体积已大大缩小。振荡器体积占总体积相当重要部分，因此选择小体积的结构也是确定其类型的重要因素。功耗也如此，引信功耗主要消耗在振荡电路和发火电容上，减小振荡器的功耗在减小全引信的功耗方面也占有重要地位。

对于一定类型的电子时间引信，选择何种振荡器作为时基视工作环境和条件而定。这些环境和条件是冲击与振动的大小、工作环境温度的范围、允许的电源功耗、电源电压变动量以及电源激活的时机。

对于冲击环境的影响，美国的试验结果表明：磁芯振荡器在导弹的冲击环境下其性能良好；而在炮弹冲击环境下工作就不太精确。旋转加速度达 6 000g 时，频移可达 5%。铁芯经专门改进设计后可提高到 1%。15 000g 的冲击可造成 1% 永久性频移。磁场对这类振荡器影响也较大。

加强型 LC 振荡器在冲击、离心环境试验时，当加速度为 15 000g 时，可造成 0.1%~1% 的频率漂移。新设计的改进型结构，在加速度为 20 000g，只产生 0.05%~0.2% 的永久性频移。在 10 000g 的离心加速度下，随着放置的方向不同，发现频移为 0.05%~0.4%。

RC 型振荡器在冲击、离心环境下的频率稳定性比 LC 振荡器要好。采用灌封工艺，其影响可以进一步减少。

温度变化时的频率稳定性是通过阻容元件（或电感、电容元件）之间温度补偿选配解决的。如坡莫合金铁粉芯与聚苯电容配合，LC 的温度系数接近于 0。高于 +85 ℃的工作环境不能用聚苯电容。

电源激活时起振快慢变化也很大：石英振荡器在 0.1 s 以上；而 RC、LC、双 T、多谐等类型的振荡器只有 0.001~0.002 s。

温度、电压变化时频率的相对稳定性以石英为最佳，可以保证优于 0.01%，至于其他几种的稳定性都差不多。

综上所述，时基振荡器的选型原则如下：

(1) 对于允许电源在发射前激活的引信选用石英振荡器可以获得很高的稳定性，采取合理的缓冲措施可获得引信作用时间的高精度。

(2) 对装定时利用地面电源供电的引信，装定后要断电，发射后，电源激活，振荡器起振后才开始计时。为确保引信的精度，不但对电源激活有要求，振荡器也应选择起振快的品种，否则会影响计时精度。

(3) 冲击、离心环境下的稳定性，既取决于振荡器类型，也取决于合理缓冲结构。

11.4.2 时基精度

时基误差是数字定时误差的主要来源，时基精度决定了数字定时电路的定时精度。影响时基频率的因素如下：

(1) 振荡频率温度稳定性。电子时间引信要在 −40 ℃~+50 ℃温度范围内工作，振荡器的电阻、电容、电感等器件都有温度系数，电阻、电容值随着温度的变化自然会引起其振荡频率的漂移。还有飞行时空气制动热，也会把引信加热，造成振荡电路频率的不稳定。解决振荡器随温度变化时频率稳定性问题的方法是：采用电阻、电容元件间的温度补偿（或采用隔热措施）和减小振荡器的功耗，防止工作过程的升温。

（2）振荡频率的电压稳定性。引信电源电压的变动总是存在的，其漂移也会引起振荡频率的变化。解决振荡器在电压变化时频率变化的方法：一是设计性能良好的稳压电源；二是寻找振荡频率对电源电压变化不敏锐的振荡电路。

（3）振荡器在冲击、震动环境下的频率稳定性。引信的振荡器要经受运输、装填、验收、空投、空运、发射时的冲击与震动。在这些外力作用下引信振荡器会引起频率变化，所以还得研究振荡器的震动、冲击的缓冲技术，以及对冲击、震动不敏锐的电路。

（4）储存老化问题。引信生产出来后其寿命期为 15～20 年，寿命期内储存过程中，电阻、电容元件的标称值都会发生变化，这种电阻、电容元件老化引起的振荡频率的漂移将造成计时误差。

11.4.3　计数器

计数器是常用的标准集成电路，较常用的类型是二进制、十进制、可编程、二进制编码、十进制编码等。例如，CD 4040 是一个 CMOS 工艺的 12 级二进制计数器，在时钟波形由高到低变化时进行开关转换，由于计数器时钟输入有施密特触发器作用，所以对时钟的上升及下降的时间没有限制。

当二进制计数器工作在波纹计数（ripple counter）方式时，第 n 级输出第一次由低至高的转换发生在清零之后的第 $2(n-1)$ 个时钟脉冲上，而当计数器连续工作时，第 n 级输出由低至高，或由高至低的转换周期为 $2n$ 个时钟脉冲，因此，计数器还可以作为分频器使用，即二进制纹波计数器的第 n 级输出具有 $2n$ 分频能力。例如，12 级计数器 CD 4040 的最高级 Q12 输出由低至高的转换周期为 4 096 个时钟脉冲，因此，Q12 具有 4096 分频功能。对于十进制计数器，如 CD4017、CD 10160 或 CD 40162，将以 10 为系数对输入时钟频率进行分频。适当地选择时钟频率和计数器级数，可获得宽范围的系统时钟频率和宽范围的定时时间。

有些计数器是可编程的，如 CD 4018、CD 4059、NIC14522 及 MC 14526，这些计数器可由给定的控制输入端进行编程，根据控制端输入码，可对输入时钟频率进行不同数量的分频，CD 4018 可被编程为 10、8、6、4 或 2 分频，而与 CD 4011 一起使用，它可被编程为 9、7、5 或 3 分频，CD 4059 可被编程为 3～15 999 的任意整数 n 分频的输入时钟频率；MC 14522 是一个 4 位 BCD 计数器，可被编程进行 1～9 分频；MC 14526 是一个 4 位二进制计数器，可被编程进行 1～16 分频。

以上计数器都可用于完成数字定时功能，且都是标准集成电路，使用非常简便，但由于电路功能是固定的，灵活性较差。尤其是在需要扩展定时范围时，必须改变电路设计，通过级联增加计数器位数或分频系数才能实现。虽然也有可编程的计数器，但其编程的范围也是很有限的，并不能完全满足使用要求。

数字定时功能除采用上述标准计数器实现以外，还可以采用微处理器和可编程门阵列等大规模集成电路。这些器件内部具有丰富的硬件电路资源，而且可以通过软件编程的方式配置这些硬件的功能。关于微处理器和可编程逻辑器件的特点和应用将在 11.8 节介绍。

11.5 定距电路

11.5.1 弹丸飞行距离与转数的关系

根据外弹道理论，对于线膛炮发射的旋转弹丸，若不考虑阻尼，弹丸在发射出炮口后每自转一周，就沿速度方向前进一个缠距。若某弹丸的缠距为 D，弹丸转过 N 时沿速度方向飞行的距离为 S，则

$$S = N \cdot D \tag{11.11}$$

因此，可以将弹丸的飞行距离 S 与旋转圈数 N 的关系制成射表，在射击前或射击时根据目标的距离按射表对引信进行转数装定，引信在弹丸转到装定的圈数时起爆弹丸就可以实现定距控制计转数。定距控制是近年来发展起来的一种炸点控制方法。

计转数定距方法的显著优点是弹丸的作用距离由出弹丸的旋转圈数确定，几乎与弹丸的初速无关，因此定距精度不受弹丸初速跳动的影响。而且由于不采用定时体制工作，对发火控制电路的时基精度要求也不高，降低了电路的设计难度。

11.5.2 计转数原理

实现弹丸计转数的关键是根据弹丸飞行过程所受的物理环境或弹道特征来获取弹丸的转动信息。目前主要方法有光电法、离心法、章动法和地磁法等。其中，地磁计转数法具有测量方便、信号较强、易于处理等特点而被优先采用。

地磁法计转数法利用与引信固连的磁场传感器感应弹丸相对地磁场方向的变化，传感器输出正弦波信号的一个周期对应着弹丸旋转一周。常用的传感器有磁阻传感器和线圈传感器两种。

地磁法计转数原理如图 11-5 所示。地磁法采用线圈等作为地磁传感器，利用地磁场感应线圈感应地磁场方向变化，即设地磁场强度为 $\boldsymbol{B}$，线圈匝数为 N、线圈平面的面积为 S、法向单位矢量为 $\boldsymbol{n}$，当闭合线圈平面法线与地磁线成一角度 θ，并以 ω 绕平面轴线旋转时，在线圈内将产生感应电动势 ε，且满足

$$\varepsilon = -N\frac{d\boldsymbol{B} \cdot \boldsymbol{Sn}}{dt} \tag{11.12}$$

$$\varepsilon = -N\frac{d\boldsymbol{B} \cdot \boldsymbol{Sn}}{dt} = -NBS\frac{d\cos\theta}{dt} = NBS\sin\theta\frac{d\theta}{dt} = NBS\omega\sin\theta$$

由此可见，当弹丸旋转一周，对应着地磁传感器输出信号正弦波的一个周期。因此，可以根据此正弦信号的周期数获得弹丸转过的圈数。

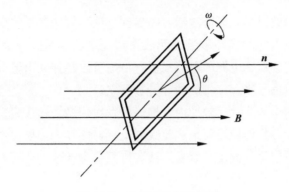

图 11-5　地磁法计转数原理

11.5.3　计转数的实现方法

由于地磁场本身是弱磁场，对感应电动势有贡献的分量还受射击角度的影响，因此计转数传感器的输出信号通常比较微弱，只有数百微伏到几毫伏。为了从此信号中提取弹丸的旋转信息，必须首先对其进行放大。在实际应用中，在满足电路体积、功耗和稳定性的前提下，信号调理电路可以尽可能大地放大信号，这样，可以在信号弱的情况下获得足够的幅度进行计数。在信号强的情况下，信号将出现限幅失真，但由于计转数方法利用的是信号的频率信息而非幅值，所以不会影响计转数的精度。

地磁法计转数实现框图如图 11-6 所示。传感器的输出信号经高增益放大电路放大后，得到与弹丸旋转频率相同的正弦信号，该信号经过比较电路整形后作为计数器的驱动信号，驱动计数器工作。当计数值与预先装定的转数相同时，计数器给出起爆信号，从而实现计转数起爆控制。

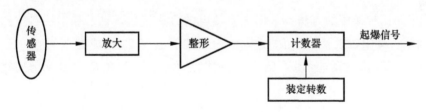

图 11-6　地磁法计转数实现框图

11.5.4　影响定距精度的因素

计转数定距体制中，影响定距精度的因素主要有以下三个方面：

（1）计转数的起始点的影响。计转数定距发火控制电路理想的计转数的起始点是弹丸出炮口的瞬间，但在实际应用中，受到诸如电源激活时间、振荡电路的起振时间以及传感器调理电路正常输出旋转信号时间等多种因素的影响。

以上各因素中，最难控制的是电源激活时间。对化学电池来说，其激活过程是酸液与电池极片充分接触的过程，因此激活时间受到电池零件加工、装配工艺以及环境温度的影响较大，需要对电池的实际激活时间散布情况进行测量并作为一项系统误差来处理。对于通过开关闭合接通电源的电路来说，一般可以在弹丸出炮口前稳定工作，因此可以通过检测出炮口信号来获得精确的计转数起点。

（2）信号干扰的影响。在后效期内，炮口处发射药燃烧的火焰、电离气体形成一个干扰区，对引信的计转数传感线圈造成较大的干扰，同样，如果在弹丸飞行过程中受到干扰也会导致计转数信号的混乱，容易导致多计数或少计数，从而产生定距误差。这一误差可以从电路设计上采取措施进行控制。

（3）弹道特性的散布。引信的定距发火控制电路必须在弹丸平台上才能发挥作用，最终体现出来的炸点距离是一个综合的效果，既有发火控制电路控制精度的因素，也有弹道特性散布引起的误差。由外弹道理论可知，弹丸的质量、质心位置、外形尺寸的差异以及气象条件等多种因素均会影响弹丸的弹道特性，进而对引信的定距精度也有一定影响。因此，这也是在分析定距精度时必须要考虑的一个因素。

11.6　执　行　电　路

执行电路是将发火控制信号转换为电起爆元件发火能量的电路，主要由起爆元件、储能器和开关电路组成。除了引爆火工品的功能外，引信的执行电路一般设计有炮口安全距离外进入待发状态功能和在一定时间内完成发火能量泄放的功能，从而保证引信的安全性与作用可靠性，是发火控制装置中不可缺少的重要组成部件。

11.6.1　基本电路结构

执行电路比较通用的方法是采用电容放电的方法进行设计，基本执行电路结构如图 11-7 所示。其中二极管 D_1、限流电阻 R_1、储能电容 C_1 构成充电回路，C_1 与开关 S_1、起爆元件 E_1 构成放电回路，R_2、C_2 构成控制电路，C_1 和 R_3 构成泄能回路。

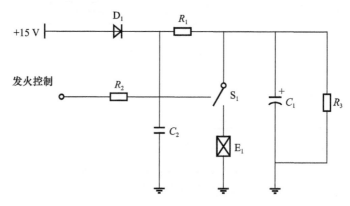

图 11-7　基本执行电路结构

电路的工作过程是：当电源激活后，电能经 D_1、R_1 给储能电容 C_1 充电，此时由于开关 S_1 断开，因而电雷管处于安全状态。当发火控制信号来到时，开关 S_1 闭合，由于 S_1 与电雷管的内阻较小，因此储能电容 C_1 通过该回路快速放电，当起爆元件内部积聚的能量超过其点火能量时即被引爆。如果未能正常起爆，则 C_1 的能量可以经泄能电阻 R_3 慢慢放掉，从而保证瞎火弹药经过安全周期后不会再发火，保证了瞎火弹处理的安全性。由于 $R_3 \gg R_1$，在电源电压维持正常的情况下，经 R_3 泄放掉的能量会从电源即时获得补充，因此 R_3 的存在不会影响发火电路的正常工作。限流电阻的作用是控制 C_1 充电的速度，以保证在安全距离内储能电容的电压不高于电雷管的最低发火电压。R_2 和 C_2 的作用是对发火控制端进行限流和滤波，从而使 S_1 不容易被干扰脉冲误触发。

11.6.2 开关器件的选择

理想的执行级开关器件应具备以下特点：

（1）它的输出电流要足够大，能百分之百地引爆电火工品，即其最小输出电流应大于火工品的最大工作电流。

（2）触发信号的输入端的驱动电流要小，越小说明越灵敏，但是灵敏度也不能太高，否则易被干扰信号触发造成错误启动。

（3）被触发导通前对检测器的负载效应要小。

（4）导通时动态电阻要小，这样开关自身的电能损耗就小。

常用的执行级开关器件有晶闸管、双极性晶体管、功率场效应管等。

晶闸管是最常用的执行级开关，特点：一是输出电流大（可达数安），耐压值高，触发电流较小，容易被误触发，需要在控制级设计滤波电路来抑制尖峰脉冲的干扰；二是其导通状态是锁定的，不能通过控制级使其由导通变为截止。

双极性晶体管也是一种比较好的执行级开关，输出电流达 2 A 以上，漏电流在 $1 \mu A$ 以下，对前级电路的负载效应小；触发电流为几十毫安，灵敏度适中，既可保证可靠发火，又有较好的抗干扰能力。这种晶体管的最大优点是动态内阻只有 1Ω 左右，内压降只有 0.3 V，可以把绝大部分能量用来起爆电火工品。

功率场效应管是另外一种较理想的执行级开关，它是电压控制器件，输入阻抗极高，对前级电路几乎没有负载效应。其最大特点是导通电阻小于 $100 \text{ m}\Omega$，对于引爆小内阻的火工品尤为理想。

11.6.3 电路元件参数选择

执行电路的元件参数直接决定了电路的性能，合理地选取元件参数是保证电路性能的关键。元件参数的选取应满足以下要求：

（1）保证有足够的能量引爆起爆元件。

（2）炮口安全距离内应保证起爆元件安全。

（3）在引信的最近作用距离上应保证起爆元件可靠起爆。

（4）泄能电阻的取值满足安全周期的要求。

从执行电路的工作过程可知，电路释放到起爆元件上的能量取决于储能电容的容量、充电电压和放电回路上开关元件的能量损耗。因此，在已知电源电压和开关元件损耗的情况下，可以根据可靠起爆的最小能量计算出发火电容的下限值，考虑到元器件的容差，尤其是电容量和等效串联内阻（ESR）随温度变化等因素，为保证电路在任何情况下都有足够的点火能量，设计值一般要有 2 倍或更高的裕量。

确定了储能电容以后，即可根据 RC 电路充电规律和引信的炮口安全距离、最近作用距离两个参数选择限流电阻的取值。泄能电阻的选择方法与限流电阻保证炮口安全距离类似，区别在于泄能电阻的选择要根据 RC 电路放电的规律进行。滤波电路 R_2、C_2 的取值与开关元件的类型以及电路中存在的干扰类型有关，需要根据实际情况进行设计。应注意的是，滤波电路的引入将会导致发火信号的相位延迟，如果引信对执行电路的要求不能容忍此延迟，则应采用其他的方法抑制干扰。

另外，在选择限流电阻时，可能会遇到炮口安全距离和最近作用距离的取值范围不能同时满足的情况，这时需要采用具有远距离接电功能的充电回路，电路结构如图 11-8 所示。

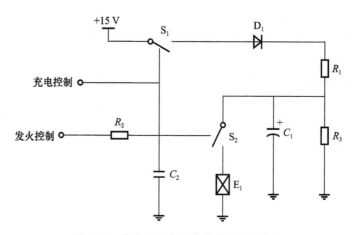

图 11-8　具有远距离接电功能的执行电路

该电路炮口安全距离靠开关 S_1 的闭合时间保证，限流电阻的作用只是限制充电电流的最大值，因此可以取值较小从而获得较快的充电过程。

11.7　碰炸电路与自毁电路

11.7.1　碰炸电路

常用的碰炸电路有两种基本形式：一种是瞬发碰炸电路，该电路的碰炸开关位于放电回路内,开关闭合即引爆;另一种是延迟起爆电路,该电路的碰炸开关只用来提供电信号,该信号出现一定时间后再给出起爆信号。

1) 瞬发碰炸电路

图 11-9 所示为瞬发碰炸电路,碰炸开关 S_2 跨接在基本执行电路的开关元件两侧,与储能电容 C_1、起爆元件 E_1 构成碰炸放电回路。当碰炸开关没有闭合时,基本执行电路功能不受影响;一旦开关闭合,储能电容立刻放电,引爆起爆元件。由于碰炸开关与原开关元件是并联的,一路出现故障(不是短路)不会影响另一路的正常工作,因此两路是相互独立的,具有较高的可靠性。

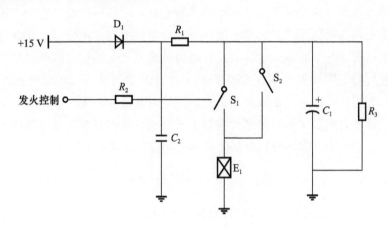

图 11-9　瞬发碰炸电路

2) 延迟起爆电路

图 11-10 所示的延迟起爆电路中,碰炸开关 S_2 不在放电回路中,而只是提供一个电信号,当碰炸开关闭合时该信号由低电平跳变为高电平,控制单元检测到此信号后,延迟一定时间给出发火控制信号;另一种情况是不需要控制单元参与,碰炸开关产生的信号直接触发一个延时电路,延时电路的输出作为发火控制信号。延期起爆电路与基本执行电路结合在一起时可以共用一个开关元件,但有可能引起共因失效。

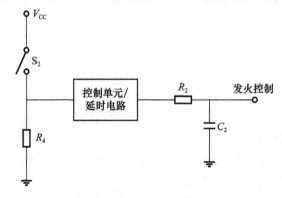

图 11-10　延迟起爆电路

11.7.2 自毁电路

自毁电路是在错过弹目交会点或超出最大作用范围以后将弹丸引爆的电路。自毁电路一般作为辅助起爆电路，在主执行电路因故障未能正常起爆的情况下起作用。自毁电路需要的是高可靠性，精度要求不高，因此常用独立的简单定时电路实现。

11.8 微处理器的应用

随着半导体技术飞速发展和工艺水平的不断提高，以各种微处理器为代表的大规模集成电路大量涌现并得到了广泛应用。使用微处理器技术与使用分立式集成电路设计技术有很大差别：对于分立式集成电路，设计者可构思自己的结构，因而必须精通多种逻辑系列，以便所需 DIP 的数目减至最少；对于微处理器，其内部结构已经存在，因此设计者只需写入程序，以最有效地使用微处理器的内部结构来完成其系统要求。

目前，可用于处理数字信号的芯片主要有单片机、可编程逻辑器件（PLD）和数字信号处理器（DSP）等。以下分别对其特点与应用进行介绍。

11.8.1 单片机

将 CPU、RAM、ROM、定时器/计数器以及输入/输出（I/O）接口电路等集成在一块集成电路芯片上所组成的芯片级微型计算机，称为单片机或单片微机。

按内部数据通道的宽度，单片机可以分为 4 位、8 位、16 位及 32 位等。单片机的中央处理器（CPU）和通用的微处理器基本相同，只是增设了“面向控制”的处理能力。例如，位处理、查表、多种跳转、乘除法运算、状态检测、中断处理等，增强了实用性。

单片机有两种基本结构形式：一种是在通用微型计算机中普遍采用的将程序存储器和数据存储器合用一个存储空间的结构，称为普林斯顿（Princeton）结构，或冯·诺依曼结构；另一种是将程序存储器和数据存储器截然分开，分别寻址的结构，称为哈佛（Harvard）结构。英特尔公司的 MCS-51 系列单片机采用的是哈佛结构，而摩托罗拉公司的 M68HC11 等则是采用普林斯顿结构。考虑到单片机“面向控制”实际应用的特点，一般需要较大的程序存储器，目前的单片机以采用程序存储器和数据存储器截然分开的结构为多。

从图 11-11 所示的单片机内部结构框图可以看出，单片机内部主要由以下几个部分组成：

（1）中央处理器：是单片机的核心部件，它完成各种运算和控制操作，中央处理器由运算器和控制器两部分电路组成。

（2）定时器/计数器：MCS-51 单片机片内有两个 16 位的定时/计数器，即定时器 0

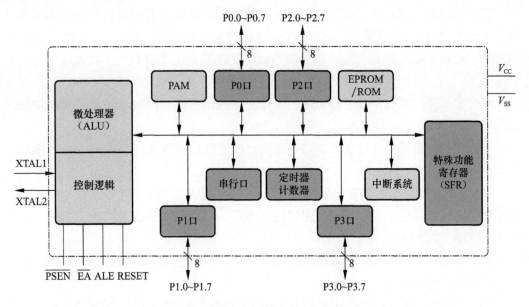

图 11-11　典型单片机内部结构框图

和定时器 1。它们可以用于定时控制、延时以及对外部事件的计数和检测等。

（3）存储器：MCS-51 系列单片机的存储器包括数据存储器和程序存储器，其主要特点是程序存储器和数据存储器的寻址空间是相互独立的，物理结构也不相同。

（4）I/O 口：单片机一般有一个或多个 I/O 口，每一条 I/O 线都能独立地用作输入或输出。输入时可以配置为模拟输入或数字输入，而输出时可以配置为开漏输出或推挽输出，设置为推挽输出时可以输出或吸收 20 mA 的电流。

（5）时钟电路：大多数单片机芯片内部有时钟电路，外界晶体振荡器和微调电容就可以构成完整的晶体振荡电路。还有一些单片机内部集成了 RC 或者 LC 振荡电路，即使不用外部晶振也可以工作。

（6）中断控制系统：标准 8051 共有 5 个中断源，即外中断 2 个、定时/计数中断 2 个、串行中断 1 个。

11.8.2　可编程逻辑器件

可编程逻辑器件是 20 世纪 70 年代发展起来的一种新的集成器件。PLD 是大规模集成电路技术发展的产物，是一种半定制的集成电路，结合计算机软件技术（EDA）可以快速、方便地构建数字系统。与 MCU 相比，其突出优点是速度快，尤其适合实现某些固定的算法，如协议转换等。随着半导体工艺技术的不断进步，复杂可编程逻辑器件（CPLD）/现场可编程逻辑门阵列（FPGA）向着更高速度、更大容量、更低功耗的方向发展，器件的可用逻辑门数超过了 100 万，功能更加强大，并出现了内嵌 CPU、RAM、DSP Core 等复杂功能模块的可编程系统芯片（SoPC）。

现在的可编程逻辑器件以大规模、超大规模集成电路工艺制造的 CPLD 和 FPGA 为主，虽然它们同属于可编程 ASIC 器件，都具有用户现场可编程特性，都支持边界扫描技术，但由于 CPLD 和 FPGA 结构的不同，决定了 CPLD 和 FPGA 在性能上各有其特点：

（1）集成度：FPGA 可以达到比 CPLD 更高的集成度，同时也具有更复杂的布线结构和逻辑实现。

（2）FPGA 更适合于触发器丰富的结构，而 CPLD 更适合于触发器有限而乘积项丰富的结构。

（3）CPLD 通过修改具有固定内连电路的逻辑功能来编程，FPGA 主要通过改变内部连线的布线来编程；FPGA 可在逻辑门下编程，而 CPLD 是在逻辑块下编程，在编程上 FPGA 比 CPLD 具有更大的灵活性。

（4）从功耗上看，CPLD 的缺点比较突出，一般情况下，CPLD 功耗比 FPGA 要大，且集成度越高越明显。

（5）从速度上看，CPLD 优于 FPGA。由于 FPGA 是门级编程，且逻辑单元之间是采用分布式互连；而 CPLD 是逻辑块级编程，且其逻辑块互连是集总式的。因此，CPLD 比 FPGA 有较高的速度和较大的时间可预测性，产品可以给出引脚到引脚的最大延迟时间。

（6）编程方式：目前的 CPLD 主要是基于 EEPROM 或 FLASH 存储器编程，编程可达 1 万次。其优点是在系统断电后，编程信息不丢失。CPLD 又可分为在编程器上编程和在系统编程（ISP）两种。ISP 器件的优点是不需要编程器，可先将器件装焊于印制电路板，再经过编程电缆进行编程，编程、调试和维护都很方便。FPGA 大部分是基于 SRAM 编程，缺点是编程数据在系统断电时丢失，每次上电时，需从器件的外部存储器或计算机中将编程数据写入 SRAM 中。其优点是可以进行任意次数的编程，并可在工作中快速编程，实现板级和系统级的动态配置，因此可称为在线重配置的 PLD 或可重配置硬件。

（7）使用方便性：CPLD 比 FPGA 更好。CPLD 的编程工艺采用 EEPROM 或 FASTFLASH 技术，无需外部存储器芯片，使用简单，保密性好。而基于 SRAM 编程的 FPGA，其编程信息存放在外部存储器上，需外部存储芯片，且使用方法复杂、保密性差。

用 FPGA 构造硬件解码电路进行解码运算，可以很好地满足炮口快速感应装定的时间要求，在 FPGA 芯片选择上采用了新型的低功耗芯片，并通过电路的优化尽可能降低系统时钟频率，使电路的功率消耗满足系统设计要求。但由于实现数字滤波和频率补偿器这类复杂功能要消耗较多的逻辑单元，导致芯片面积较大，而这些功能用 MCU 通过软件来实现则非常方便灵活，因此集两者之长设计了以 MCU 和 CPLD 共同构成的控制电路模块。

11.8.3　数字信号处理器

数据信号处理（DSP）芯片是一种特别适合于进行数字信号处理运算的微处理器，其主要应用是实时快速地实现各种数字信号处理算法。根据数字信号处理的要求，DSP芯片具有如下主要特点：

(1) 在一个指令周期内完成一次乘法和一次加法。

(2) 程序和数据空间分开，可以同时访问指令和数据。

(3) 片内具有快速 RAM，通常可通过独立的数据总线在两块中同时访问。

(4) 具有低开销或无开销循环及跳转的硬件支持。

(5) 快速的中断处理和硬件 I/O 支持。

(6) 具有在单周期内操作的多个硬件地址产生器。

(7) 可以并行执行多个操作。

(8) 支持流水线操作，使取址、译码和执行等操作可以并行执行。

11.8.4　微控制器的比较与选择

上述三种控制电路方案在体积、功耗、性能、成本等方面各有所长：单片机的控制接口种类较多，适用于以控制为主的模数混合系统设计；CPLD/FPGA 用硬件完成数字信号处理运算，其单一运算的速度很高，适合计数、译码、锁存、状态机、乘加、FIR、FFT、编解码、查表、FIFO 等，利用电子设计自动化（EDA）技术可以快速、方便地构建数字系统；DSP 面向高速、重复性、数值运算密集型的实时处理，结构相对单一，其处理完成时间的可预见性比普通微处理器强很多。在成本上，DSP 价格比单片机高很多，而 CPLD 介于两个之间。

在进行方案选择时，应根据结合发射平台和弹药特点，从满足引信的性能要求为原则，结合电路体积、功耗、成本等因素综合考虑，选用最合适的方案进行设计。

11.9　可靠性与微功耗设计

11.9.1　可靠性设计

为了获得高可靠性，电子发火控制电路的设计过程中应遵循如下原则：

(1) 在不降低性能的条件下，采用元件最少的设计。

(2) 按照降额原则选择器件参数。

(3) 采用散热装置和良好的封装以降低工作温度。

(4) 以良好的隔离消除震动，并防止冲击、潮湿及腐蚀等。

(5) 规定元件可靠性和老化要求。

(6) 规定生产质量要求及系统性能测试。

（7）尽量使用重要特性已熟知并可复现的元件。

（8）尽可能提高电路的发射前可测性。

一个系统中尽管元件的可靠性仅是整个可靠性方程的一个因子，然而却有显著影响。在建立一个可靠的系统时，其逻辑出发点显然是高质量元件。但是当环境因素不利于采购完全符合最严格标准的元件时，有一些方法可用以进行补偿，至少是部分补偿。这些方法包括：在生产期间对部件级产品更严格的质量保证措施；设计合理的装配工艺，以及对成品级产品的筛选和验收试验。

倘若这些方法仍不能足以减少部件或系统的失效率，则系统可以采用冗余，即备用技术。

11.9.2 微功耗设计

由于引信体积的限制，其电源功率一般较小，因此电路的功耗是决定电路设计成败的一个关键因素。即使在引信电源可以提供需要能量的情况下，较低的电路功耗将给电源体积缩小和性能提高提供可能。因此进行微功耗设计，在保证电路实现其功能的基础上尽可能降低系统功耗是电路设计过程中始终遵循的原则。计转数控制电路的微功耗设计主要从以下三个方面进行：

（1）采用单电源、低电压工作。随着半导体工艺的进步，集成电路在向高性能不断发展的同时也不断地向低功耗方向发展。降低功耗的一个有效措施是降低系统的工作电压，目前很多芯片的工作电压已从 5 V 降到 3 V，CPU 的核电压已降至 2.5 V、1.8 V 甚至 0.9 V。因此，在芯片选型时应尽量选择工作电压低的型号，比如对于一个工作范围较宽的芯片，把芯片的工作电压从 5 V 降低到 3 V 或者更低一些，该芯片的能耗将降低 50％ 或者更多。另外，系统采用单一电源供电也可以简化电源系统的设计，提高电源转换效率，显著降低电路功耗。在计转数电路的设计中，信号调理电路中采用了抬高参考电压的设计用单电源运算放大器放大双极性的传感器信号，从而使整个电路所有芯片均采用 3.3 V 单电源工作，简化了电源系统设计并获得了较低的系统功耗。

（2）尽量降低系统的工作频率。由于数字逻辑器件的功率消耗主要在开关切换的瞬间，因此其功耗与开关频率密切相关，对 CMOS 器件而言，工作频率降低 50％，功耗将降低 25％ 以上，因此在保证系统性能的前提下采用尽可能低的工作频率。设计对微控制器进行了降频使用后，功耗可为其全速工作时的 20％。

（3）软件功率管理。尽可能缩短大功耗器件的片选时间以及多功能芯片的功能模块的工作时间，使它们仅在工作时选中，其他时间则关闭或闲置。

第 12 章　典型引信的构造与作用

12.1　引　言

引信是配用于弹药的一种品种繁多的产品，现有弹药的种类很多，而且新品种还在不断地开发，现常用的弹药有小口径高射炮弹、航空机关炮弹、枪榴弹、中大口径榴弹、迫击炮弹、破甲弹、火箭弹、航空炸弹、深水炸弹、导弹等，由于各种弹药受到的环境不同、所攻击的目标也有差异，导致配用的引信在质量、尺寸、结构、战技指标等方面要求有很大的差异。本章主要介绍几种常用弹药引信的构造与作用，说明各机构通过有机组成，可成为一个完整的引信，并能满足武器及弹药的作战要求。本章最后对近年来发展迅速的侵彻引信进行介绍。

12.2　小口径弹头机械触发引信

小口径弹药主要配备于高射炮和航空机关炮，主要对付 3 000 m 以下的低空目标。除对引信的一般要求外，该类弹药引信的主要战术技术要求如下：

（1）灵敏度要高，以利于高空中对飞机蒙皮类"弱目标"可靠发火。

（2）瞬发度不能太高，有一定的短延期以利于钻入目标内部起爆。

（3）要有足够的安全距离。

（4）引信应有自炸性能，以避免对空失效后落回己方阵地造成不必要的破坏。

（5）大着角发火可靠以适应目标的流线型结构。

本节介绍苏联 37 mm 高射炮配用的典型引信 Б-37 引信。该引信引进我国后称为榴-1引信。

12.2.1　Б-37 引信构成

Б-37 引信是一种具有远距离保险性能和自炸性能的隔离雷管型弹头瞬发触发引信。它配用于 37 mm 高射炮和 37 mm 航空炮杀伤燃烧曳光榴弹上，主要用于对付飞机等空中目标。Б-37 引信由发火机构、延期机构、保险机构、隔爆机构、闭锁机构、自炸机构以及爆炸序列等组成，如图 12-1 所示。

该引信的主发火机构为瞬发触发机构，包括木制击针杆，杆下端套装的是钢制棱形击针尖，以及装于雷管座中的针刺火帽。击针杆用木材制造，以保证质量轻，头部直径

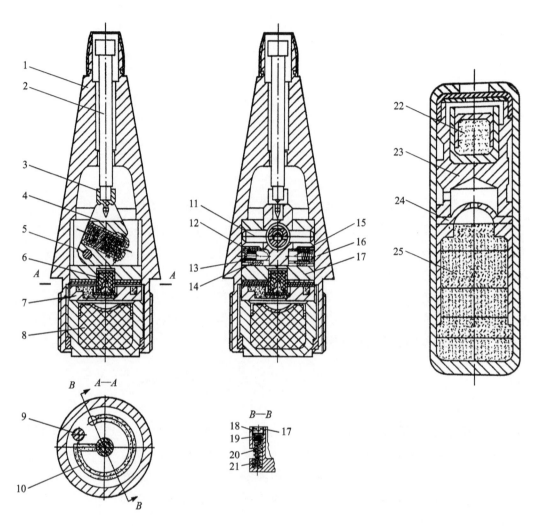

图 12-1 Б-37 引信

1—引信体；2—击针杆；3—击针尖；4—雷管座；5—限制销；6—导爆药；7—自炸药盘；8—传爆药；9—定位销；
10—自炸药盘；11—转轴；12—离心子；13—保险黑药；14—螺筒；15—离心子；16—离心子簧；17—U 形座；
18—螺塞；19—火帽；20—弹簧；21—点火击针；22—火帽；23—延期体；24—保险罩；25—火焰雷管

较大，以增加碰击时的接触面积。这样可以使引信具有较高的灵敏度。击针合件从引信体上端装入，并被厚 0.3 mm 的紫铜制的盖箔封在引信体内。盖箔的作用是密封引信，并可在飞行中承受空气压力，使空气压力不会直接作用在击针杆上。另外，该引信还有一套用于解除保险和自毁的膛内发火机构，包括火帽、弹簧和点火击针。

隔爆机构为垂直转子隔爆。包括一个 U 形座，内装一个近似三角形的钢制雷管座。在雷管座中装有针刺火帽和火焰雷管。雷管座在 U 形座中由两个转轴支持着，雷管座两侧面的下方各有一个凹坑，一个是平底，另一个是锥底，用来容纳从 U 形座两侧横孔伸入的两个离心子。头部是平的离心子被离心子簧顶着，头部是半球形的离心子由保险黑药柱顶着，这两个离心子平时将雷管座固定在倾斜位置上，使其上面的火帽与击针，下面的雷管与导爆药柱都错开一个角度，从而使雷管处于隔离状态。

保险机构为冗余保险，分别为后坐加火药延期保险以及离心保险。保险机构包括保险黑药柱，两个离心子，以及装在 U 形座侧壁纵向孔中的膛内发火机构，膛内发火机构由点火击针、弹簧和针刺火帽组成。装有膛内发火机构的纵向孔的侧壁上有一小孔与保险黑药柱相通。黑火药燃烧产生的残渣可能阻止离心子飞开，因而将雷管座上的凹槽做成锥形，借助于雷管座的转正运动，可通过锥形凹槽推动离心子外移。

闭锁机构为一个依靠惯性力作用的限制销。雷管座的右侧钻有一个小孔，内装有限制销，当雷管座转正时，它的一部分在惯性力作用下插入 U 形座的槽内，将雷管座固定于转正位置上，起闭锁作用。

延期机构为小孔气动延期，包括延期体和穹形保险罩。延期体是铝制的，上下钻有小孔，中部有环形传火道。延期体装在火帽和雷管之间，火帽发火产生的气体必须经斜孔、环形传火道进入延期体下部的空室，膨胀以后再经保险罩上的小孔才能传给雷管。传给雷管的气体压力和温度达到一定值时，雷管才能起爆。这样就可保证得到 0.3～0.7 ms 的延期时间。

自炸机构采用火药固定延期方式，包括膛内发火机构和自炸药盘。自炸药盘用铜或锌合金压铸而成，位于雷管座的下面，盘上有环形凹槽，内压 MK 微烟延期药。药的起始端压有普通点火黑药，终端引燃药与导爆药相接。药盘上盖有纸垫防止火焰蹿燃。

引信的爆炸序列有两路，分别分为主爆炸序列以及自毁爆炸序列。主爆炸序列包括装在雷管座中的火帽、雷管、导爆药和传爆药。自毁爆炸序列包括膛内点火机构的火帽、自炸药盘、导爆药和传爆药。

12.2.2　Б-37 引信作用过程

Б-37 引信平时依靠双离心子约束，对主爆炸序列隔爆以实现引信的安全。发射时，膛内发火机构的火帽在后坐力的作用下向下运动压缩弹簧与击针相碰而发火，火焰一方面点燃保险黑药柱，另一方面点燃自炸药盘起始端的点火黑药。瞬发击针在后坐力的作用下压在雷管座的开口槽的台肩上，引信主发火机构膛内不作用。弹丸在出炮口前，平头离心子在离心力作用下已飞开。由于保险药柱通过球形头离心子的制约，以及后坐力对其转轴的力矩的制动作用，雷管座不能转动，从而保证膛内安全。

当弹丸飞离炮口 20～50m 时，保险黑药柱燃尽，球形头离心子在雷管座的推动以及离心子自身所受的离心力的作用下已飞开，解除对雷管座的保险。这时已过后效期，瞬发击针受爬行力向上运动，雷管座在回转力矩作用下转正。雷管座中的限制销在离心力作用下飞出一半卡在 U 形座上的槽内，将雷管座固定在待发位置上，实现闭锁。此时雷管座上部的火帽对正击针，下部的雷管对正导爆药。引信进入待发状态。这时，自炸药盘中的时间药剂仍在燃烧。

碰目标时，引信头部在目标反作用力的作用下使盖箔破坏，击针下移戳击火帽，火帽产生的气体经气体动力延期装置延迟一定的时间，在弹丸钻进飞机一定深度后，引爆雷管，进一步引爆导爆药和传爆药，从而引爆弹体装药。

发射后 9～12 s，若弹丸未命中目标，在弹道的降弧段上，自炸药盘药剂燃烧完毕，引爆导爆药，进而引爆传爆药，使弹丸实现自炸。

12.3 苏联中大口径榴弹机械触发引信

中大口径榴弹是指口径在 75 mm 以上的各种杀伤弹、爆破弹和杀伤爆破弹，主要用来对付地面目标，包括压制敌人的炮兵、集群坦克，歼灭集结、行进和冲锋的步兵，摧毁敌人的指挥中心、交通枢纽，破坏敌人的轻型掩体、技术兵器，切断敌人的燃料和弹药供应线，以及在雷区开辟通道等。该类引信主要战术技术要求包括以下方面。

（1）引信应具有瞬发、惯性、延期等多种作用方式，以利于对付种类繁多的目标。

（2）战斗部威力一般比较大，引信要有足够的解除保险距离。

（3）引信要有足够的强度和刚度，以适应发射及碰目标的环境力冲击并保障正常发挥作用，避免出现膛炸和早炸事故。

（4）引信要有一定的抗章动能力，避免出炮口后由于章动力作用出现弹道炸。

（5）引信性能和外形等尽量通用，以提高在不同武器、不同弹药上的适应能力。

本节主要介绍苏联的中大口径榴弹用弹头机械触发引信 Б-429，引进后称为榴-5引信。

12.3.1 Б-429 引信构成

Б-429 引信是苏军中大口径（100 mm、122 mm、130 mm、152 mm）加农炮榴弹用的主要引信，如图 12-2 所示。它由触发机构以及保险机构、装定装置及延期机构、隔爆机构及其保险机构、传爆管等几大部分组成。这些机构安装于螺接在一起的引信上体和引信下体内。引信上体顶部用厚 0.12 mm 钢制的防潮帽封死，传爆管拧在引信下体的底部。整个引信是密封的。

触发机构为具有瞬发、惯性发火能力的双动发火机构，其保险机构为后坐保险机构。该部分由击针杆、惯性筒簧、装有火帽的活机体、一颗上钢珠、两颗下钢珠和惯性筒等零件组成。这套机构自成一个独立合件。击针用 50 号钢制成，因其坚硬锋利，有利于发火。击针杆用杜拉铝制成，圆顶部直径 φ12，这就使它既轻又有较大的受力面积，利于提高瞬发触发灵敏度。黄铜制活机体（即惯性火帽座）的凸缘部是有意加高的，用以提高导向性能。活机体周围有 120°等分的三道直槽，用来在活机体前冲时排气，使其轴向运动更灵活，以提高引信的瞬发触发灵敏度与瞬发度。

图 12-2 所示为安全状态。惯性筒簧的一端支承在活机体的上端，另一端支承在惯性筒底部。惯性筒与击针杆之间有一颗上钢珠。由于惯性筒的阻挡，两颗下钢珠在活机

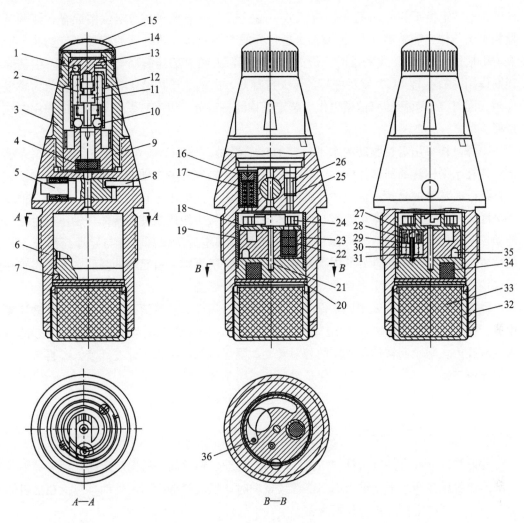

图 12-2　Б-429 引信

1—上钢珠；2—惯性筒簧；3—引信上体；4—火帽；5—调节栓；6—引信下体；7—轴座制转销；8—定位销；9—活击体；10—下钢珠；11—击针；12—惯性筒；13—击针杆；14—防潮帽；15—引信帽；16—调节螺；17—延期管；18—盘簧座；19—衬套；20—轴座；21—中轴；22—雷管；23—回转体；24—盘簧；25—切断销；26—副回转销；27—钢珠；28—后退筒；29—制动栓；30—后退筒簧；31—制动栓簧；32—传爆管；33—传爆药；34—导爆药；35—回转体定位槽；36—回转体定位销

体的孔内，卡在击针的锥面上。勤务处理中，当引信头朝上坠落，弹丸碰到障碍物时，击针、上钢珠、惯性筒作为一个整体一起向下运动，一直到击针细颈部上面的台肩抵住下钢珠，此时，击针尖仍与火帽保持一段距离。由于此时坠落惯性力作用的时间较短，惯性筒来不及下移到足以释放上钢珠的距离。惯性力消失后，在惯性筒簧作用下，机构恢复原状。

　　装定装置为通道切断的调节栓式装定机构，位于引信下体的中部，主体是一根带7°锥度的黄铜调节栓，它与引信体的孔配合紧密，有良好的气密性。调节栓的一端制成

D形，与装定扳手的 D 形孔相适应，另一端被切去一个半圆，与定位销配合，使调节栓相对引信体只能转动 90°，而使传火道打开或关闭，调节栓外露的端面刻有箭头，箭头与引信体上的"3"字对准时，传火道被堵塞，火帽火焰经延期管传给雷管，引信为延期作用，箭头与"O"字对准时，传火道打开，火焰直接传给雷管，此时引信为瞬发作用。同时，该引信的引信帽也作为装定机构的一部分，以实现惯性与瞬发的作用方式选择。

隔爆机构采用盘簧驱动的水平回转的转子隔爆，是一个独立的部件。TAT-1 火焰雷管装在水平回转的回转体内，回转体套在固定于轴座上的中轴上。回转体回转的动力来自装配时卷紧的盘簧。盘簧的外端固定在衬套上，内端固定在盘簧座上。衬套与轴座铆接固定，盘簧座通过两个螺钉与回转体固定。盘簧力矩用来使回转体与轴座产生相对转动。装于回转体里的后坐保险机构使回转体与轴座处于保证雷管与导爆药错开 153°的位置。轴座用冲击韧性好的中碳钢制造，以保证隔爆部分有足够的强度，万一雷管在隔爆位置爆炸，既不会引爆导爆药，也不会引爆传爆药。

隔爆机构的保险也采用后坐保险，由钢珠、后退筒、后退筒簧、制动栓及制动栓簧组成。图 12-2 为保险状态，后退筒簧顶着后退筒，钢珠压着制动栓，将制动栓端部压入轴座孔内，阻止回转体与轴座的相对转动。隔爆机构由引信下体底部装入，再装入一个轴座制转销与引信下体联结，保证轴座相对引信体无转动。

引信的爆炸序列包括火帽、延期管、雷管、导爆药和传爆药。

12.3.2　Б-429 引信作用过程

发射时，击针合件（击针杆与击针）与上钢珠、惯性筒一起向后运动，到击针细颈上部的台阶压在两个下钢珠上而不能继续运动时，惯性筒继续向后运动，而抵在活机体上。在此过程中上钢珠被释放而脱落。

弹丸出炮口后，后坐力明显下降，惯性筒簧将惯性筒顶起，然后惯性筒与击针杆接触，并一起在弹簧作用下向前运动，直至击针锥面将下钢珠推出钢珠孔，击针头部与引信上体顶部台肩接触为止。此时，触发机构处于待发状态。

发射时，隔爆机构的后退筒下降，在离心力作用下钢珠外撤。由于后退筒顶部带有一台肩，钢珠外撤后就不可能回复到原来的位置。弹丸出炮口后，制动栓在制动栓簧的推动下升起，端部从隔板孔中拔出，回转体在盘簧力矩作用下转正。回转体底部的半圆弧槽及轴座上的回转体定位销保证使雷管正好和导爆药对正。此时，引信完全处于待发状态。

引信装定瞬发时，在发射前必须拧掉引信帽，调节栓上的传火通道打开。着目标时防潮帽被破坏，击针向后运动，活机体则在因弹丸减速而产生的爬行力作用下向前运动，击针戳击火帽而发火，火焰及气体直接传给雷管。如果带着引信帽射击，调节栓仍处于上述位置，则碰目标时活机体在惯性力作用下前冲，火帽撞击针而发火，这时引信是惯性作用。引信装定延期时，不必拧掉引信帽，火帽经延期药引爆雷管。触发机构的击针和活机体（即火帽座）均可运动，这种触发机构称为双动触发机构。

Б-429 引信有以下两处特别的设计，用来防止某些意外事故：

（1）击针具有一个细颈部，使触发机构具有抗大章动的能力。当章动力很大时，尽管上钢珠已在膛内解脱，但出炮口后，整个触发机构将保持其膛内的相对状态，作为一个整体前冲，而不会解除保险，如图 12-3 所示。直到章动力变小，活机体在惯性筒簧的作用下向下运动到位，下钢珠才能掉出，触发机构解除保险。

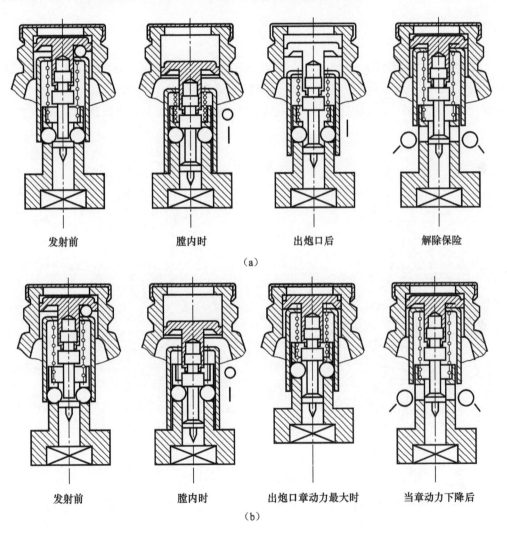

发射前　　　　膛内时　　　　出炮口后　　　　解除保险

（a）

发射前　　　　膛内时　　　出炮口章动力最大时　　当章动力下降后

（b）

图 12-3　Б-429 引信抗章动机构的作用

（a）小章动时的动作；（b）大章动时的动作

（2）设置副制转销。引信为延期装定时，万一火帽在发射惯性力作用下自燃，弹丸就会在弹道初始段早炸。因为隔爆机构转正时间短于延期药燃烧时间，延期药燃完即可引燃雷管,这时隔爆机构已经转正。为了避免这种早炸产生,引信中设置一个副制转销。火帽在膛内意外自燃时,所产生的火药气体压力足以使副制转销切断切断销。结果副制转销的端部插入盘簧座长臂的一侧,使回转体无法转动,引信无法解除保险,从而确保安全。当然,这发引信也就不能在碰目标时起爆弹丸了。这种以引信的瞎火来避免膛炸或早炸的原则称为"瞎火保险"。

12.4 美国中大口径榴弹机械触发引信

12.4.1 引信构成

美国中大口径榴弹引信中,机械引信以 M739 及 M739A1 为典型,下面进行介绍。

图 12-4(a)所示为 M739 弹头起爆引信,图 12-4(b)所示为 M739A1 弹头起爆引信,M739 及 M739A1 基本一致,主要区别在于 M739A1 具有自调延期功能。二者配

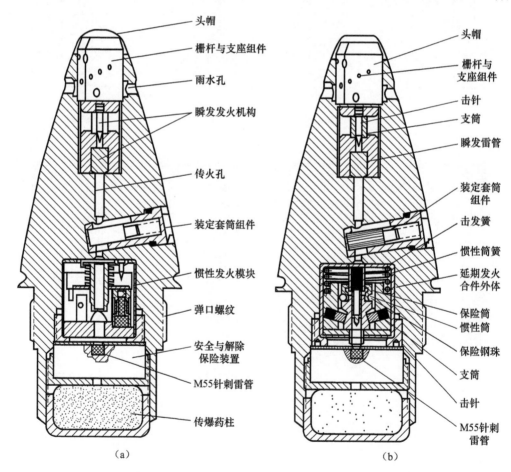

(a)　　　　　　　　　　　(b)

图 12-4　M739 及 M739A1 弹头起爆引信

(a) M739 引信;(b) M739A1 引信

用于 105 mm、107 mm（4.2 in）、155 mm、203 mm（8 in）的杀爆弹上。引信体为整体铝合金设计，其底部为标准的 51 mm（2 in）螺纹，与弹口匹配。两种引信都主要由 5 个模块组成：防雨机构、瞬发发火机构、装定机构、延期发火模块、安全与解除保险装置以及爆炸序列。

防雨机构为包含栅栏与支座的一个带有头帽的防雨套筒，以减少在雨中由于雨滴碰撞而可能引起的早炸。这一组件位于引信头部，由头帽和 5 根栅栏组成，一旦头帽受损，栅栏可以打散雨滴和树叶，由此降低了引信的淋雨发火灵敏度，但基本不影响对地或对目标的触发灵敏度。对于软目标，该组件内空腔必须被目标介质塞满，才能驱动击针戳击雷管。

瞬发发火机构包括击针与雷管组件，位于防雨套筒的下部，起瞬发作用。刚性保险件击针支撑盂支撑着击针，防止碰击前 M99 针刺雷管起爆。

装定机构为倾斜配置的滑柱装定机构。通过装定实现发火时 M99 雷管传火通道的阻塞与打开。选择瞬发作用时，允许离心力移开头部雷管通道的隔爆件。延期作用通过装定套筒闭锁传火孔而实现，与隔爆件的位置无关。闭锁传火孔使雷管火焰不能引爆爆炸序列。装定时可以使用硬币或螺丝刀将刻槽转到所需的装定位置。

这两种引信的延期发火机构不同：M739 使用离心力解除保险，碰目标惯性发火，包含 50 ms 延期的火药延期元件，使得弹丸在侵入目标一定深度起爆；M739A1 使用机械式自调延期模块，是一个不含炸药的反冲活机体，碰击目标时，该活机体上升，当穿透目标或目标阻力使负加速度降到 300g 以下时，活机体释放击针，实现引信发火。

安全与解除保险模块包括隔爆机构及其保险机构，位于延期组件的下面，采用水平回转的转子隔爆，隔爆机构主要包括一个内装 M55 雷管的不平衡转子。保险机构为后坐保险、一对离心爪离心保险以及钟表延期保险机构。

爆炸序列包括瞬发与延期爆炸序列。瞬发爆炸序列包括 M99 雷管、M55 雷管、导爆药、传爆药。延期爆炸序列包括火帽、延期药柱、M55 雷管、导爆药、传爆药。

为保障一定强度，引信体采用轻铝合金结构，引信采用延期方式只能对付轻型目标，例如胶合板、砖、矿渣块、松软的土地。而对付混凝土、轻装甲目标和沙袋等，必须考虑采用其他类型的引信。

12.4.2　M739 及 M739A1 引信作用过程

引信平时安全依靠隔爆机构保障，属于隔离雷管型。两套发火机构也有各自的保险。引信在发射和飞行过程中各自会发生如下动作：

（1）当装定套筒组件装定为瞬发作用时，离心力驱动滑柱，打开传火孔；当装定为延期时，滑柱仍能飞开，但传火通道被阻塞。

（2）在 M739 延期组件内，离心力驱动一对保险销分别外移，并由闭锁销将其锁定在外移位置。

（3）在安全与解除保险机构内，后坐销在后坐力作用下从转子缩回，离心爪在离心力作用下向外移开，这就解脱了转子，并允许其在钟表延期机构作用下缓慢回转，带着M55雷管对准传火孔。借助无返回力矩钟表机构，解除保险动作有短暂的延期，一旦解除保险，转子由转子锁销锁定在待发位置。

（4）在雨中发射时，一旦头帽受损，栅栏打散雨滴并防止瞬发雷管作用。弹丸旋转产生的离心力将剩下的水从栅栏支座组件侧孔中排出，瞬发发火机构在碰目标前不动作。

当弹丸命中软性碰击面时，材料破坏头帽挤入栅栏之间，冲击击针。倘若炮弹命中砖石建筑或岩石时，整个栅栏支座组件驱动击针，戳入瞬发雷管，火焰沿着孔道向下并引爆安全与解除保险装置中的M55雷管。

如果装定成延期，瞬发传火孔被阻塞。对于M739引信，活机体向前运动，撞击击针，使M2延期体的火帽作用，延期药燃烧50 ms后引爆M55雷管，它依次引爆导爆管、传爆管，最后引爆弹丸。对于M739A1引信，反冲活机体向前运动，压缩弹簧，释放两个大钢珠，从而解脱压缩弹簧套筒。当穿透目标或经充分减速后，弹簧向后驱动套筒，再释放另外两个小钢珠，从而释放压缩弹簧击针，戳击安全与解除保险机构内的M55雷管，实现自调延期发火。

12.5　迫击炮弹机械触发引信

迫击炮弹是一种构造简单的轻便火炮，中小口径的迫击炮还可拆卸成几个独立的部件，便于携带。它的机动性好，发射速度快，是对步兵支援的主要武器之一。迫击炮除大量配备榴弹外，还配用一些特种弹如照明弹、发烟弹等。迫击炮弹引信装备量大，其战术技术要求包括以下方面：

（1）迫击炮弹发射过载小，引信要在较低的 K_1 值水平上解决平时安全与发射时可靠解除保险的矛盾。

（2）在不同装药号下迫击炮弹初速变化较大，引信应能适应并能在不同速度下均能满足解除保险安全距离要求。

（3）具有防止重装弹功能，避免出现重装弹后膛炸。

（4）具有较高的瞬发度和灵敏度，以提高发火可靠性并实现对多种目标的高效杀伤。

12.5.1　M-6（迫-1甲）引信构成

M-6引信配用于82 mm迫击炮杀伤榴弹；用零号装药发射时，炮弹的最大过载系数约为1 135。引信的结构如图12-5所示，这是一个隔离雷管型的引信。

该引信组成比较简单，主要包括发火机构、后坐保险机构、隔爆机构、闭锁机构、爆炸序列。

发火机构为瞬发发火机构，包括击针头、击针、雷管，平时被后坐保险机构保险。

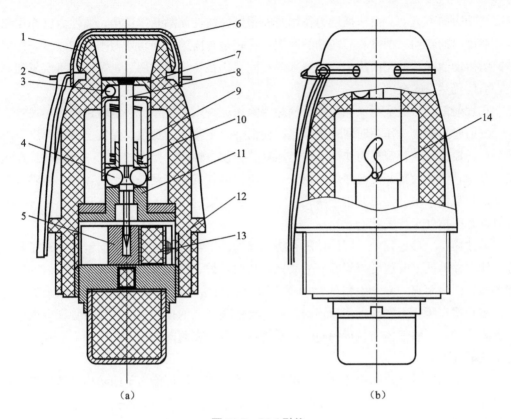

图 12-5　M-6 引信

1—盖箔；2—运输保险销；3—上钢珠；4—下钢珠；5—雷管座；6—保险帽；7—击针头；
8—击针；9—惯性筒；10—弹簧；11—支座；12—锥簧；13—雷管；14—导向销

后坐保险机构包括带细径的击针、惯性筒、惯性筒簧、一个上钢珠、一对下钢珠以及支座，该机构自成合件。惯性筒上有曲折槽，与支座上的导向销作用实现平时的安全以及一定的延期解除保险距离。除了惯性筒上有一曲折槽（共 3 段），并相应地在支座上点铆一导向销以外，M-6 引信的触发机构与 Б-429 引信的几乎完全一样。但在 Б-429 引信中，击针仅仅是一个被保险零件，而在 M-6 引信中，击针既是一个被保险零件，又是雷管座的保险零件。

隔爆机构采用水平移动的滑块实现雷管与导爆药的隔离。由于迫击炮弹不旋转，驱动力为侧推簧，隔爆机构的保险件为伸入滑块盲孔中的击针。

闭锁机构为雷管，其在滑块内可相对滑块上下移动，当解除隔离后雷管一部分伸入支座的孔中，起到闭锁作用。

引信爆炸序列包括雷管、导爆药、传爆药三件爆炸元件。

12.5.2　M-6（迫-1 甲）引信作用过程

平时，击针插在雷管座孔内，使雷管处于隔爆位置。在坠落惯性力的作用下，惯性筒边转动边向下运动。由于惯性力作用时间很短，惯性筒刚开始运动，惯性力已作用完毕。惯性筒的转动、槽壁和导向销的摩擦，特别是导向销在拐角处与槽壁的碰撞，使惯性筒所得动能在运动完两段槽前就全部消耗完了。在弹簧的作用下，惯性筒将恢复到原位，引信仍然是安全的。

在发射前，需拔下运输保险销，摘掉保险帽；否则，将导致引信对目标作用失效。

发射时，后坐力作用时间较长，足以使惯性筒下移运动到位，保证上钢珠掉出。出炮口后，惯性筒在弹簧抗力作用下向上运动并抵住击针头，使击针与它一起运动。在运动过程中，惯性筒打开支座两侧的钢珠孔，击针以其锥面将钢珠挤出钢珠孔。最后，击针头抵住盖箔，击针尖离开雷管座孔，雷管座在锥簧的作用下向左平移到位，雷管与击针对正，引信处于待发状态。

惯性筒在上移过程中，同样伴随有绕轴线的往复转动，槽壁与导向销间的碰撞与摩擦，使惯性筒的上升速度得到明显的衰减，从而延长了解除保险的时间，使引信得到一定的炮口保险距离，M-6引信的针刺雷管可以相对雷管座活动。弹丸在做外弹道飞行时，雷管将在爬行力作用下向前移动，进入支座轴线上的孔内，从而使雷管锁定在待发位置。这样，当引信体与目标相碰时，雷管座不至于在侧向惯性力的作用下平移，而引起引信的失效。

M-6引信的设计构思很巧妙，以尽可能少的零件，尽可能简单的结构，基本满足对小口径迫击炮弹引信所提出的战术技术要求。不过，这种引信同时也有一些严重的，甚至是致命的缺点：

首先，与Б-429引信一样，M-6引信的触发灵敏度不太高。为了保证平时安全，弹簧不能太软，惯性筒在解除保险后完全成了多余的零件，但目标反力同样需要克服它的惯性才能戳击雷管。这些都对触发机构的灵敏度有影响。

其次，利用曲折槽机构所得的解除保险距离太短，只有1～3 m，视炮弹初速不同而有所不同。

M-6引信的致命缺点是有可能发生炮口炸事故。炮弹出炮口后，击针尖离开雷管座上端面，雷管座即在锥簧作用下运动到位，由于曲折槽机构的作用，击针的上移需要一段时间，击针在惯性筒簧推动下碰到盖箔时，受有迎面空气压力的紫铜盖箔将使击针筒向下反弹，戳击已处于待发状态的雷管，引起炮口炸。虽然Б-429引信的击针在炮口外也在惯性筒簧的推动下上移，但它并不与盖箔直接相碰，而是与引信上体的台肩相碰，这就不会产生较大的反弹。在空气压力作用下的盖箔相当于一个空气弹簧。M-6引信之所以设计成击针在解除保险后直接与盖箔相碰，是为了提高它的触发灵敏度，特别是对卵石地和背山坡的灵敏度。另外，在勤务处理中一旦惯性筒下移到位，引信就处于待发状态，这样的引信在发射时必然要膛炸。为避免这种情况，可在射击去掉保险帽时注意观察盖箔的状况，凡是已解除保险的引信，在盖箔上都留有击针头碰击的规则的圆形凸印，应禁止用这样的引信射击。这种检查，在射击训练时是能做到的，但在紧张的战斗环境下，难于做到。

M-6 引信的设计采用串联保险的方案，平时钢珠和惯性筒限制击针于安全位置，击针又限制雷管座于安全位置，击针一解除保险，随之就解除对隔爆机构的保险，原理图如图 12-6（a）所示。Б-429 引信则采用并联保险的方案，即触发机构和隔爆机构各有独自的保险机构，如图 12-6（b）所示。显然，图 12-6（a）所示的方案可使引信结构相对简单，但保险机构的提前作用会使整个引信处于待发状态。它的发火失效概率较低，而早炸概率较高。

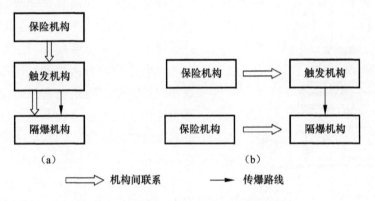

图 12-6　串联保险与并联保险设计方案

图 12-6（b）所示的方案中若仅有一个保险机构提前作用，不会导致整个引信进入待发状态，安全性较高。

12.6　机械时间引信

时间引信是以计时为起爆依据的引信，当引信计时时间达到预先装定的时间后即输出点火或起爆信息。时间引信主要用于在目标区域有利高度起爆增加毁伤效果、小口径高炮榴弹在弹目交会区起爆增加毁伤概率以及子母弹战斗部母弹引信的开舱等，也可用于宣传弹、发烟弹、照明弹等要求在一定高度点火的特种弹丸。

对时间引信的一般战术技术要求包括以下方面：

（1）计时精度要满足要求。

（2）计时时间使用前可进行装定，可装定的最大时间应大于最大全弹道飞行时间，最短时间满足飞出安全距离的时间。

（3）对于装定机构要装定方便、可靠、装定精度高，并能实现多次装定，且不影响装定精度和装定可靠性。

（4）一般还应具有触发功能。

时间引信主要有药盘时间引信、机械时间引信以及电子时间引信等。下面以 M577 机械时间引信为例介绍时间引信的构成及作用过程。

12.6.1 M577 机械时间引信构成

图 12-7 所示的 M577 机械时间引信配用于 105 mm、155 mm 和 8 in 弹丸以投放反步兵子弹和反装甲、防步兵地雷，也配用于 4.2 in 迫击炮照明弹。该引信主要由计数器组件（包括一个装定轮壳）、定时机构、发火机构、隔离及其保险机构和爆炸序列组成。

计数器组件连同装定轮壳，可以同时装定和指示引信的保险、触发或计时作用状态。计数器组件有一个装定轴、三个数字式计数轮和两个计数轮分度齿轮。可以通过引信窗观察到计数轮。装定轴通过装定轮壳与定时器组件相连接，通过装定帽扭转装定轴以完成对引信的装定。可以以 0.1 s 的增量装定为 1～199 s。

定时机构以要求的时间间隔（装定时间）提供了引信的发火时间，并视引信装定可变计数器组件为触发模式。定时机构为机械钟表式定时机构，采用一个改进的调谐三中心擒纵机构，它依靠折叠式擒纵叉和轴向安装的扭转游丝提供谐振基准。主发条轴连接定时蜗盘并与之固定。计时开始后定时蜗盘随主发条轴按计时运动的方向做匀速转动。计时蜗盘调节涡旋槽内导销的位置，此导销为触发组件的零件。引信平时由旋转卡板固定平衡摆轮，后坐销固定旋转卡板，相互配合提供安全，在引信受到正常的后坐与旋转的环境激励之前，定时器不能启动。

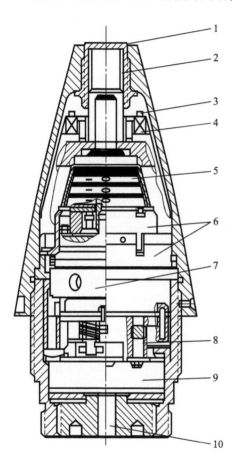

图 12-7　M577 机械时间引信

1—装定帽；2—压溃元件；3—瞬发元件（2 个）；4—瞬发火帽雷管（2 个）；5—数字盘组件；6—折叠式擒纵装置；7—计时卷轴和发条；8—发火组件；9—安全与解除保险装置；10—导爆管

引信发火机构包括头部瞬发发火机构和定时发火机构。头部为带刚性保险件的发火机构。定时发火机构位于隔爆机构上方，主要完成释放隔爆机构转子及释放击针两种功能。在指定的解除保险时间后启动转子销释放杠杆解除保险，定时时间到后释放击针释放杠杆实现定时发火。

隔爆机构为水平转子式隔离方式。带有雷管的转子由两个离心卡板固定在相对于导爆药的错位位置。卡板由卡板弹簧支撑，其中一个卡板还受到发火机构内的转子销杆释放组件的附加约束。这种后坐离心复合保险结构是该引信保险特性之一，用来保障平时安全。这种组合包括一个约束发火臂动作的销杆激励保险杠杆，以及一个受击针释放杠杆约束的压缩弹簧击针。

爆炸序列由 M55 雷管（2 个）、柔性导爆索（MDF）、M94 雷管以及多用途导爆管四种元件组成。M55 雷管位于引信头部下面的一个标志盘上，它包括一个用作击针的尖形凸出部。柔性导爆索是一种装有黑索金（RDX）炸药的管状物，装在铅和尼龙椭圆套管内。它从引信头部 M55 雷管下侧位置沿侧壁向下延伸到 M94 雷管上方。M94 雷管安装在转子上，可由击针或柔性导爆索点燃。当转子处于解除保险位置时，M94 雷管与导爆管对正。多用途导爆管安装在引信体的底部，兼有引发炸药与抛射药的能力。

12.6.2　M577 机械时间引信作用过程

在引信使用前对作用方式进行装定，可装定为瞬发或定时作用方式。

发射后，按正常时序的后坐和旋转发射环境激励下，将使隔爆保险机构的锁定装置和离心卡板动作。离心卡板中的一个受转子销杆释放杠杆约束，当装定为瞬发或装定时间小于 3 s 时，转子直接被释放。然而当装定较长时间时，直到装定时间前 3 s 左右才释放转子。此后由无返回力矩擒纵机构控制转子的运动，无返回力矩擒纵机构可提供几乎不受旋转速度影响的解除保险距离。在已经飞出安全距离后，才允许转子旋转到对正（解除保险）位置，引信解除隔爆。

定时机构开始计时后，定时蜗盘转动（定时运动）控制着击发臂轴转动和蜗盘导销移动。定时发火机构的发火臂轴上端的发火臂有一个蜗盘导销，它沿着定时蜗盘的涡旋槽移动。固定在发火臂轴上的扭簧提供扭矩，使发火臂轴顺时针转动。定时机构在装定时间前 3 s 释放转子销杆释放杠杆。

当装定为时间方式时，时间到 "0" 时释放击针。击针击发转子内的 M94 雷管，并引爆导爆管，实现定时起爆。在定时方式下，柔性导爆索以及 M55 雷管不起作用，仅当定时失效后作为冗余起爆用。

当装定为瞬发或定时作用失效时，引信撞击目标使位于引信头部装定帽内的压垮元件变形。装定帽上的凸缘驱动击针，戳入 M55 雷管。M55 雷管引发柔性导爆索，依次引爆 M94 雷管和多用途导爆管，实现瞬发作用。

12.7　电子时间引信

电子时间引信是以电子计时方式工作的，其计时精度高，并易于与近炸等其他作用方式复合，是当前时间引信的发展主流。本节介绍美国 M762 电子时间引信的构成及作用过程。

12.7.1　M762 电子时间引信构成

M762 引信主要由电子头及液晶显示（LCD）组件、安全与解除保险装置、电源、

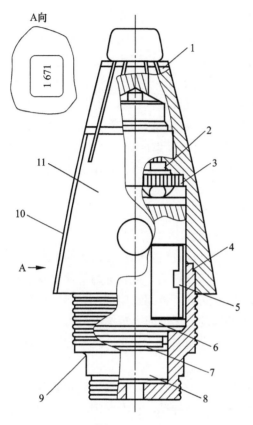

图 12-8 M762 引信

1—头锥组件；2—电子头；3—O 形环；4—垫圈
密封底盖；5—引信电源；6—电源座；7—安全
与解除保险装置；8—传爆管；9—底螺组件；
10—液晶显示窗；11—引信体

接收线圈与机械触发开关组件等组成，如
图 12-8 所示。

电子头及液晶显示组件内装有电子元件
及线路板，并有一个可供读数的液晶显示器。
电子头起计时及起爆控制作用。为了防止在
发射时高冲击及惯性过载下被损坏，在电子
元器件周围进行灌封以提供支撑。该组件中
的液晶显示器使操作者可目视引信内已装定
编码的反馈信息。装定时间信息既可手动旋
转头锥，并从液晶显示器上读出，也可在炮
弹装填之前，间接地通过感应装定器读出。

安全与解除保险装置是一个机电式安全
与解除保险装置，用剪切销、后坐销和离心
销将隔爆机构的滑块限制在错位位置，以保
证发射前的安全性。

电源由液态储备式化学电池和相关的激
活机构组成。

接收感应线圈和机械压垮触发组件位于
引信头部内部，并作为触发传感器。接收感
应线圈通过引信外部的感应耦合实现电连接，
并接收感应装定的时间数据。这种接收允许
快速装定引信而无需电触点接触。装定器可
将引信显示的实际装定数据"回读"。

12.7.2 M762 电子时间引信作用过程

使用时，引信可以装定成时间或触发方式。引信装定可借助头锥的初始旋转以机械
方法实现，也可以通过感应装定器以电的方法实现。装定时间范围为 0.5～199.9 s，装
定间隔 0.1 s。在电池使用寿命期，引信可以在任何时间重新装定。

发射时，通过激发一个位于电池底部的激活器，打碎电池内的小玻璃瓶，电池被完
全激活，引信电路上电并开始工作。

同时在发射时，后坐力驱动后坐销，释放滑块第一道保险。出炮口后，离心力闭合
旋转开关，以启动电子时间，并释放安全与解除保险滑块的一个旋转保险，解除第二道
保险。引信装定瞬发时，活塞作动器在 450 ms 时发火，而对于时间装定，作动器比装
定时间早 50 ms 发火。活塞作动器发火后，驱动器剪断剪切销，解除第三道保险，并将
安全与解除保险滑块推入解除保险位置，这时，爆炸序列对正，引信解除隔爆。

引信解除保险条件：最小后坐力 1 200g；最小转速 1 000 r/min；接收到从电子组件来的解除保险信号。安全与解除保险机构内有两个爆炸元件，即主雷管和活塞作动器。雷管直到其"对正"之前，总是处于电气的不可操作的短路状态。

引信计时过程由晶体振荡器控制，作用精度优于 0.1 s。如果装定为定时，到达装定时间后，发火控制电路使电雷管作用。如果装定为瞬发，触发开关闭合将引爆电雷管。在瞬发方式时，如果触发传感器不慎在解除保险时间之前闭合，则瞬发作用无效。

12.8　近炸引信

近炸引信依靠对目标的近程探测，在距离目标一定距离起爆以实现最佳引战配合方式，提高对目标的毁伤效果。近炸引信根据对目标的探测方式不同有无线电近炸、激光近炸、电容近炸等。近炸引信主要需保证对目标的近炸定距精度和抗干扰能力。本节介绍图 12-9 所示的 M732A1 近炸引信。

12.8.1　M732A1 近炸引信构成

M732A1 无线电近炸引信为弹头引信，配用于 108 mm（4.2 in）、105 mm、200 mm（8 in）的杀爆弹，由射频振荡器、放大器电子组件、电源、电子定时器部件、安全与解除保险装置以及爆炸序列组成。

射频振荡器包括一个天线、一个射频硅晶体管和其他引信辐射和探测系统的电子元器件。天线位于引信的头部，在电气上脱离弹体，这样就允许天线方向图不受所配用弹的尺寸的影响。这种设计的最佳炸高适合落角范围较宽。振荡器和放大器部件的放大器含有一块集成电路，包括一个差分放大器、一个带全波多普勒整流器的两级放大器、几个滤除波纹用的晶体管和一个触发点火脉冲电路用的晶闸管整流器。

电源为旋转激活储备式化学电池，标称输出电压 30 V、负载电流 100 mA。电极为钢质基片，带有铅和二氧化铅镀层。电解液

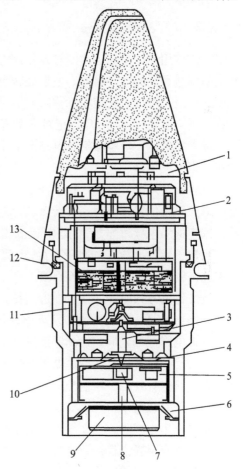

图 12-9　M732A1 近炸引信

1—振荡器组件；2—放大器组件；3—电雷管；4—抗爬行弹簧；5—安全与解除保险装置；6—传爆管帽组件；7—针刺雷管；8—导爆管；9—传爆管；10—击针；11—定时器组件；12—防水垫；13—电源

（氟硼酸）装在铜瓶内，铜瓶在轴向后坐力和旋转力的复合作用下被破坏，使电解液分散流入电池堆内，从而激活电池。

电子定时器部件由电子电路组成，提供引信延时接电，即达到装定时间后引信才开始辐射无线电波。集成电路由一种可对 RC 充电曲线斩波的可变负载多谐振荡器斩波器组成；允许最大延期为 150 s，而 RC 持续时间只有大约 1 s。定时器底部的指针触点与引信头下端雷管座上的可调电位器相接触，可以转动引信头部进行时间装定。

安全与解除保险装置包括一个带有针刺雷管的偏心转子、一个擒纵机构、两个旋转锁爪、一个后坐销。该模块安装在雷管座组件下，并使安全与解除保险组件能纵向运动。在弹道飞行过程中，弹道加载簧确保安全与解除保险组件定位于后部，从而防止击针与保险与解除保险装置中的转子间产生干涉。

12.8.2　M732A1 近炸引信作用过程

引信作用前可选择近炸或触发作用方式。近炸（PROX）装定时，根据从弹道表上查出的到达目标的飞行时间，通过旋转引信头锥装定，使头部的装定线与引信体上时间刻度（秒级）对准。引信在标称时间到达目标前 5 s 开始辐射无线电信号。将头部装定线旋转到与引信体上的 PD 标记对准实现触发方式选择。

弹丸发射后，电源激活，电路上电工作。同时安全与解除保险机构均开始解除保险动作，当弹丸加速度超过 1 200 g 时，后坐销向下运动并且不能回复。当弹丸飞出炮口后，旋转锁定爪摆开并允许转子开始运动。转子对其转轴是不平衡的，因此受离心力驱动向解除保险位置转动。通过齿弧和无返回力擒纵机构，转子以其速度的平方做减速运动。减速的结果导致弹丸解除保险距离相对恒定，而不依赖于炮口初速。

当转子转过大约 75°的弧长后从齿弧上脱出，再转过大约 45°的弧长达到完全解除隔爆并被锁定，引信这时解除保险。

近炸作用方式时，引信沿弹道飞行，到离目标时间还有 5 s 时，电子定时器开关使电池开始给振荡器、放大器和发火电路输出电压。随后振荡器开始辐射无线电射频信号，发火电路开始充电，达到保证可靠引发电雷管的阈值电压 20 V 的标称时间为 2 s。

当引信接近目标时，振荡器天线接收到回波信号，通过检波获得多普勒信号，再经过放大电路进行处理。当信号达到预定值时，发火电路给出发火脉冲，电雷管起爆，引爆爆炸序列并使整个弹丸爆炸。

触发作用方式时，弹丸发射及安全与解除保险机构解除保险后，引信沿着弹道方向继续飞行，直至撞击目标。这时，安全与解除保险机构中的滑动雷管组件撞击击针，使针刺雷管起爆，引爆爆炸序列并使整个弹丸爆炸。

12.9　反坦克破甲弹引信

坦克具有集机动、防护、火力等优势于一体，被称为"陆战之神"。为对坦克进行攻击，出现了不同的反坦克弹药战斗部，包括破甲战斗部、穿甲战斗部和碎甲战斗部等。与之相对应出现了破甲弹引信、穿甲爆破弹引信以及碎甲弹引信。普通穿甲弹依靠动能侵彻破坏坦克装甲，本身不需要引信，而穿甲爆破弹及碎甲弹引信要求有自调延期功能。破甲弹作为反坦克弹药的一种主要形式，目前发展比较活跃。破甲弹引信自身也有其独特之处，在本节进行介绍。

破甲弹引信的主要战术技术要求包括以下方面：

（1）引信应有极高的瞬发度，以便获得有利炸高，使形成的金属射流对装甲具有较强的破甲效果。

（2）引信灵敏度不应太高，以使在射击过程中遇到农作物、树枝等障碍物时不提前误作用。

（3）应具有擦地炸性能，没有直接命中目标时，落地仍能引爆弹丸。

（4）引信头部对射流的形成不应有不良影响。

下面介绍火箭破甲弹用电-2引信。

12.9.1　电-2引信构成

电-2引信配用于火箭筒发射的反坦克火箭增程弹，最大速度300 m/s，直射距离330 m。该引信为压电引信，由头部机构和底部机构两部分组成，如图12-10所示。

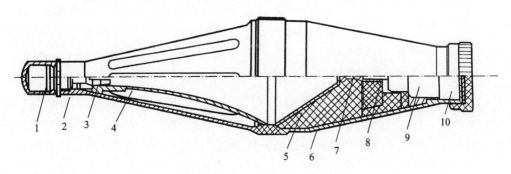

图 12-10　破甲弹及引信安装位置
1—头部结构；2—风帽；3—接电管；4—内锥罩；5—药形罩；6—弹体；
7—接电杆；8—导电杆；9—底部机构；10—底螺

头部机构主要是压电发火部分，包括防潮帽、头螺、压电块、压电陶瓷、头部体、压电座以及接电管，依靠碰坦克时目标反力作用，压电陶瓷产生电荷起爆爆炸序列的电雷管，如图12-11所示。

底部机构包括隔爆机构、保险机构、膛内内点火机构、自炸机构以及爆炸序列，如图12-12所示。

隔爆机构为弹簧驱动的可水平移动的滑块，滑块内装主雷管，通过滑块的移动实现隔爆与爆炸序列的对正。另外，在隔爆位置时电雷管、压电发火回路各自短路，解除保险进入待发状态后电雷管接入压电发火回路。

保险机构为后坐保险以及火药保险，滑块平时受后坐保险机构的钢珠以及火药保险机构的保险塞约束。火药保险机构提供了延期解除保险功能。

膛内点火机构为击针、弹簧、火帽组件，依靠发射时后坐力点火，主要用于点燃火药保险结构的保险火药以及自炸机构的延期药。

该引信的爆炸序列分主爆炸序列与自炸爆炸序列。主爆炸序列包括主雷管、导爆药、传爆药；自炸爆炸序列包括火帽、延期药、自炸雷管、主雷管、导爆药、传爆药。

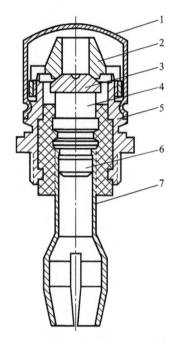

图 12-11　电-2 引信头部机构

1—防潮帽；2—头螺；3—压电块；4—压电陶瓷；5—头部体；6—压电座；7—接电管

12.9.2　电-2 引信作用过程

平时，头部压电陶瓷通过底部机构的传爆管壳、滑座、滑块、短路套、底螺等零件短路。电雷管外壳则通过滑块、滑块簧、挡片、导电套、导电簧与雷管芯杆短路。除压电陶瓷及雷管分别被短路外，此时底部机构的雷管与引爆管错位，处于隔爆状态。为保证隔爆可靠，处于隔爆位置的电雷管的上方，有钢制隔板镶在滑座上。

发射时，在后坐力作用下，活动火帽下沉被击针刺击发火。火焰经孔 a 首先点燃自炸雷管上的延期药，然后经孔 b 点燃保险螺中的保险药。在火帽下沉的同时，惯性杆也克服弹簧抗力下沉。在最大膛压以前，惯性杆下沉到位，释放小钢珠。大钢珠则仍由惯性杆大头侧壁挡住，不解除对滑块的保险。弹快出火箭筒口时，膛压下降，惯性杆在惯性杆簧的作用下开始上升。弹出筒口 1～2 m 时，惯性杆上升到位，大钢珠进入惯性杆的细颈部，解除了滑块的惯性保险。保险螺内的保险药在火箭弹飞离炮口 10～20 m 内燃烧完毕，并释放保险塞。滑块在滑块簧的作用下，利用凹槽的斜面将保险塞推入保险螺，滑块被完全解除保险，并运动到位，如图 12-12 所示。此时，导电套脱离挡片，并与底螺凸起接通，使压电陶瓷的平时短路打开，并将电雷管接入压电陶瓷回路。滑块运动到位使电雷管与引爆管沿轴向对正，电雷管与自炸雷管也沿侧向对正，孔 d 和孔 c 相通。引信处于待发状态。

碰目标时，压电陶瓷受压，产生电荷，使电雷管爆炸。爆炸冲量经引爆管、传爆管逐级放大，最后引爆战斗部装药。如果火箭弹没有命中目标，在距炮口 300 m 远处，由于自炸雷管的延期药燃烧完毕，自炸雷管爆炸，爆炸冲量经孔 c、d 引爆电雷管，使引信自炸。

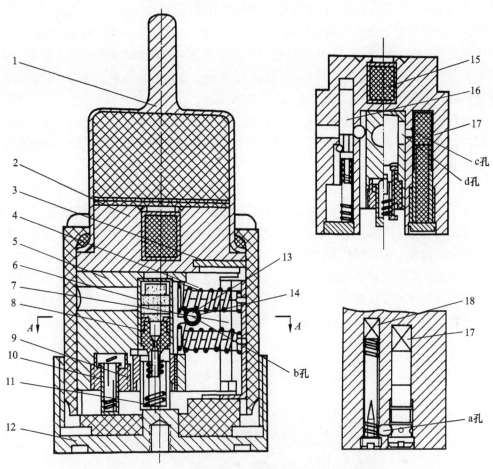

图 12-12　电-2 引信底部机构

1—传爆管壳；2—滑座；3—隔板；4—滑块簧；5—滑块；6—电雷管外壳；7—挡片；
8—电雷管芯杆；9—导电套；10—短路套；11—导电簧；12—底螺；13—保险塞；
14—保险螺；15—引爆管；16—惯性杆；17—自炸雷管；18—火帽

12.10　硬目标侵彻引信

近几十年来，硬目标侵彻引信一直是国际上武器发展的热点。硬目标侵彻引信由固定的延期起爆模式向智能控制方向发展，从时间的顺序上来看，有固定延时、可调延时、灵巧引信以及多效应侵彻等几个发展阶段。侵彻引信的功能实现更多是依靠对侵彻信号的实时处理，同时提高引信在侵彻过程中的抗高冲击生存能力。下面对国外侵彻引信相关发展进行介绍。

12.10.1　固定延时引信

固定延时引信主要是包括烟火药在内的机械或机电引信，如英国的 951/947 型引信及美国的 M904/905 型和 FMU-143 型电子时间引信等，均是通过火药或数字式电子定时器进行触发延时。典型的固定延时引信，如 FMU-143A/B 引信，是美国 20 世纪 90 年代研制成功的，配用于 BLU-109B 硬目标侵彻炸弹，曾在海湾战争中投入使用。该引信全长 235 mm，最大直径 73.7 mm，质量 1.45 kg。作用方式为触发延期，延期形式为火药延期，延期时间为 0.015 s、0.06 s、0.12 s。

弹在进入土层到混凝土靶的过程中，明显的有一个过载信号上升台阶，土层的过载时间长，峰值小，到混凝土靶后，过载突然增大。由于土中含有一些石块，弹体在土层中的过载信号出现了一些振荡。

FMU-143A/B 引信由 FMU-143B 炸弹触发引信和 FZU-32B/B 炸弹引信启动器组成，如图 12-13 所示。启动引信电子组件工作和起爆引信内炸药组件所需能源均由 FZU-32B/B 提供。FZU-32B/B 是一种气动驱动发生器，其工作顺序为：投弹时，将解保钢丝从引信安全装置的弹出销中拉出，启动炸弹引信启动器，启动后 1 s，安全装置将气流驱动发生器的输出连接到引信电路上，经过 4 s，机械锁栓释放转子。转子在爆炸风箱驱动器驱动下，转动到解除保险位置。一旦转子解除保险，气流发生器的输出即被切断，发火能量被储存在电容器内。当炸弹碰击目标时，开关闭合，点火能量传递给所选的延期雷管。

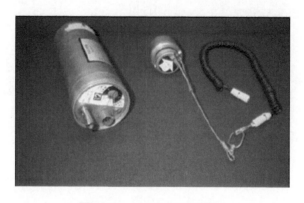

图 12-13 FMU-143A/B 引信

美国诸如该类的固定延时引信还有 BGM-109 巡航导弹使用的 FMU-138/B 半穿甲引信及 AGM-65 导弹使用的 FMU-135/B 引信。这类引信延时精度高，精度可达 ±0.1 s，但需事先提供有关目标介质、投放条件、侵彻过程等方面的准确情报数据，才能在命中后的预定时间引爆战斗部。另外，这类引信不能承受碰击硬目标时的冲击，抗过载能力较差。

12.10.2 可调延时引信

针对固定延时引信延时不可调的缺点，英国国防部（MOD）资助发展了索恩 TME 电子公司的 960 型电子可编程多选择炸弹引信（MFBF），其起爆系统能提供从瞬时到

250 ms 计 250 种不同的装定延时，已作为攻击软硬目标武器的标准引信。960 型电子可编程多选择炸弹引信已装备英国空军和海军使用的 450 kg、245 kg 通用炸弹和 GBU-24 炸弹。

曾为美国侵彻炸弹研制了标准型 FMU-143 引信的摩托罗拉公司又研制了 FMU-152/B 联合可编程引信（Joint Programming Fuze，JPF），如图 12-14 所示。JPF 是一种用于通用战斗部和侵彻战斗部的先进引信系统，它提供有保险、飞行中驾驶员选择、多功能和多延期解除保险以及起爆功能，从而提供了对付硬目标的能力。该系统工作分为三个任务阶段，即炸弹投放前阶段、解除保险之前阶段和解除保险后阶段。该引信系统可以使飞行员在飞行中或投放炸弹后，通过飞机上的数据系统将引信延时时间、炸点深度等指令输入到炸弹上。该引信已经装备 GBU-27、GBU-28 等制导炸弹和波音公司生产的联合直接攻击弹（Joint Direct Attack Munition，JDAM）上。

专为德国 Mephisto 战斗部研制的可编程智能多用途引信（Programmable Intelligent Multi-Purpose Fuze，PIMPF）由欧洲 EADS 公司（European Aeronautic Defense and Space Company）从 1994 年开始原理性研究，于 2004 年完成研制。PIMPF 由引信室、电源、电路模块、机电安全起爆装置组成，如图 12-15 所示。

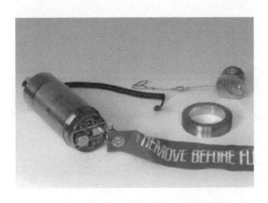

图 12-14　FMU-152/B 联合可编程引信

图 12-15　PIMPF 的构成

PIMPF 是一种可在地面或飞行中编程的引信，主要用来对付多间隙硬目标，也可对付通用目标。具有：抗高过载，识别软硬靶、空穴，记录空穴和靶的层数，并能根据靶的结构和作战计划优化炸点等功能。

12.10.3　硬目标灵巧引信（HTSF）

美军在伊拉克战争中使用了 GBU-24、GBU-27、GBU-28、AGM-130、GBU-15、AGM-86 和 B61 核弹等对坚固深埋重要军事目标进行轰炸，如指挥中心、弹药仓库等，削弱了伊拉克的对抗能力，大大缩短了战争进程。这些武器大量使用了装配于弹底的机电引信——硬目标灵巧引信（Hard Target Smart Fuze，HTSF），如图 12-16 所示。

图 12-16 FMU-159/B 硬目标灵巧引信

HTSF 也即 FMU-159/B 装有微控制器，它在目标内的最佳点上引爆战斗部，以达到最佳毁伤效果。HTSF"灵巧"模式包括感知间隙、计算硬层、计算侵彻深度，以及常规的碰撞后延期起爆功能。其主要特征如下：

（1）用带芯片的加速度计来鉴别不同的目标介质，减少引信对目标情报的需求；核心部件是微型固态加速度计，在三轴方向上均可精确地测量到 5～10 000g 的加速度。

（2）采用三种可编程模式：

① 间隙或硬层数计算，即预先装定所要攻击的目标的层数或间隙数，引信采用空间判别技术，计算所通过的层面或间隙，到达指定层面或间隙时起爆。

② 侵彻深度计算，即将所要攻击的目标深度预先装定，当侵彻弹攻击到目标内部指定深度时起爆。

③ 时间延期，即预先装定延期时间，延期起爆。

（3）备用定时器和炸点深度。

（4）可选择解除保险时间 10～30 s。

（5）在飞机座舱和地面均可进行编程。

（6）由武器系统电源或风扇涡轮发电机为引信供能。

（7）全部电子设备采用爆炸箔起爆药（Explosive Foil Initiator，EFI）串联起爆系列，具有高可靠性和安全性特点。

（8）引信可靠性大于 98%。

（9）使用寿命为 10 年，储存寿命为 20 年。

（10）安装在标准 3 in 引信室内。

12.10.4　多效应硬目标引信

美国空军怀特实验室的军械管理局 1997 年在艾格林空军基地已开始多效应硬目标引信（Multi-Event Hard Target Fuze，MEHTF）项目第一阶段的工作，研制这种引信的主要目的是提供优于硬目标灵巧引信的能力，同时降低其成本、复杂性和尺寸。其研制目标还包括增加引信的抗冲击耐久性和提供多个输出以支持不同的作战目的。硬目标灵巧引信采用加速度计以区别不同的目标介质，感觉和计算空穴及硬层数。多效应硬目标引信必须更快、更精确地识别这些介质，并能探测大量厚度差别很大的材料。要求能计算到 16 个空穴或硬层，计算总侵彻行程达 78 m，探测标识空穴或硬层后计算轨迹长至 19.5 m。该引信的潜在应用包括现有的 8MK6、BLU-104、BLU-113 武器和其他战斗部，如高级整体侵彻器（AUP）、GBU 族激光制导炸弹、AGM-130、AGM-142、JDAM、JASSM 和 JSDW。该引信的设计还包括适用于如 Agent 攻击型战斗部、高速ATACMS 和高速小型侵彻器等武器。

硬目标侵彻智能灵巧引信从技术层面上来讲，主要包括侵彻炸点控制及抗过载等技术。

1）侵彻炸点控制技术

针对不同的应用环境，炸点控制技术体现出两种发展方向：常规弹药的短延期炸点控制与高价值弹药的侵彻炸点控制。

专利 US2003140811A1 和 WO2003051794A3 介绍了常规弹药在侵彻炸点控制中实现灵巧炸点控制方法。其设计原理是：在弹体上安装多个传感器，当弹体命中目标后，根据不同的速度衰减率产生不同的输出信号，逻辑电路根据这些信号来判断被炸目标的特性，分辨出是软目标还是硬目标，并以此来调整炸点控制的延期作用时间。碰到硬目标时，弹药长延期起爆，以保证进入目标内起爆；碰到软目标时，弹药触发起爆或短延期起爆，以实现多用途。这样的设计使同一种弹药可以打击不同种目标，执行多种作战任务。

侵彻炸点控制则是根据侵彻过程中弹体加速度信号的特征集识别目标特性，以实现灵巧炸点控制。

这种设计思想的基本原理（图 12-17）是：由加速度传感器作为主要传感器提供输入信号，在线并行处理特定长度的数据进行多种模型的信号特征提取，如图 12-17 所示。处理器利用传感器信号（加速度传感器数据）为引信提供一种实时的复合决策。利用的特征集包括信号的振幅廓线、衍生廓线、信号的突然变化。其目的是在战斗部通过各种不同层面如混凝土层、钢层、泥土层、沙层等，到达一个掩体内目标的过程中，为其提供一个合适的起爆点。利用加速度传感器数据为引信提供实时决策。

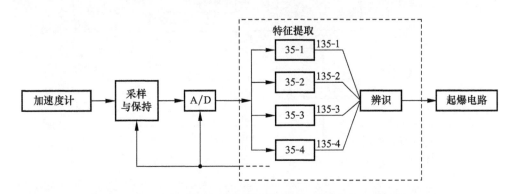

图 12-17 根据加速度信号变化趋势进行目标特性识别的原理

例如，专利 US20060090662A1 就是典型的这种设计。该设计是利用武器撞击或穿透掩体时振动频率，通过分析武器的谐振频率来确定是否达到了探测阈值，以此来确定掩体的层数，使弹体在掩体下适当的目标位置起爆。而"Penetration Detection Device"，专利号为WO2008108802A2，则是在测量分析信号常规特征集的基础上，增加惯性测量单元采集有关弹姿的信息，侵彻处理器和逻辑电路负责处理惯性测量单元和外部加速度计的输出信号，不仅能探测相邻层的变化并计算侵彻的层数，而且还可以确定各层的材料。计算结果与存储的层特性相比较，如果存储的值和计算值一致，将发送信号启动发火程序。如果不符合，经过一段预定周期之后炸弹将被引爆。专利US20060090663A1是在测量分析信号常规特征集的基础上，增加探测负加速度阈值。根据探测到的阈值，延时起爆程序。

专利US7720608较为详细地介绍了这种灵巧引信的侵彻算法，如图12-18所示。该引信设有硬目标侵彻探测、软目标侵彻探测、空穴探测和侵彻深度探测四个模块。引信获得加速度计侵彻信号后，经过这四个模块算法处理，可以获得硬目标侵彻行程及历经时间、软目标侵彻行程及历经时间、空穴计数及空穴中历经时间和侵彻总行程等参量。根据这些参量控制引信适时引爆。

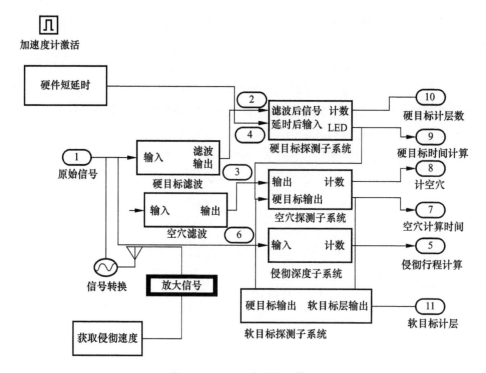

图 12-18　灵巧引信侵彻算法

2）抗过载技术

为了有效地实现侵彻炸点的灵巧控制，保证器件以及整体结构的可靠作用是必不可

少的，典型的抗过载结构有法兰盘结构、密闭容
器的隔离及闭锁装置结构。

美国专利 US7549374B2 介绍的弹药引信模块
被作为灵敏弹药应用装置，包括闭锁装置、引信
壳体和引信。引信包括一个用于保护引信本体的
完整的法兰结构，当弹药撞击目标和承受侵彻冲
击时，这种采用法兰盘的结构可以用来减小加载
在引信上的压力，从而成功实现抗过载的要求。
结构如图 12-19 所示。

通过密闭容器来实现抗过载，通常被应用在
电路系统保护设计中。美国专利 US006079332A
就采用这种设计来实现抗过载，如图 12-20 所示。

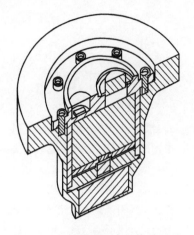

图 12-19　采用法兰盘结构的引信
整体结构剖面图

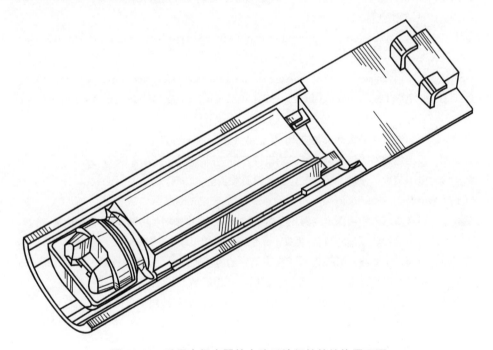

图 12-20　采用密闭容器的电路系统保护的结构原理图

该专利的设计思想是将电子电路放置在一个密闭容器中，从而在遭受冲击时分散其
受到的冲击力。该容器有多个边、鳍状结构和凸起以抵抗外力。该容器也可能包括有一
个冲击吸收材料以保护电路免受震动，以及相应的结构支撑材料以保护其免受压力。

专利 US6626040B1 采用闭锁装置的结构设计实现抗过载。在这个结构中，当加速
度超过一个预定值时，至少一个元件可以被锁定在一个预定位置。这个位置可以是一个
无输出位置，也可以是一个有输出位置。锁定装置至少能锁定一个运动元件。

参 考 文 献

［1］ 张合，李豪杰. 引信机构学［M］. 北京：北京理工大学出版社，2007.

［2］ 中国兵器科技工业发展论坛论文集［M］. 北京：兵器工业出版社，2004.

［3］ ［美］引信军用手册757. 兵器212所，1998.

［4］ 马宝华. 引信构造与作用［M］. 北京：国防工业出版社，1983.

［5］ 陈庆生. 引信设计原理［M］. 北京：国防工业出版社，1985.

［6］ 引信设计手册编写组. 引信设计手册［M］. 北京：国防工业出版社，1978.

［7］ 胡凤年. 引信技术实践［M］. 北京：国防工业出版社，1989.

［8］ 五机部第210研究所. 外军引信手册［M］. 北京：国防工业出版社，1976.

［9］ 引信手册. 兵器工业部三局，1984.

［10］ USP 6314887 Microelectromechanical system（MEMS）-type high-capacity inertial switching device，2003.

［11］ USP 6964231 Miniature MEMS-based electro-mechanical safety and arming device，2003.

［12］ USP 20030070571 Submunition fuzing and self-destruct using MEMS arm fire and safe and arm device，2006.

［13］ 李发安. 延期组合件的设计及其应用［J］. 火工品，2000（4）.

［14］ 张秀刚. 侵彻爆破弹引信自调延期机构设计分析［J］. 现代引信，1995（3）.

［15］ 林桂卿. 电引信设计原理. 兵器工业教材编辑委员会，1986.

［16］ http://www.army-technology.com/contractors/ammunition/.

［17］ 毛立志，石宣泉. 引信用侧进气涡轮发电机的设计［C］. 第十届引信学术年会论文，1997.

［18］ 蔡瑞娇. 火工品设计原理［M］. 北京：北京理工大学出版社，1999.

［19］ 曹成茂，张河，丁立波. MEMS技术在引信中的应用研究［J］. 测控技术，2004，23（5）.

［20］ 石庚辰. 微机电系统技术［M］. 北京：国防工业出版社，2002.

［21］ 毕军建，高敏. 面向21世纪的美国引信技术［M］. 探测与控制学报，1999，21（2）.

［22］ 崔继增，刘少林. 准流体在榴弹触发引信上的应用［M］. 现代引信，1995（1）：31-36.

［23］ 武器装备综合论证研究所. GJBz 20496—1998引信命名细则. 1998.

［24］ 秦泽栋，范宁军. 集束子弹药引信自失效、自失能技术路线及其典型设计可靠性分析［J］. 兵工学报，2013（6）.

［25］ 朱珊，李豪杰. 基于滑块继续运动的安全状态可恢复隔爆机构［J］. 探测与控制学报，2010（3）.

［26］ Frank Robbins. Fuzes for Air Force Unguided and Precision Guided Weapons［C］. The 45th Annual Fuze Conference，2001.

［27］ Helmut Muthig. Layered Hard Target Detection［C］. The 38th Annual Fuze Conference，1994.

［28］ Helmut Muthig. PIMPF：The Intelligent Hard Target Fuze for the MEPHISTO Multiple War-head System ［C］. The 44th Annual Fuze Conference，2000.

［29］ Helmut Muthig. PIMPF—The German Hard Target Fuze is Ready ［C］. The 46th Annual Fuze Conference，2002.

［30］ www. atk. com. FMU-159/B Hard Target Smart Fuze ［C］. Alliant Precision Fuze Company LLC，2000.

［31］ www. thalesgroup. com. Thales Missile Electronics Ltd Producing intelligent Fuses. Thales Airborne Systems，2004.

［32］ www. defence-data. com. Raytheon Systems Limited names its Paveway IV team. Defence Systems Daily，2003.

［33］ 中国兵器工业集团第二一〇研究所. 引信关键技术专利文献挖掘与分析研究 ［J］. 国防科技情报研究报告，2010，5.

［34］ Fran M Bone. Medium caliber high explosive dual purpose projectile with dual function fuze，US2003140811A1，2003，7.

［35］ BONE Frank M，Dual Mode Fuze，WO2003051794A3，2003，6.

［36］ Biggs Bradley M，Friedrich William A. Method for Detection of Media Layer by a Penetration Weapon and Related Apparatus and Systems，US20060090662A，2006，5.

［37］ Lipeles，Jay，Tanenhaus，Martin，E. ，Penetration Detection Device，WO200-8108802A2，2008，9.

［38］ Bradley M. Biggs，William A. Friedrich，Method for Delayed Detonation of A Penetrating Weapon and Related Apparatus and Systems，US20060090663Al，2006，5.

［39］ Lundgren；Ronald G. ，Method and signal processing means for detecting and discriminating between structural configurations and geological gradients encountered by kinetic energy subterranean terra-dynamic crafts，US 7720608，2010.

［40］ Stanley N. Schwantes，Bradley M. Biggs，Michael A. Johnson，Fuze Mounting For a Penetrator and Method Thereof，US7549374B2，2009，7.

［41］ Paul N. Marshall，Thomas C. Tseka，Brendan M. Walsh，James E. Fritz，SHOCK-RESISTANT ELECTRONIC CIRCUIT ASSEMBILY，US006079332A，2000，6.

［42］ Pereira，Carlos M，Rastegar，Jahangir S. High-g hardened sensors，US66260-40B1，2003，10.

［43］ 洪元军. 外军侵彻弹药及引信技术的最新进展 ［J］. 探测与控制学报，2000，22 （2）：8-13.

索　引